分数阶系统分析与控制研究

田小敏　杨忠　著

电子工业出版社

Publishing House of Electronics Industry

北京·BEIJING

内 容 简 介

　　本书是作者在多年进行分数阶系统稳定、镇定、同步等控制研究的基础上总结而成的,其内容系统论述了分数阶系统自适应控制、有限时间控制等方面的基础理论和相关技术。全书共 12 章,主要阐述分数阶系统稳定性分析和控制器设计的基础理论和相关技术,详细介绍分数阶系统镇定、同步、有限时间控制、自适应镇定控制等控制策略,即分数阶实混沌系统和复混沌系统的自适应同步控制研究、基于滑模控制技术的分数阶非线性系统的自适应镇定控制研究、基于反步控制技术的分数阶系统的自适应镇定控制研究、具有死区非线性输入的分数阶混沌系统的有限时间同步控制研究、含有未知参数和非线性输入的分数阶陀螺仪系统的有限时间滑模控制研究、受非线性输入影响的分数阶能源供需系统的自适应镇定控制研究、受饱和非线性输入影响的分数阶非线性系统的自适应镇定控制研究、基于新型滑模控制技术的不确定分数阶非线性系统的鲁棒自适应镇定控制研究、分数阶复混沌系统的自适应复杂投影同步控制研究、基于改进反馈方法的分数阶混沌系统的自适应同步控制研究等。

　　本书主要供控制科学与工程、计算机科学与技术、信息与通信工程、电子科学与技术、生物医学工程等学科领域的本科生、研究生、研究人员及工程技术人员参考使用。

未经许可,不得以任何方式复制或抄袭本书之部分或全部内容。
版权所有,侵权必究。

图书在版编目(CIP)数据

分数阶系统分析与控制研究 / 田小敏,杨忠著. —北京:电子工业出版社,2021.7
ISBN 978-7-121-41299-8

Ⅰ. ①分…　Ⅱ. ①田…②杨…　Ⅲ. ①非线性系统(自动化)—研究　Ⅳ. ①TP271

中国版本图书馆 CIP 数据核字(2021)第 105932 号

责任编辑:邓茗幻
文字编辑:冯　琦
印　　　刷:北京虎彩文化传播有限公司
装　　　订:北京虎彩文化传播有限公司
出版发行:电子工业出版社
　　　　　北京市海淀区万寿路 173 信箱　　邮编 100036
开　　本:720×1 000　1/16　印张:11.5　字数:203 千字
版　　次:2021 年 7 月第 1 版
印　　次:2021 年 7 月第 1 次印刷
定　　价:72.00 元

　　凡所购买电子工业出版社图书有缺损问题,请向购买书店调换。若书店售缺,请与本社发行部联系,联系及邮购电话:(010)88254888,88258888。
　　质量投诉请发邮件至 zlts@phei.com.cn,盗版侵权举报请发邮件至 dbqq@phei.com.cn。
　　本书咨询联系方式:fengq@phei.com.cn,(010)88254434。

前　言

分数阶微积分是整数阶微积分的延伸与拓展。300 多年前，研究者就提出了分数阶微积分的概念，但由于缺乏应用背景且计算困难，分数阶微积分理论及应用的研究一直没有太多实质性进展。随着计算机技术的跨越式发展和分数阶微积分研究的不断深入，人们发现分数阶微积分在越来越多的领域中发挥着极其重要的作用，包括但不限于物理学、计算机科学、数学、统计学、信息科学、生物学、机器视觉、模式识别及人工智能等。分数阶微积分已在航空航天、军事、生物医学、工业检测、机器人视觉导航等领域得到了广泛应用。

与传统整数阶微分方程相比，分数阶微分方程在电子、电气等领域及用于模拟各种真实材料时有明显优势。在控制领域，分数阶系统能真实反映系统情况，更好地设计控制器和提高控制性能。因此，研究分数阶系统具有重要意义。

分数阶系统稳定是系统正常工作的前提，系统在控制过程中不可避免地会受到未建模动态、扰动、系统未知参数、非线性输入等因素的影响，使其稳定性受到威胁。为保证系统正常工作且满足实际系统的期望性能指标，对系统的控制必须综合考虑上述因素。

本书主要介绍分数阶系统分析与控制（自适应控制、有限时间控制、抗干扰控制、非线性输入控制、同步控制等）的基础理论和实用技术，以及作者近年来的有关研究成果。

本书在编写过程中，参考了大量国内外相关技术资料、著作、学术论文和专利等，吸取了许多专家和同仁的宝贵经验，在此深表感谢。

本书的出版得到了"十三五"江苏省重点学科（控制科学与工程）、江苏省高等学校自然科学研究面上项目（编号：17KJB120003）、教育部产学合作协同育人项目（编号：202002192004）、江苏省"333 工程"资助科研项目（第二层次）（编号：第五期 2019）、江苏省自然科学基金面上项目（编号：

BK20171114)、金陵科技学院孵化科研项目（编号：jit-fhxm-2003）、江苏省现代教育技术研究课题（编号：2019-R-80918）、金陵科技学院教育教改研究课题（课程思政专项）（编号：KCSZ2019-5）及金陵科技学院高层次人才科研启动项目（编号：jit-b-201706）的支持。

　　分数阶微积分理论的应用领域较广，作者水平有限，书中难免有考虑不周之处，诚请广大读者、同行、专家批评指正。

田小敏　杨忠

2021 年 7 月于南京

目　录

第 1 章

绪　论

1.1　研究背景及意义

　　分数阶微积分理论是分数阶系统研究的基础，分数阶微积分理论古老且新颖，古老在于分数阶微积分理论提出距今已有 300 多年，几乎与整数阶微积分理论提出的时间相当，但由于缺乏相应的应用背景和计算工具，分数阶微积分理论及应用研究一直没有太多实质性进展，随着计算机技术的发展及研究的深入，基于分数阶微积分理论建模的分数阶系统得到越来越多研究者的关注，成为热点研究内容之一。

　　最早的分数阶微积分理论研究成果可以追溯到 1695 年西方学者对二分之一阶导数的讨论，欧拉、拉普拉斯、莱布尼茨、傅里叶、黎曼、Caputo 等数学家将很多时间用于发展和完善分数阶微积分理论。在众学者的努力下，19 世纪，逐渐出现了较为系统的分数阶微积分理论研究。1812 年，拉普拉斯以积分形式给出的分数阶导数定义，被认为是分数阶导数的第一个正式定义。1832 年，Liouville 以级数形式给出了分数阶导数定义，后来 Liouville 和 Riemann 对其进行了完善，形成了目前广泛应用的 Riemann-Liouville 分数阶微积分定义。1967 年，Caputo 结合前人的研究成果，给出了 Caputo 分数阶导数定义，因为该定义具有较明确的初始条件，所以广泛应用于多种分数阶系统的研究中。

　　20 世纪中期以前，由于缺乏相应的应用背景，分数阶微积分理论的发展主要集中在纯数学领域。随着交叉学科的发展，分数阶微积分理论的应用越来越广泛，Podlubny、Caponetto、Mainardi、陈文、陈阳泉等学者的研究成果为分数阶微积分理论及应用的研究奠定了基础。分数阶微积分理论是整数阶微积分理论的延伸与拓展，用于研究任意阶微分、积分算子的特性及其应用。分数阶微积分的阶数不一定是整数，可以是小数、实数甚至复数。因此，对分数阶更确切的描述应该是"非整数阶"，目前大量文献仍然采用"分数阶"的说法，研究结论也大多局限于 0 和 1 之间的实数。

分数阶微积分的发展几乎与整数阶微积分的发展同步，具有广泛的理论意义与实际应用价值。自然界的许多非线性问题都可以通过分数阶微积分描述。例如，在扩散空间模型中，当一种微粒的扩散传播规律与古典的布朗运动模式不一致时，分数阶导数对模拟这种微粒反常运动具有非常关键的作用。1974 年，Ross 组织的第一届分数阶微积分及其应用会议在纽黑文大学召开，这是与分数阶微积分有关的第一次会议；1982 年，Mandelbrot 第一次指出在自然界中存在大量的分数维数及整体和部分之间的自相似的例子，分数阶微积分在越来越多的领域中发挥着越来越重要的作用。与整数阶模型相比，分数阶模型能够更准确地描述自然现象，模拟自然界的物理现象和动态过程。例如，用传统整数阶微分方程不能描述许多复杂的热传导现象、渗透现象，但用分数阶微分方程描述十分简单。

研究表明，与传统整数阶微分方程相比，分数阶微分方程在电子、电气等领域及用于模拟各种真实材料时有明显优势。在控制领域，分数阶系统能真实反映系统情况、优化控制器设计和提高控制性能。因此，研究分数阶系统具有非常重要的意义。分数阶微积分具有全局和长时记忆的特点，适用于描述具有记忆和历史依赖的系统或物理过程，能精确反映系统内部的真实特性。随着计算机技术的发展，分数阶微积分为多个学科的发展提供了新的理论基础和数学工具。例如，半无限损耗传输线的电压电流关系，以及当热量通过半无限固体扩散时，热流与温度的半导数关系。随着分数阶微积分理论的逐步发展和完善，分数阶微积分不仅在物理和电气领域发挥了重要作用，还推广和应用于经济、生物医学、信号安全、机器人技术、化学合成及航空航天等领域，分数阶系统控制是应用的重要内容之一。

分数阶系统控制的应用可以分为两大类：分数阶系统控制器设计和在整数阶系统中引入分数阶控制器。这两大类应用都需要用到分数阶微分方程。整数阶微分方程的求解有较成熟的理论分析方法，因此，整数阶系统稳定性分析可以通过求解整数阶微分方程得到；分数阶微分方程的解的个数不是有限个，且分数阶系统具有弱奇异性和全局性，因此，分数阶系统稳定性分析比整数阶系统稳定性分析复杂得多。本书基于已有成果，进一步分析分数阶系统稳定性及一些控制问题。

1.2　分数阶系统性能分析及控制器设计概述

1.2.1　分数阶数学模型的概念

在实际生活中，很多物理过程都能借助分数阶微分方程进行建模和仿真，分数阶微积分理论是求解分数阶微分方程的基础。许多学者都对分数阶微分方程的求解过程进行了系统研究，但是解析解和数值解都有局限性，这些局限性促使人们寻找有效的工具来分析分数阶微分方程的解的定性问题。其中，线性、非线性分数阶微分方程初值、边值问题解或正解的存在性引起了国内外学者的广泛关注。大多数研究方法都将分数阶问题转化为等价的积分方程，再利用非线性分析方法（如不动点定理、上下解方法等）探讨分数阶微分方程初值、边值问题解或正解的存在性、多重性和唯一性。

随着分数阶微积分在各领域的广泛应用，分数阶系统理论分析变得更加重要。许多学者对其进行了研究，非线性三角系统是非线性系统的研究热点，很多实际工程问题的数学模型（如球—杆系统、惯性轮倒立摆和具有旋转激励的平移振荡器等系统的数学模型）都可以在经过适当的坐标变换后，转化为非线性三角系统。时滞现象普遍存在于实际动态控制系统中，在信息系统的检测、分析和传递过程中，时滞现象难以避免，是影响系统运行的重要因素，复杂的非线性特征和时滞形态使非线性时滞系统的解析解难以获得，其研究需要有较高的技巧性。

分数阶混沌系统是研究较多且较成熟的分数阶系统，分数阶混沌数学模型的出现激发了科研人员的研究热情，分数阶混沌领域的研究吸引了越来越多的关注，随着基础理论和方法的提出，与分数阶混沌系统同步控制有关的文章越来越多，研究越来越深入。但研究的主要内容都针对系统参数已知的混沌系统模型，对含未知参数的分数阶混沌系统的研究较少。在实际工程应用中，很多参数难以预测，可能无法准确给出具体的分数阶混沌数学模型，本书充分考虑此类情况，研究并得出更具实际意义的理论成果。

1.2.2 分数阶系统稳定的概念及范畴

Matignon 最早得出了分数阶系统稳定结论[1]，其基于 Caputo 分数阶导数定义进行线性分数系统稳定性分析，将该问题转化为求系统矩阵的特征值问题。该研究结论的得出标志着分数阶系统稳定理论正式发展起来。由于分数阶系统结构具有复杂性，最初的分数阶系统稳定性分析主要集中在线性系统范畴，随着分数阶系统稳定性分析的深入，分数阶非线性系统的稳定性分析逐渐获得了越来越多的关注。分数阶非线性系统的稳定性分析主要基于系统结构选择合适的 Lyapunov 函数，但目前还没有统一的分数阶系统 Lyapunov 函数构建方法，因而主要借助整数阶系统 Lyapunov 函数进行适当扩展或通过引入滑模控制技术等构建合适的稳定性函数，并进行稳定性分析。

分数阶非线性系统的稳定性分析已有较成熟的理论成果。李岩基于 Mittag-Leffler 稳定的概念[2]，首次给出了分数阶系统 Lyapunov 稳定理论，为构建 Lyapunov 函数、判断分数阶系统稳定性提供了依据。Trigeassou 通过引入分数阶频率分布模型[3]，将间接分数阶 Lyapunov 函数构建方法引入分数阶非线性系统的稳定性分析，该方法的求导结果清晰。上述成果促进了分数阶系统稳定性分析的发展，并逐步渗透到时滞、切换、自适应控制、神经网络、多智能体等研究领域，但由于分数阶算子具有复杂性，分数阶数学模型在各种实际系统中的稳定性研究仍面临诸多困难和挑战。

分数阶系统研究的基础是分数阶系统稳定和镇定控制研究。由于分数阶算子具有复杂性，分数阶系统稳定和镇定控制研究比整数阶系统复杂得多。整数阶系统稳定和镇定控制研究有很多成熟的理论成果。即使在阶数为 1 时，分数阶系统转化为整数阶系统，也不能将整数阶系统的研究成果直接应用于分数阶系统，因为对于分数阶非线性系统来说，分数阶算子的引入使系统由有限维集总系统变为无限维分布系统。传统整数阶非线性系统普遍使用的 Lyapunov 函数设计方法在分数阶非线性系统中的应用十分困难，一是分数阶算子一般不能交换，具有非奇异性；二是分数阶算子求导法则复杂，目前分数阶复合函数求导方法仍没有实质性突破。

1.2.3 分数阶控制器的概念和特点

目前，人们可以从两个方面对分数阶控制器的设计问题进行描述：被控对象是传递函数的频域描述，被控对象是状态空间的时域描述。分数阶控制器（线性）主要有 TID 控制器[4]、CRONE 控制器[5]（非整数阶鲁棒控制器）、分数阶 $PI^{\lambda}D^{\mu}$ 控制器[6]和分数阶超前滞后补偿器[7]等类型。从理论上讲，分数阶控制器可以控制任意阶线性可控的被控对象，Podlubny 研究发现，采用分数阶控制器控制分数阶数学模型描述的被控对象可以获得更好的动态性能。

TID 控制器在结构上用分数阶环节（$s^{\frac{1}{n}}$）代替传统 PID 控制器的比例环节，使系统传递函数接近最优，它不仅继承了传统 PID 控制器的优点，还给出了动态响应性能和扰动抑制结果。1993 年，Oustaloup 提出了 CRONE 控制器，使用 Bode 图、Nichols 图等设计方法，具有清晰的物理意义，在工业控制领域得到了广泛应用。虽然基于经典超前滞后校正思路提出的分数阶超前滞后补偿器也具有较好的性能，但是它的设计过程和分析方法有待进一步研究与探索。PID 控制器结构简单、操作方便、容易实现，得到了广泛应用，因此，Podlubny 在其基础上提出了分数阶 $PI^{\lambda}D^{\mu}$ 控制器，为分数阶系统控制理论的发展奠定了基础。

目前，Podlubny 仍活跃在分数阶系统控制理论研究的前沿，并指导了多个优秀的研究团队。因为多了微分阶数和积分阶数两个可调参数，所以分数阶 $PI^{\lambda}D^{\mu}$ 控制器具有更好的控制效果；因为其在一定范围内对本身和被控对象的参数变化不敏感且鲁棒性强，所以分数阶 $PI^{\lambda}D^{\mu}$ 控制器成为当前应用最广泛的分数阶控制器。Podlubny 和王振滨[8]已经证明，与整数阶 PID 控制器相比，分数阶 $PI^{\lambda}D^{\mu}$ 控制器在稳定性和动态性能方面具有非常大的优势。

上述控制器对分数阶线性系统有较好的控制效果，但是并不适用于结构复杂的分数阶非线性系统。目前，分数阶非线性系统控制是国内外学者的研究热点。Aghababa[9]针对分数阶陀螺仪系统设计了分数阶非线性控制器；殷春[10]设计了鲁棒控制器，能很好地处理受未建模动态和外界扰动项影响的分数阶非线性系统稳定问题；张若洵[11]基于滑模控制技术，设计了参数自适应律和非线性控制器，成功实现了分数阶系统的未知参数辨识。研究人员往往通过在控制器中引入相应项来抵消原始系统中非线性项的影响，采用这种方法设计的控制器结构复杂、实现困难、控制代价高。因此，如何设计简单、易实现的控制器，以保障状态空间描述的一般形式分数阶非线性系统的稳定性已成为当前的研究热点。

1.3　国内外研究现状

近年来，国内外学者致力于进行分数阶系统多目标综合控制研究，为了寻求有效的控制策略以提高系统的动态和静态性能，提出了许多先进的控制方法，主要包括以下几种。

自适应控制。针对分数阶模型中参数未能完全确定的情况，可以通过自适应控制研究适应参数的随机变化。在控制过程中，不需要了解系统参数的精确值，只需要设计合适的未知参数自适应律，通过调整自适应增益，自动辨识系统参数，使系统能适应外界环境的变化，保持较好的控制效果。目前，国内外学者在分数阶系统的自适应控制研究方面已取得了较成熟的理论研究成果。

鲁棒控制。在建模过程中，实际系统易受未建模动态和外界扰动项的影响，进而影响系统稳定。鲁棒控制的目的是在被控系统存在有界不确定项或外界扰动项（尤其是不确定项上界未知）的情况下，使其保持稳定。部分国内学者针对受不确定因素影响的永磁同步电机混沌系统，提出了分数阶鲁棒控制策略，实现了不确定因素抑制和稳定跟踪控制。

滑模控制。引入滑模变量可以有效解决在分数阶非线性系统稳定性分析过程中，Lyapunov 函数求一阶导数困难的问题。许多学者通过滑模控制实现了分数阶非线性系统的镇定控制，取得较好的控制效果。滑模控制是不连续控制量的非线性控制方式，在动态控制过程中，系统会根据设计的滑模态轨迹有目的的运动，滑模态可根据实际系统进行构造，滑模控制通过在趋向滑模面的过程中增大切换增益来保证系统的鲁棒性。目前，国内外学者结合滑模控制实现了受控系统的有限时间镇定控制。

模糊控制。模糊控制是一种智能控制方式，以模糊集合理论、模糊语言、模糊逻辑为基础，对数学模型的依赖小，不需要了解系统参数的精确值。了解系统参数的大概范围即可根据专家库指令得到具体控制策略，控制方式简单有效，可通过与其他控制技术结合来提高系统的抗干扰能力、增强鲁棒性。目前，已有学者设计了一种基于新型趋近律的积分模糊滑模变结构速度环控制器，将积分滑模控制与模糊控制结合，很好地实现了对滑模抖振的抑制，提高了滑模面的趋近速度，获得较好的控制效果。

目前，多智能体系统已成为人工智能领域的前沿技术和研究热点，获得了国内外学者的广泛关注。2009 年，韩国光州科学技术院的安孝晟教授首次针对重复运行的非线性多智能体系统，提出了一种迭代学习控制方法，实现了多智能体系统的编队控制[12]；北京大学的王龙教授研究了在固定和切换拓扑下，多智能体系统的有限时间一致性、编队控制、群体一致性等问题[13,14]；新加坡国立大学的许建新教授使用迭代学习控制方法研究了时变非线性多智能体系统的一致性问题[15]。

分数阶混沌系统是典型的分数阶非线性系统，分数阶混沌系统的同步镇定控制已成为国内外学者的研究热点。目前，对混沌系统的研究主要集中在两个方面：一是构建新型混沌系统模型，研究具有隐藏吸引子的混沌系统和具有多稳态特性的混沌系统的一般规律及动力学特性；二是探索混沌系统的实际应用，如混沌系统的同步控制、混沌信号的图像加密、混沌信号的信息安全、保密通信等。有国外学者提出了一种基于混沌系统混合的数字图像加密方案，混合使用典型的耦合映射与一维混沌映射可提高图像加密的安全性。

1.4　分数阶系统的应用领域

分数阶微积分特别适用于描述具有记忆和历史依赖的系统或物理过程，而实际系统中大部分研究对象都具有这样的性质。因此，分数阶微积分在物理、化学、生物等领域具有较大的优势和广阔的应用前景。目前，越来越多的学者开始对实际系统中的研究对象建立分数阶数学模型，尽可能对系统进行精确描述。Aghababa 对医学中的肌型血管建立了分数阶数学模型，并将相关治疗问题转化为分数阶系统的同步问题[16]；张小芝使用分数阶微分算子进行多属性决策，并将其用于医学治疗，主要考察临床疗效、毒副反应、生存率 3

个决策属性[17]；Aghababa 将能源供需系统中的数学模型推广到分数阶领域[18]，并讨论了当分数阶阶数处于不同范围时系统的动态性能；杨晴霞等针对锂电池的充电状态估计问题，提出了一种基于锂电池电化学阻抗谱的分数阶阻抗模型，并对其进行了仿真，验证了分数阶数学模型与理论分析的正确性[19]；郑伟佳等将机理建模与数值建模结合，提出了一种永磁同步电动机分数阶建模方法[20]，结果表明，与整数阶模型相比，分数阶模型能更准确地描述电动机的实际特性。

近年来，分数阶系统控制研究逐渐出现在图像处理、神经网络和信号处理等信息科学领域，人们对分数阶控制的重视程度越来越高。杜兰等研究了分数阶信号处理，在常规窄带雷达下，利用分数阶傅里叶变换扩展特征域，解决直升机、螺旋桨飞机和喷气式飞机目标回波分类中的特征提取问题[21]；王虎将分数阶控制理论应用于神经网络的动力学分析[22]，分数阶微分有利于进行高效的神经元信息处理，可以触发神经元振荡频率的独立变化；李博等研究了图像处理，针对传统图像去噪算法容易忽视图像纹理细节的问题，提出了一种全局自适应分数阶积分去噪算法[23]。该算法可以在去除图像噪声的同时，在一定程度上保留图像的纹理。除了上述研究成果，在图像处理领域，分数阶预测滤波器也发挥了新的作用；在磁盘驱动和信号调制等领域，分数阶干扰观测器、分数阶正弦振荡器及分数阶 Wien-Bridge 振荡器也有成功应用的例子。

在对分数阶控制的研究过程中，分数阶傅里叶变换（Fractional Fourier Transform，FRFT）逐渐发展起来。分数阶傅里叶变换在某最佳旋转阶数上对非平稳信号（如 Chirp 信号）具有最好的能量聚集性。在各种实际系统的建模和分析过程中，利用 FRFT 可以得到更优质的检测结果。另外，FRFT 也发展了适合实际应用的快速算法，减少了计算量。因此，使用 FRFT 对强杂波环境下的目标进行检测具有较大优势[24]。

19 世纪，法国科学家傅里叶提出了傅里叶变换（Fourier Transform），随着研究的深入，傅里叶变换在学术界和工程界都发挥了重要作用。在雷达目标检测中，动目标指示（MTI）和动目标检测（MTD）都用到了快速傅里叶变换（Fast Fourier Transform，FFT）。然而，随着傅里叶变换的应用越来越广泛，人们发现其存在一定的局限性。在信号分析中使用傅里叶变换只能得到信号的整体频谱，但对于非平稳信号来说，局部特性更重要，傅里叶变换对时变非平稳信号的处理能力有限，FRFT、小波变换、Wigner 分布等应运而生。在这些非平稳信号处理方法中，FRFT 具有独特的优势。Wiener 是第一个研究 FRFT 的人，他提出了比傅里叶变换更完备的变换核[25]，即将特征函数的特征值修改为 exp(-jnα)。后来，一些学者展开了进一步研究[26,27]。Namias[28]和 Almeida[29]分别在特征分解和坐标轴旋转的角度提出了 FRFT 的概念；Ozaktas 等提出了两种采样型离散算法[30]，使 FRFT 的优势越来越明显。FRFT 广泛应用于图像处理、信号处理、滤波、神经网络、雷达等方面。

（1）在图像处理方面，FRFT 将图像旋转，变换到最佳分数阶傅里叶域，再通过门限检测水印[31]。

（2）在信号处理方面，由于线性调频（LFM）信号具有能量聚集特性，对 LFM 信号进行旋转，找到能量聚集最好的旋转阶数就能够对 LFM 信号进行分析和检测[32-35]。

（3）在滤波方面，将传统频域的乘性滤波器推广到分数阶傅里叶域，就得到了分数阶傅里叶域乘性滤波器[36]

$$x_{\text{out}}(t) = F^{-p}\left\{ F^p[x_{\text{in}}(t)\cdot H_p(u)] \right\} \tag{1-1}$$

式中，F_p 为变换算子，$H_p(u)$ 为传递函数。文献[29]介绍了一种 FRFT 扫频滤波器[37]。

（4）在神经网络方面，通过旋转在最佳阶数 FRFT 域设计神经网络，能够取得比傅里叶变换更好的效果。文献[38]和文献[39]讨论了该问题，并给出了相应算法。

（5）在雷达方面，基于分数阶傅里叶变换的阵列信号处理算法吸引了一些学者的注意[36]。文献[40]和文献[41]通过分数阶傅里叶变换准确估计了每个分量信号的波达方向；文献[42]和文献[43]研究了利用 FRFT 分析冲激类回波信号的方法。除此之外，FRFT 在机载 SAR[44,45]中也有一定的应用。

总体来看，目前与 FRFT 相关的研究不多，关于 FRFT 的算法也不是很完善，但随着研究的深入，这种新型时频分析工具在处理非平稳信号、时变信号方面将具有广阔的应用前景。

FRFT 反映了信号的时频信息，可以看作广义傅里叶变换，FRFT 没有交叉项干扰，交叉项干扰会影响 Wigner 分布。传统傅里叶变换无法得到一些信号最重要的局部信息，但是 FRFT 不同，FRFT 适用于处理非平稳信号。因为具有阶数 p，所以在相同条件下 FRFT 的效果更好[36]。FRFT 具有以下优势。

（1）FRFT 具有阶数 p，p 不同时会出现不同的能量聚集情况，可以选择能量聚集最好的阶数对 LFM 信号进行分析和检测。

（2）可以将 FRFT 理解为 Chirp 基分解，其适用于处理 LFM 信号[29,36]。

（3）通过 Wigner 分布可以发现，FRFT 是对时频平面的旋转，利用这一点可以建立 FRFT 与时频分析工具的关系，可以估计 LFM 信号的瞬时频率、恢复相位等信息[46,47]。

（4）FRFT 是线性变换，没有交叉项干扰，噪声不会积累，可以提高信噪比。

（5）FRFT 具有较成熟的快速离散算法，如分数阶卷积等。

1.5　本书的主要内容

1.5.1　研究内容来源

本书的研究内容主要来自以下课题。

（1）分数阶系统稳定与自适应控制研究（江苏省高等学校自然科学研究面上项目，编号：17KJB120003）。

（2）分数阶非线性系统有限时间稳定与自适应控制研究（金陵科技学院孵化科研项目，编号：jit-fhxm-2003）。

（3）分数阶非线性系统研究与控制器设计（金陵科技学院高层次人才科研启动项目，编号：jit-b-201706）。

上述课题均属于分数阶系统分析与控制研究的基础项目，为研究分数阶系统多目标综合控制提供了关键技术支持。

1.5.2　组织结构

分数阶系统分析与控制是当前的研究热点，根据要求的性能指标设计合理的控制器是推动分数阶系统控制发展的关键内容之一。本书针对控制目标的要求，综合考虑控制过程中出现的不确定项、外界扰动项、非线性输入等因素的影响，提出行之有效的控制策略。第 3 章至第 12 章详细介绍了各种控制方案，即分数阶实混沌系统和复混沌系统的自适应同步控制研究、基于滑模控制技术的分数阶非线性系统的自适应镇定控制研究、基于反步控制技术的分数阶系统的自适应镇定控制研究、具有死区非线性输入的分数阶混沌系统的有限时间同步控制研究、含有未知参数和非线性输入的分数阶陀螺仪系统的有限时间滑模控制研究、受非线性输入影响的分数阶能源供需系统的自适应镇定控制研究、受饱和非线性输入影响的分数阶非线性系统的自适应镇定控制研究、基于新型滑模控制方案的不确定分数阶非线性系统的鲁棒自适应镇定控制研究、分数阶复混沌系统的自适应复杂投影同步控制研究、基于改进反馈方法的分数阶混沌系统的自适应同步控制研究。本书共 12 章，具体内容如下。

第 1 章介绍本书的研究背景及意义，回顾分数阶理论的发展情况，介绍分数阶系统概念、分数阶系统性能和控制器发展状况，对国内外分数阶系统控制的关键技术进行了介绍，并详细说明分数阶微积分理论在实际工程系统中的应用，概括了本书的主要研究内容及组织结构。

第 2 章主要介绍分数阶微积分的起源、常用函数、定义、性质、稳定理论等，为后续章节的顺利展开奠定理论基础。

第 3 章提出分数阶实混沌系统和复混沌系统的自适应同步控制策略，实现了分数阶实混沌系统和复混沌系统的自适应同步控制，以及系统参数的有效辨识，在保障网络信息安全方面具有重要的应用价值。

第 4 章提出基于滑模控制技术的分数阶非线性系统的自适应镇定控制策略，保证系统在外界扰动项和未建模动态的影响下可以实现渐近镇定，系统未知参数和不确定项上界也能实现有效辨识，分数阶频率分布模型的引入确保可以通过使用间接 Lyapunov 函数验证分数阶受控系统的稳定性。

第 5 章提出基于反步控制技术的分数阶系统的自适应镇定控制策略，通过逐步设计虚拟控制器得到实际综合控制器，构建辅助系统，抵消非线性输入的影响，并可以保证系统未知参数实现自适应辨识。

第 6 章提出具有死区非线性输入的分数阶混沌系统的有限时间同步控制策略，使两个分数阶混沌系统实现有限时间同步，并克服系统不确定项和外界扰动项的影响，增强系统的鲁棒性。

第 7 章提出含有未知参数和非线性输入的分数阶陀螺仪系统的有限时间

滑模控制策略，使两个分数阶陀螺仪系统实现有限时间同步，确保未知参数在有限时间内得到有效辨识，分数阶滑模面的设计可以有效克服非线性输入的影响。

第 8 章提出受非线性输入影响的分数阶能源供需系统的自适应镇定控制策略，使分数阶能源供需系统在系统参数未知的情况下实现渐近镇定，提出的控制策略可以有效实现系统参数的自适应辨识，对于实际能源系统研究具有重要的参考价值。

第 9 章提出受饱和非线性输入影响的分数阶非线性系统的自适应镇定控制策略，充分考虑饱和非线性输入的影响，设计合适的鲁棒控制器，实现分数阶非线性系统的自适应镇定控制，有效辨识未建模动态和外界扰动项的上界，为分数阶非线性系统的深入研究奠定理论基础。

第 10 章提出基于新型滑模控制技术的不确定分数阶非线性系统的鲁棒自适应镇定控制策略，利用二阶滑模控制方案可以提高系统的瞬态响应性能和抗干扰能力。

第 11 章提出分数阶复混沌系统的自适应复杂投影同步控制策略，可以将两个结构不同的分数阶复混沌系统同步到一个复矩阵，提高了信号传输的安全性。

第 12 章提出基于改进反馈方法的分数阶混沌系统的自适应同步控制策略，可以实现两个结构不同的分数阶混沌系统的自适应同步，以及整数阶混沌系统和分数阶混沌系统的自适应同步。

1.5.3　主要结论

本书主要介绍了分数阶系统镇定与同步控制研究，根据不同的控制目标提出了不同的控制器设计方法，特别研究了系统受模型不确定项、未知有界扰动项及非线性输入影响时的鲁棒控制器设计问题。本书基于非线性系统理论，得到了分数阶系统的研究成果，为今后的科学研究和工程应用奠定了基础。本书的主要结论如下。

（1）提出了自适应控制策略，克服非线性输入（饱和、死区、扇区）及多重不确定因素的影响，实现分数阶非线性系统的自适应同步控制。

① 基于特定结构分数阶非线性系统，充分考虑未建模动态、外界扰动项的影响，结合滑模控制方案，设计分数阶滑模面，实现特定结构分数阶系统的自适应镇定控制，控制器参数不需要事先指定，在所提自适应律的作用下，所有未知参数都能收敛到期望值，降低了控制成本。

② 基于反馈结构分数阶非线性系统，构建稳定的分数阶辅助系统，抑制死区非线性输入和扇区非线性输入的影响，结合反步法，通过逐步迭代设计虚拟控制器，在间接 Lyapunov 稳定理论的指导下，得到实际的综合控制器形式。

③ 基于有限时间控制理论，结合终端滑模控制技术，构建分数阶滑模面，考虑参数波动和未知有界扰动项的影响，实现两个结构不同的分数阶非线性系统的有限时间自适应同步控制。

④ 基于有限时间控制技术，研究具有相同结构的分数阶陀螺仪系统的自适应镇定控制，分数阶陀螺仪系统在实际工程中应用较多，尤其在航海、航天、军事等领域，因此，该内容具有十分重要的实际意义。

⑤ 基于分数阶系统稳定理论，研究分数阶能源供需系统的自适应镇定控制，对于实际能源供需系统建模过程中出现的未知参数和未建模动态，通过设计合适的自适应控制方案可以实现有效识别。

⑥ 基于分数阶系统稳定理论，研究受饱和非线性输入影响的分数阶非线性系统的自适应镇定控制，充分考虑未知参数和未知有界不确定项的影响，得到期望性能指标。

（2）提出了复杂投影同步控制方案，针对两个结构不同的分数阶混沌系统，设计合适的鲁棒自适应控制器，实现分数阶混沌系统的自适应同步控制。

① 基于分数阶积分算子的频率分布模型，研究分数阶复混沌系统的复杂投影同步控制，提出当系统未知参数为复数时，参数辨识的自适应律。

② 基于分数阶系统稳定理论，研究两个结构不同的分数阶复混沌系统的复杂投影同步问题，在所提控制方案的作用下，两个复混沌系统可以同步到一个复矩阵，大大提高了信息传输的安全性。

③ 提出了新型滑模控制方案，以实现不确定分数阶非线性系统的鲁棒自适应镇定控制。该方案基于二阶滑模控制技术，与传统滑模控制方案相比，新型滑模控制方案能很好地消除抖振的影响，具有更优越的控制性能。

④ 提出了基于改进反馈方法的分数阶混沌系统的自适应同步控制方案，可以实现两个结构不同的分数阶混沌系统的自适应同步控制，以及整数阶混

沌系统和分数阶混沌系统的自适应同步控制，是研究整数阶系统和分数阶系统关系的桥梁。

1.5.4 研究展望

（1）受非线性输入影响的分数阶非线性系统，在滑模控制技术的应用下，可以实现有限时间同步控制，目前仅实现了实数域分数阶系统的有限时间控制，复数域分数阶系统的有限时间控制是后续研究的主要内容之一。

（2）目前考虑的非线性输入类型仅限于饱和、死区、扇区，未涉及其他更复杂的非线性输入，后续将重点考察其他复杂非线性输入的处理，设计合适的控制器以抑制复杂输入的影响，保证受控系统正常有序工作。

（3）本书没有涉及分数阶时滞系统研究，实际上，在工程系统的信号传递过程中，时滞的影响不可避免。可以将滑模控制技术与有限时间理论结合，研究分数阶时滞系统的全局有限时间镇定控制。

（4）在已有的分数阶系统自适应控制策略中，未知参数的自适应辨识律均基于分数阶系统结构设计，对于结构未知的分数阶系统来说，还需要进一步研究自适应控制方案。在后续研究中，可以尝试将神经网络、模糊控制等智能控制方法用于结构未知的分数阶系统的自适应控制。

（5）目前，基于反步控制技术的分数阶系统的自适应镇定控制仅限于具有严格反馈结构的分数阶系统，不具有严格反馈结构的分数阶系统的自适应镇定控制将成为后续研究的主要内容之一。

1.6 本章小结

本章是后面章节的基础，主要介绍了分数阶微积分理论的研究背景及意义、分数阶系统性能分析及控制器设计、国内外研究现状、分数阶系统的应用领域、本书的研究内容等。

参考文献

[1]   D. Matignon. Stability properties for generalized fractional differential system[J]. Proceeding of Fractional Differential Systems: Models, Methods and Application, 1998(5):145-158.

[2]   Y. Li, Y. Q. Chen, I. Podlubny. Stability of fractional-order nonlinear dynamic systems: Lyapunov direct method and generalized Mittag-Leffler stability[J]. Computers and Mathematics with Applications, 2010(59):1810-1821.

[3]   J. C. Trigeassou, N. Maamri, J. Sabatier, A. Oustaloup. State variables and transients of fractional order differential systems[J]. Computers and Mathematics with Applications, 2012(64):3117-3140.

[4]   B. J. Lune. Three-parameter tunable tilt-integral derivative (TID) controller[P]. US Patent US5371670, 1994.

[5]   A. Oustaloup, B. Mathieu, P. Lanusse. The CRONE control of resonant plants: Application to a flexible transmission[J]. European Journal of Control, 1995, 1(2):275-283.

[6]   I. Podlubny. Fractional-order systems and controllers[J]. IEEE Transactions on Automatic Control, 1994, 44(1):208-214.

[7]   I. Podlubny. Fractional Differential Equations[M]. Academic press, 1999.

[8]   王振滨, 曹广益. 分数微积分的两种系统建模方法[J]. 系统仿真学报, 2004, 16(4):810-812.

[9]   M. P. Aghababa, H. P. Aghababa. The rich dynamics of fractional-order gyros applying a fractional controller[J]. Proceedings of the Institution of Mechanical Engineering, Part I: Journal of System and Control Engineering, 2013, 227:588-601.

[10]   C. Yin, S. M. Zhong, W. F. Chen. Design of sliding mode controller for a class of fractional-order chaotic system[J]. Communication in Nonlinear Science and Numerical Simulation, 2012, 17:356-366.

[11]   R. X. Zhang, S. P. Yang. Robust synchronization of two different fractional-order chaotic systems with unknown parameters using adaptive sliding

mode approach[J]. Nonlinear Dynamics, 2013, 71:269-278.

[12] H. S. Ahn, Y. Q. Chen. Iterative learning control for multi-agent formation[C]. ICCAS-SCIE, 2009:3111-3116.

[13] F. Jiang, L. Wang. Finite-time information consensus for multi-agent systems with fixed and switching topologies[J]. Physica D: Nonlinear Phenomena, 2009, 238(16):1550-1360.

[14] F. Xiao, L. Wang, J. Chen, et al. Finite-time formation control for multi-agent systems[J]. Automatica, 2009, 45(11):2605-2611.

[15] S. P. Yang, J. X. Xu, D. Q. Huang. Iterative learning control for multi-agent systems consensus tracking[C]. 51st IEEE Conference on Decision and Control, 2012:4672-4677.

[16] M. P. Aghababa, M. Borjkhani. Chaotic fractional-order for muscular blood vessel and its control via fractional control scheme[J]. Complexity, 2014, 20(2):37-46.

[17] 张小芝. 管理学中多属性决策问题与分数阶算子方法的研究[D]. 南昌：南昌大学, 2014.

[18] M. P. Aghababa. Fractional modelling and control of a complex nonlinear energy supply-demand system[J]. Complexity, 2015, 20(6):74-86.

[19] 杨晴霞, 曹秉刚. 一种估计锂电池充电状态的分数阶阻抗模型[J]. 西安交通大学学报, 2015, 49(8):128-132.

[20] 郑伟佳, 王孝洪, 皮佑国. 基于输出误差的永磁同步电机分数阶建模[J]. 华南理工大学学报（自然科学版）, 2015, 43(9):8-13.

[21] 杜兰, 史蕙若, 李林森, 等. 基于分数阶傅里叶变换的窄带雷达飞机目标回波特征提取方法[J]. 电子与信息学报, 2016, 12(12):3093-3099.

[22] 王虎. 时滞分数阶 Hopfield 神经网络的动力学分析[D]. 北京：北京交通大学, 2015.

[23] 李博, 谢巍. 基于自适应分数阶微积分的图像去噪与增强算法[J]. 系统工程与电子技术, 2016, 1:185-192.

[24] 袁野. 基于分数阶傅里叶变换的毫米波雷达检测系统[D]. 成都：西南交通大学, 2019.

[25] N. Wiener. Hermitian polynomials and Fourier analysis[J]. Studies in Applied Mathematics, 1929, 8:70-73.

[26]　E. U. Condon. Immersion of the Fourier transform in a continuous group of functional transformations[J]. Proceedings of the National Academy of Sciences of the United States of America, 1937, 23(3):158-164.

[27]　V. Bargmann. On a Hilbert space of analytic function and an associated integral transform[J]. Communications on Pure and Applied Mathematics, 2010, 14(3):187-214.

[28]　V. Namias. The fractional order Fourier transform and its application to quantum mechanics[J]. IMA Journal of Applied Mathematics, 1980.

[29]　L. B. Almeida. The fractional Fourier transform and time-frequency representations[J]. IEEE Transactions on Signal Processing, 2002, 42(11):3084-3091.

[30]　H. M. Ozaktas, O. Arikan, et al. Digital computation of the fractional Fourier transform[J]. IEEE Transactions on Signal Processing, 1996, 44(9):2141-2150.

[31]　I. Djurovic, S. Stankovic, I. Pitas. Digital watermarking in the fractional Fourier transformation domain[J]. Journal of Network and Computer Applications, 2001, 24(2):167-173.

[32]　董永强, 陶然, 周思永, 等. 含未知参数的多分量 Chirp 信号的分数阶傅里叶分析[J]. 北京大学学报, 1999, 19(5):612-616.

[33]　L. Qi, R. Tao, S. Y. Zhou, et al. Detection and parameter estimation if multicomponent LFM signal based on the fractional Fourier transform[J]. Science in China, 2004, 47(2):184-198.

[34]　O. Akay, G. F. Boudreaux-Bartels. Fractional convolution and correlation via operator methods and an application to detection of Linear FM signals[J]. IEEE Transactions on Signal Processing, 2001, 49(5):979-993.

[35]　周刚毅, 叶中付. 线性调频信号的调频斜率估计方法[J]. 中国科学技术大学学报, 2003, 33(1):34-38.

[36]　陶然, 邓兵, 王越. 分数阶 Fourier 变换在信号处理领域的研究进展[J]. 中国科学 E 辑信息科学, 2006, 36(2):113-126.

[37]　邓兵, 陶然, 齐林, 等. 分数阶 Fourier 变换与时频滤波[J]. 系统工程与电子技术, 2004, 26(10):1357-1359.

[38] S. G. Shin, S. I. Jin, S. Y. Shin, et al. Optical neural network using fractional Fourier transform, log-likelihood, and parallelism[J]. Optics Communications, 1998, 153:218-222.

[39] B. Barshan, B. Ayrulu. Fractional Fourier transform pre-processing for neural networks and its application to object recognition[J]. Neural Networks: the Official Journal of the International Neural Network Society, 2002, 15(1):131-140.

[40] I. S. Yetik, A. Nehorai. Beamforming using the fractional Fourier transform[J]. IEEE Transactions on Signal Processing, 2003, 51(6):1663-1668.

[41] 陶然, 周云松. 基于分数阶傅里叶变换的宽带线性调频信号波达方向估计新算法[J]. 北京理工大学学报, 2005, 25(10):895-899.

[42] S. Jang, W. Choi, T. K. Sarkar, et al. Exploiting early time response using the fractional Fourier transform for analyzing transient Radar returns[J]. IEEE Transactions on Antennas and Propagation, 2004, 52(11):3109-3121.

[43] I. I. Jouny. Radar backscatter analysis using fractional Fourier transform[C]. Antennas and Propagation Society International Symposium, 2004.

[44] 董永强, 陶然, 周思永, 等. 基于分数阶傅里叶变换的 SAR 运动目标检测与成像[J]. 兵工学报, 1999, 20(2):132-136.

[45] H. B. Sun, G. S. Liu, H. Gu, et al. Application of the fractional Fourier transform to moving target detection in airborne SAR[J]. IEEE Transactions on Aerospace and Electronic System, 2002, 38(4):1416-1424.

[46] M. G. Ertosun, H. Atli, H. M. Ozaktas, et al. Complex signal recovery from multiple fractional Fourier-transform intensities[J]. Applied Optics, 2005, 44(23): 4902-4908.

[47] 杨文涛. 分数阶傅里叶变换在数字图像处理中的应用[D]. 武汉：华中科技大学, 2007.

第 2 章

分数阶微积分的基础理论

2.1 分数阶微积分的起源

分数阶微积分起源于下列问题：当微积分方程阶数 n 不是整数时，它的导数的含义是什么？常用的整数阶导数的含义及性质是否能直接扩展到非整数阶导数？该问题最初由著名数学家洛必达于 1695 年 9 月 30 日提出，在他与莱布尼茨的信中提到了关于 $\mathrm{d}^{\frac{1}{2}}x\big/\mathrm{d}t^{\frac{1}{2}}$ 的问题。后来，分数阶微积分引起了其他数学家的注意，许多学者为分数阶微积分的发展做出了贡献。1819 年，Lacroix 成为第一位发表分数阶导数相关论文的数学家[1]。

以 $y = x^m$ 为例，m 为正整数，n 阶导数可表示为[2]

$$\frac{\mathrm{d}^n y}{\mathrm{d}x^n} = \frac{m!}{(m-n)!}x^{m-n}, \quad m \geq n \tag{2-1}$$

式（2-1）可转化为

$$\frac{\mathrm{d}^n y}{\mathrm{d}x^n} = \frac{\Gamma(m+1)}{\Gamma(m-n+1)}x^{m-n}, \quad m \geq n \tag{2-2}$$

令 $m = 1$，$n = 0.5$，可以得到

$$\frac{\mathrm{d}^{\frac{1}{2}} y}{\mathrm{d}x^{\frac{1}{2}}} = \frac{2\sqrt{x}}{\sqrt{\pi}} \tag{2-3}$$

1822 年，Fourier[3]得到结论：如果式（2-4）和式（2-5）成立，则对于任意的 μ，可以得到式（2-6）。

$$f(x) = \frac{1}{2\pi} \int_{-\infty}^{\infty} f(\alpha)\mathrm{d}\alpha \int_{-\infty}^{\infty} \cos p(x-\alpha)\mathrm{d}p \tag{2-4}$$

$$\frac{\mathrm{d}^n}{\mathrm{d}x^n}\cos p(x-\alpha) = p^n \cos\left[p(x-\alpha) + \frac{1}{2}n\pi\right] \tag{2-5}$$

$$\frac{\mathrm{d}^\mu}{\mathrm{d}x^\mu}f(x) = \frac{1}{2\pi}\int_{-\infty}^{\infty} p^\mu \cos\left[p(x-\alpha) + \frac{1}{2}\mu\pi\right]\mathrm{d}p \tag{2-6}$$

1823 年，Abel 推想[4]

$$K = \int_0^x (x-t)^{\frac{1}{2}} f(t)\mathrm{d}t \tag{2-7}$$

得到

$$\frac{\mathrm{d}^{\frac{1}{2}}}{\mathrm{d}x^{\frac{1}{2}}}K = \sqrt{\pi}f(x) \tag{2-8}$$

根据 Abel 的研究，Liouville 于 1832 年提出了分数阶微积分的定义，这是分数阶微积分的第一个合理定义。此后，在众多杰出科学家（如 Laplace、Riemann、Grunwald 等）的不懈努力下，分数阶微积分得到了快速发展，逐渐形成了独特的理论体系，并成为现代科学的重要组成部分。

最初，分数阶研究仅集中在纯数学理论方面，并未关注分数阶的控制应用研究。20 世纪 80 年代，分数阶研究开始向各领域延伸和发展，Mandelbort 发现在自然界及某些应用领域中存在分数维现象。21 世纪，分数阶微积分的研究成果不断增加，事物本质特性分数阶模型能更好地表示具有分数阶属性的事物[5]。

随着计算机技术的快速发展，分数阶微积分必然得到快速发展和广泛应用。分数阶有较强的记忆性，在实践中，分数阶数学模型更适用于描述具体事物的细节。近年来，分数阶在流体力学、控制学、生物学等应用学科得到快速发展和广泛应用，很多行业和领域的研究者逐渐意识到分数阶模型的研究具有重要意义。分数阶微积分实际上是针对任意阶的微分和积分，通常来说，分数阶微分与积分算子统称为微积分算子，记为 $_aD_t^q$，其具体描述为

$$_aD_t^q = \begin{cases} \dfrac{\mathrm{d}^q}{\mathrm{d}t^q}, & q > 0 \\ 1, & q = 0 \\ \displaystyle\int_a^t (\mathrm{d}\tau)^{-q}, & q < 0 \end{cases} \tag{2-9}$$

式中，q 为系统微积分阶数，a、t 分别为积分运算的下限和上限。

分数阶微积分有多种定义，如 Grunwald-Letnikov（G-L）定义、Riemann-Liouville（R-L）定义、Caputo 定义、Sequential 定义、Nishimoto 定义等。常

用的分数阶微积分定义为 Grunwald-Letnikov（G-L）定义、Riemann-Liouville（R-L）定义和 Caputo 定义。虽然分数阶微积分有多种定义，但是它们在某种特定条件下是等价的。

2.2　分数阶微积分的常用函数

1. Gamma 函数

Gamma 函数[6,7]为

$$\Gamma(z) = \int_0^\infty e^{-t} t^{z-1} dt , \quad \mathrm{Re}(z) > 0 \tag{2-10}$$

式中，$z = x + \mathrm{j}y$，则有

$$\begin{aligned}\Gamma(z) = \Gamma(x+\mathrm{j}y) &= \int_0^\infty e^{-t} t^{z-1} dt = \int_0^\infty e^{-t} t^{x-1-\mathrm{j}y} dt = \int_0^\infty e^{-t} t^{x-1} e^{\mathrm{j}y\log(t)} dt \\ &= \int_0^\infty e^{-t} t^{x-1} \left\{ \cos\left[y\log(t)\right] + \mathrm{j}\sin\left[y\log(t)\right] \right\} dt \end{aligned} \tag{2-11}$$

式中，$\cos\left[y\log(t)\right] + \mathrm{j}\sin\left[y\log(t)\right]$ 中的 t 均有界。当 $t \to \infty$ 时，要保证式（2-11）收敛，可以对 e^{-t} 积分，如果得到 $x = \mathrm{Re}(z) > 1$，则 $\Gamma(z)$ 在 $t = 0$ 时收敛。

通过扩展 Gamma 函数的定义，可知

$$\Gamma(z+1) = z\Gamma(z) \tag{2-12}$$

还可以用极限表示 Gamma 函数，即

$$\Gamma(z) = \lim_{n\to\infty} \frac{n!n^z}{z(z+1)(z+2)\cdots(z+n)} \tag{2-13}$$

2. Mittag-Leffler（M-L）函数

单参数 M-L[7]函数为

$$E_q(z) = \sum_{k=0}^\infty \frac{z^k}{\Gamma(qk+1)} , \quad q > 0 \tag{2-14}$$

双参数 M-L 函数为

$$E_{q,p}(z) = \sum_{k=0}^\infty \frac{z^k}{\Gamma(qk+p)} , \quad q > 0, \ p > 0 \tag{2-15}$$

3. Beta 函数

Beta 函数[7]为

$$B(z, \omega) = \int_0^1 \tau^{z-1}(1-\tau)^{(\omega-1)}\mathrm{d}\tau, \quad \mathrm{Re}(z) > 0, \ \mathrm{Re}(\omega) > 0 \qquad (2\text{-}16)$$

基于 Beta 函数，可以得到两个 Gamma 函数的关系式，第一个关系式为

$$\Gamma(z)\Gamma(1-z) = \frac{\pi}{\sin(\pi z)} \qquad (2\text{-}17)$$

当 $0 < \mathrm{Re}(z) < 1$ 且 $z \neq 0, \pm 1, \pm 2, \cdots$ 时，式（2-17）成立。

根据式（2-17），可以得到一个特殊值（属于 Gamma 函数）

$$\Gamma\left(\frac{1}{2}\right) = \sqrt{\pi} \qquad (2\text{-}18)$$

第二个关系式（简称 Lgendre 表达式）为

$$\Gamma(z)\Gamma\left(z+\frac{1}{2}\right) = \sqrt{\pi} 2^{2z-1}\Gamma(2z), \quad z \neq 0, -1, -2, \cdots \qquad (2\text{-}19)$$

2.3　分数阶微积分的定义

随着分数阶微积分理论研究的深入，许多数学家找到了符合分数阶微积分概念的定义，目前常用的分数阶微积分定义为 Grunwald-Letnikov（G-L）定义、Riemann-Liouville（R-L）定义和 Caputo 定义。对于分数阶微积分算子 $_aD_t^q$ 来说，当 $q > 0$ 时，其表示分数阶微分，当 $q < 0$ 时，其表示分数阶积分。

Gamma 函数是分数阶微积分中重要的基本函数。Gamma 函数的基本解释是所有实数阶乘的推广。根据 Gamma 函数的递归关系，可以得到

$$\Gamma(n) = (n-1)! \qquad (2\text{-}20)$$

由式（2-10）、式（2-12）和式（2-20）得到 G-L 定义为

$$_aD_t^q f(t) = \frac{\mathrm{d}^q f(t)}{\mathrm{d}(t-a)^q} = \lim_{N \to \infty}\left(\frac{t-a}{N}\right)^{-q}\sum_{j=0}^{N-1}(-1)^j\binom{q}{j}f\left[t-j\left(\frac{t-a}{N}\right)\right] \qquad (2\text{-}21)$$

G-L 型分数阶微积分的拉普拉斯变换为

$$L\{_0D_t^q f(t)\} = \int_0^\infty \mathrm{e}^{-st} D^q f(t)\mathrm{d}t = s^q F(s) \qquad (2\text{-}22)$$

R-L 定义为

$$_aD_t^q f(t) = \begin{cases} \dfrac{1}{\Gamma(-q)}\displaystyle\int_a^t (t-\tau)^{-q-1} f(\tau)\mathrm{d}\tau, & q < 0 \\[2mm] f(t), & q = 0 \\[2mm] D^n\left[_aD_t^{q-n} f(t)\right], & q > 0,\ n-1 \leqslant q < n \end{cases} \qquad (2\text{-}23)$$

式中，q 为函数的分数阶阶数，n 是大于 q 的第一个整数。可以得到幂函数和常数条件下的 q 阶微分为

$$D_{t_0}^q t^r = \frac{\Gamma(r+1)}{\Gamma(r+1-q)}(t-t_0)^{r-q} \qquad (2\text{-}24)$$

$$D_{t_0}^q C = \frac{C}{\Gamma(1-q)}(t-t_0)^{-q} \qquad (2\text{-}25)$$

R-L 定义先对变量积分，积分阶数为 $n-q$，再对变量微分，微分阶数为 n。R-L 型分数阶微积分的拉普拉斯变换为

$$L\{_0D_t^q f(t)\} = s^q F(s) - \sum_{k=0}^{n-1} s^k \,_0D_t^{q-k-1} f(0)\ ,\quad n-1 < q \leqslant n \qquad (2\text{-}26)$$

如果初始条件为零，则式（2-26）可变换为

$$L\{_0D_t^q f(t)\} = s^q F(s) \qquad (2\text{-}27)$$

Caputo 定义是 G-L 定义的延伸，引入 Caputo 定义可以使拉普拉斯变换更简单，有利于讨论分数阶微分方程[8]。

Caputo 定义为

$$_aD_t^q f(t) = \begin{cases} \dfrac{1}{\Gamma(m-q)}\displaystyle\int_a^t \frac{f^{(m)}(\tau)}{(t-\tau)^{q+1-m}}\mathrm{d}\tau, & m-1 < q < m \\[3mm] \dfrac{\mathrm{d}^m}{\mathrm{d}t^m}f(t), & q = m,\ m-1 \leqslant q < m \end{cases} \qquad (2\text{-}28)$$

式中，q 为函数的分数阶阶数，m 是大于 q 的第一个整数。可以得到幂函数和常数条件下的 q 阶微分为

$$D_{t_0}^q t^r = \frac{\Gamma(r+1)}{\Gamma(r+1-q)}(t-t_0)^{r-q} \qquad (2\text{-}29)$$

$$D_{t_0}^q C = 0 \qquad (2\text{-}30)$$

Caputo 型分数阶微积分的拉普拉斯变换为

$$L\left\{\frac{\mathrm{d}^q f(t)}{\mathrm{d}t^q}\right\} = s^q L\{f(t)\} - \sum_{k=0}^{n-1} s^{q-1-k} f^{(k)}(0) \qquad (2\text{-}31)$$

Caputo 定义和 R-L 定义都在 G-L 定义的基础上改进得到，其适用范围比

G-L 定义的适用范围更广。

R-L 型分数阶微积分在纯数学领域的应用，使其在分数阶微积分的发展中具有重要作用，但其没有实际应用背景。在实际的固体力学和黏弹性理论中，存在一些需要利用分数阶微积分特有的动力学特性描述的现象，因此，需要了解方程的确切初始条件。虽然在数学上能够求解 R-L 导数积分下限的极限值，但是在物理上没有相应的意义。因此，数学理论和实际需要存在差异。Caputo 定义具有更明确的物理意义，在测量和实际应用中更易实现，具有一定的优势。

R-L 型分数阶微积分是第一个通用定义，其在纯数学领域得到了广泛应用。然而，系统方程的初始值是 R-L 定义的使用前提，其在很大程度上限制了该定义在物理学中的应用。

综上所述，纯数学理论和真实的物理应用之间存在巨大差异。因为 Caputo 型分数阶微积分具有更明确的物理意义且在实际的测量应用中更易实现，所以 Caputo 型分数阶微积分得到了广泛应用。

2.4　分数阶微积分的性质

（1）分数阶积分算子和微分算子都是线性算子

$$^{C}D_{t_0}^{q}\left[\lambda f(t)+\mu g(t)\right]=\lambda\,^{C}D_{t_0}^{q}f(t)+\mu\,^{C}D_{t_0}^{q}g(t) \tag{2-32}$$

（2）分数阶微分算子满足叠加指数定律、交换律，即

$$D_{t_0}^{\alpha}D_{t_0}^{\beta}f(t)=D_{t_0}^{\beta}D_{t_0}^{\alpha}f(t)=D_{t_0}^{\alpha+\beta}f(t) \tag{2-33}$$

（3）当 $^{C}D_{t_0}^{\alpha}\,^{C}I_{t_0}^{\beta}f(t)\neq I_{t_0}^{\beta}\,^{C}D_{t_0}^{\alpha}f(t)$ 时，有

$$\begin{cases} ^{C}D_{t_0}^{\alpha}\,^{C}I_{t_0}^{\alpha}f(t)=f(t), & \alpha>0 \\ ^{C}D_{t_0}^{\beta}\,^{C}I_{t_0}^{\alpha}f(t)=f(t)-\displaystyle\sum_{k=0}^{n-1}\frac{t^{k}}{k!}f^{(k)}(0), & \alpha>0 \end{cases} \tag{2-34}$$

（4）分数阶微分的 Leibniz 定理：如果函数 $f(t)$ 在规定的区间 $[a,\,t]$ 上是连续的，$\phi(t)$ 在相同区间内可导且有 $n+1$ 阶连续导数，则有

$$^{C}D_{t}^{q}\left[\phi(t)f(t)\right]=\sum_{k=0}^{n}\phi^{(k)}(t)\,_{a}D_{t}^{q-k}f(t)-R_{n}^{q}(t) \tag{2-35}$$

如果式（2-35）中的 n 满足 $n \geqslant q+1$，有下列形式变换

$$R_n^q(t) = \frac{1}{n!\Gamma(-q)} \int_a^t (t-\tau)^{-q-1} f(\tau) \mathrm{d}\tau \int_\tau^t \phi^{(n+1)}(\xi)(\tau-\xi)^n \mathrm{d}\xi \qquad (2\text{-}36)$$

（5）带有参数变量积分的分数阶微分表达式为

$$_0D_t^q \int_0^t K(t,\tau)\mathrm{d}\tau = \int_0^t {}_\tau D_t^q K(t,\tau)\mathrm{d}\tau + \lim_{\tau \to 0} {}_\tau D_t^{q-1} K(t,\tau), \ 0 < q < 1 \quad (2\text{-}37)$$

（6）当分数阶阶数 $q=n$ 且 n 为整数时，与整数阶微分相同。当分数阶阶数 $q=0$ 时[9]，有

$$_0D_t^q f(t) = f(t) \qquad (2\text{-}38)$$

（7）复合函数 $\phi(t) = F[h(t)]$ 的分数阶微分为

$$_aD_t^q \phi(t) = \frac{(t-a)^{-q}}{\Gamma(1-q)} \phi(t) +$$

$$\sum_{k=1}^\infty \binom{q}{k} \frac{k!(t-a)^{k-q}}{\Gamma(k-q+1)} \sum_{m=1}^k F^{(m)}[h(t)] \prod_{r=1}^k \frac{1}{a_r!} \left[\frac{h(t)}{r!}\right]^{a_r} \qquad (2\text{-}39)$$

（8）Caputo 型和 R-L 型分数阶微分满足关系式

$$^C D_{t_0}^\alpha I_{t_0}^\alpha f(t) = {}^{RL} D_{t_0}^\alpha f(t) - \sum_{k=0}^{n-1} \frac{f^k(t-t_0)^{k-\alpha}}{\Gamma(k-\alpha+1)} \qquad (2\text{-}40)$$

2.5　分数阶系统稳定理论

1. 分数阶线性系统

考虑下列分数阶线性系统

$$D^\alpha \boldsymbol{x}(t) = \boldsymbol{A}\boldsymbol{x}(t) \qquad (2\text{-}41)$$

式中，$\boldsymbol{x}(t) \in \boldsymbol{R}^n$，$\boldsymbol{A} \in \boldsymbol{R}^{n \times n}$，分数阶阶数 $\boldsymbol{q} = [\alpha_1, \alpha_2, \cdots, \alpha_n]^T$，如果 $\alpha_1 = \alpha_2 = \cdots = \alpha_n \equiv \alpha$，则将系统（2-41）称为 Commensurate-Order System，否则称为 Incommensurate-Order System。针对式（2-41），有下列稳定性判别理论。

（1）如果 $\left|\arg[\mathrm{eig}(\boldsymbol{A})]\right| > \dfrac{\alpha\pi}{2}$，则式（2-41）是渐近稳定的。

（2）令 $\alpha_i = \dfrac{v_i}{u_i}$，$v_i \in \boldsymbol{Z}^+$，$u_i \in \boldsymbol{Z}^+$，$u_i$ 的最小公倍数为 m，如果 $\left|\arg(\lambda)\right| > \dfrac{\gamma\pi}{2}$，$\gamma = m^{-1}$，$\lambda$ 是式（2-42）的解，则系统（2-41）是渐近稳定的。

$$\det\left[\operatorname{diag}(\lambda^{m\alpha_1},\lambda^{m\alpha_2},\cdots,\lambda^{m\alpha_n})-\boldsymbol{A}\right]=0 \qquad (2\text{-}42)$$

分数阶线性系统的稳定域如图 2-1 所示。

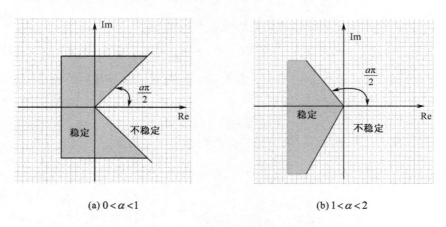

(a) $0<\alpha<1$ (b) $1<\alpha<2$

图 2-1　分数阶线性系统的稳定域

2. 分数阶非线性系统

对分数阶线性系统的稳定理论进行扩展，可以得到分数阶非线性系统的稳定理论

$$D^{\alpha}\boldsymbol{x}=\boldsymbol{f}(\boldsymbol{x}) \qquad (2\text{-}43)$$

式中，分数阶阶数 $0<\alpha<1$，状态变量 $\boldsymbol{x}=(x_1,x_2,\cdots,x_n)^{\mathrm{T}}\in\boldsymbol{R}^n$，$\boldsymbol{R}^n$ 表示 n 维实数列向量，向量函数 $\boldsymbol{f}:\boldsymbol{R}^n\to\boldsymbol{R}^n$。当平衡点处的矩阵为 $\boldsymbol{A}=\partial\boldsymbol{f}/\partial\boldsymbol{x}$ 且矩阵特征值 λ_i 满足 $\left|\arg(\lambda_i)\right|>\alpha\pi/2$ 时，平衡点稳定，系统（2-43）是渐近稳定的[10]。

对于任意分数阶系统 $D_t^{\alpha}\boldsymbol{x}=\boldsymbol{f}(\boldsymbol{x})$，$\boldsymbol{x}=\boldsymbol{0}$ 是平衡点，假设存在 Lyapunov 函数 $V[t,\boldsymbol{x}(t)]:[0,\infty)\times\boldsymbol{D}\to\mathbf{R}$ 连续可微，γ_i（$i=1,2,3$）为 K 类函数，$\boldsymbol{x}$ 满足局部 Lipschitz 条件，如果有

$$\begin{cases}\gamma_1\|\boldsymbol{x}\|\leqslant V[t,\boldsymbol{x}(t)]\leqslant\gamma_2\|\boldsymbol{x}\| \\ D^{\alpha}V[t,\boldsymbol{x}(t)]\leqslant-\gamma_3\|\boldsymbol{x}\|\end{cases} \qquad (2\text{-}44)$$

式中，$t\geqslant0$，$\boldsymbol{x}\in\boldsymbol{D}$，$\alpha\in(0,1)$，则 $\boldsymbol{x}=\boldsymbol{0}$ 是 Mittag-Leffler 稳定的。如果在 $\boldsymbol{R}^n$ 上条件亦满足，则 $\boldsymbol{x}=\boldsymbol{0}$ 是 Mittag-Leffler 全局稳定的。

对于任意分数阶系统 $D_t^\alpha x = f(x)$，$x = 0$ 是平衡点，假设存在 Lyapunov 函数 $V[t, x(t)]$：$[0, \infty) \times D \to R$ 连续可微，x 满足局部 Lipschitz 条件，如果有

$$\beta_1 \|x\|^a \leqslant V[t, x(t)] \leqslant \beta_2 \|x\|^{ab}$$

$$D^\alpha V[t, x(t)] \leqslant -\beta_3 \|x\|^{ab} \tag{2-45}$$

式中，$t \geqslant 0$，$x \in D$，$\alpha \in (0, 1)$，β_1、β_2、β_3、a、b 为正整数，则原系统是渐近稳定的。

当受控系统对收敛特性的要求较高时，往往需要保证受控系统的有限时间稳定性，对于分数阶非线性系统 $D_t^\alpha x = f(x)$，如果存在一个 Lyapunov 函数满足

$$D_t^\alpha V[t, x(t)] \leqslant -h^* V[t, x(t)] - \varepsilon < 0 \tag{2-46}$$

式中，$\alpha \in (0, 1)$ 为分数阶阶数，$h^* \in R^+$，$\varepsilon \in R^+$，则系统（2-46）是有限时间稳定的[11]，且系统状态轨迹收敛到平衡点的时间为

$$T \leqslant \left(\frac{\Gamma(\alpha+1)}{h^*} \left\{ \ln \left[V(0) + \frac{\varepsilon}{h^*} \right] - \ln \frac{\varepsilon}{h^*} \right\} \right)^{\frac{1}{q}} \tag{2-47}$$

3. 多时滞的线性分数阶系统

考虑 n 维多时滞线性分数阶系统[12,13]

$$\begin{cases} D^{q_1} x_1(t) = a_{11} x_1(t - \tau_{11}) + a_{12} x_2(t - \tau_{12}) + \cdots + a_{1n} x_n(t - \tau_{1n}) \\ D^{q_2} x_2(t) = a_{21} x_1(t - \tau_{21}) + a_{22} x_2(t - \tau_{22}) + \cdots + a_{2n} x_n(t - \tau_{2n}) \\ \qquad\qquad\qquad\qquad\qquad \vdots \\ D^{q_n} x_n(t) = a_{n1} x_1(t - \tau_{n1}) + a_{n2} x_2(t - \tau_{n2}) + \cdots + a_{nn} x_n(t - \tau_{nn}) \end{cases} \tag{2-48}$$

式中，$q_i \in (0, 1)$ 为分数阶求导的阶数，$x(t) = [x_1(t), x_2(t), \cdots, x_n(t)]^T$ 为状态向量，时延 $\tau_{ij} > 0$，$-\max \tau_{ij} = -\tau_{\max} \leqslant t \leqslant 0$。$A = [a_{ij}]_{n \times n} \in R^{n \times n}$ 为式（2-48）的系数矩阵。

对系统（2-48）进行拉普拉斯变换，得到

$$\Delta(s) \cdot X(s) = d(s) \tag{2-49}$$

式中，$X(s) = [X_1(s), X_2(s), \cdots, X_n(s)]^T$ 为状态向量的拉普拉斯变换，$d(s) = [d_1(s), d_2(s), \cdots, d_n(s)]^T$ 为剩余的非线性项。

可以得到系统（2-48）的特征矩阵为

$$\Delta(s) = \begin{bmatrix} s^{q_1} - a_{11}e^{-s\tau_{11}} & -a_{12}e^{-s\tau_{12}} & \cdots & -a_{1n}e^{-s\tau_{1n}} \\ -a_{21}e^{-s\tau_{21}} & s^{q_2} - a_{22}e^{-s\tau_{22}} & \cdots & -a_{2n}e^{-s\tau_{2n}} \\ \vdots & \vdots & & \vdots \\ -a_{n1}e^{-s\tau_{n1}} & -a_{n2}e^{-s\tau_{n2}} & \cdots & s^{q_n} - a_{nn}e^{-s\tau_{nn}} \end{bmatrix} \quad (2\text{-}50)$$

如果特征方程 $\det[\Delta(s)] = 0$ 的所有根均有负实部，则系统（2-48）的零解是 Lyapunov 全局渐近稳定的。

当 $q_1 = q_2 = \cdots = q_n = q \in (0, 1)$ 时，如果系数矩阵 A 的所有特征值 λ 满足 $|\arg(\lambda)| > \dfrac{q\pi}{2}$，且特征方程 $\det[\Delta(s)] = 0$，对任意的 $\tau_{ij} > 0$（$i, j = 1, 2, \cdots, n$）无纯虚根，则分数阶系统（2-48）的零解是 Lyapunov 全局渐近稳定的。

2.6　本章小结

本章介绍了分数阶微积分的起源，并对分数阶微积分中涉及的几个重要函数进行了介绍，着重给出了目前最常用的 3 种分数阶微积分定义。为方便后续章节顺利展开，本章还详细介绍了分数阶微积分算子运算过程中满足的相关性质，并对线性分数阶系统和非线性分数阶系统稳定理论进行了总结，为分数阶系统控制研究奠定了理论基础。

参考文献

[1]　B. Ross. Fractional calculus and its applications[C]. Proceedings of the International Conference Held at the University of New Haven, Springer Verlag, 1975.

[2]　康健. 带未知参数的分数阶复杂动态网络的改进函数投影同步研究[D]. 哈尔滨：哈尔滨理工大学, 2017.

[3]　J. Fourier. The analytical theory of heat[M]. New York：Dover Publications Incorporation, 1955.

[4]　赵雨寒. 非线性切换系统稳定性分析与分数阶控制[D]. 南京：南京林业大学, 2016.

[5]　张旭. 分数阶多稳态混沌系统动力学分析及同步研究[D]. 湘潭：湘潭大学, 2019.

[6]　陈若愚. 分数阶混沌系统的自适应滑模控制研究[D]. 大庆：东北石油大学, 2019.

[7]　R. Gorenflo, F. Mainardi. Fractional calculus: integral and differential equations of fractional order[J]. Mathematics, 2008, 49(2):277-290.

[8]　M. Caputo. Linear models of dissipation whose Q is almost frequency independent-II[J]. Geophysical Journal of the Royal Astronomical Society, 1967.

[9]　K. Diethelmand, N. J. Ford. Analysis of fractional differential equations[J]. Journal of Mathematical Analysis and Applications, 2002, 265(2):229-248.

[10]　丁冬生. 分数阶非线性系统控制研究[D]. 杭州：浙江大学, 2015.

[11]　K. Y. Shao, H. X. Gao, F. Han. Finite-time projective synchronization of fractional-order chaotic systems via soft variable structure control[J]. Journal of Mechanical Science and Technology, 2020, 34(1):369-376.

[12]　黄承代. 几类分数阶系统的动力学分析与控制[D]. 南京：东南大学, 2016.

[13]　W. H. Deng, C. P. Li, J. H. Lu. Stability analysis of linear fractional differential system with multiple time delays[J]. Nonlinear Dynamics, 2007, 48(4):409-416.

第 3 章

分数阶实混沌系统和复混沌系统的自适应同步控制研究

3.1　概述

　　分数阶混沌系统是典型的分数阶非线性系统，混沌运动是一种非周期有界动态运动，是在确定性系统中出现的类随机过程。分数阶混沌系统是国内外学者的研究热点，混沌系统的同步研究在保证信号安全方面具有重要意义。目前，大部分研究成果局限于分数阶实混沌系统，事实上，分数阶复混沌系统可以用于描述很多物理现象，如粒子分布倒置、失谐激光系统、液体流动的热对流现象等。

　　在大部分分数阶混沌系统的同步研究中，系统参数都是精确已知的。然而，在根据实际系统进行数学建模的过程中，很多系统参数不可能精确已知，这些未知参数可能会影响系统同步，因此在实现两个混沌系统的同步时必须考虑未知参数的影响。在很多物理系统中，驱动系统和响应系统以恒定的交角向不同方向演化，因此，与传统的简单同步相比，应重点研究复杂修正投影同步，以提高信息的保密性。可以将复杂修正投影同步看作完全同步、反同步、投影同步、修正投影同步的一般形式。目前，分数阶系统的复杂修正投影同步方面的研究还很少。

　　本章主要考察具有未知参数的分数阶系统的复杂修正投影同步问题，以及外界扰动项对系统的影响。因为整数阶系统稳定理论不能直接应用于分数阶系统，所以本章在分数阶系统稳定性分析中，引入频率分布模型，使用间接 Lyapunov 函数进行稳定性分析，分析过程可靠合理。

3.2　分数阶实混沌系统和复混沌系统的自适应同步控制

3.2.1　分数阶实混沌系统和复混沌系统的数学模型

定义 1：α 阶 Riemann-Liouville 分数阶积分定义为

$$_{t_0}I_t^\alpha f(t) = \frac{1}{\Gamma(\alpha)} \int_{t_0}^t \frac{f(\tau)}{(t-\tau)^{1-\alpha}} \mathrm{d}\tau \tag{3-1}$$

$\Gamma(\cdot)$ 为 Gamma 函数

$$\Gamma(\alpha) = \int_0^\infty \mathrm{e}^{-t} t^{\alpha-1} \mathrm{d}t \tag{3-2}$$

定义 2：对于 $n-1 < \alpha \leqslant n$，α 阶 Riemann-Liouville 分数阶微分定义为

$$_{t_0}D_t^\alpha f(t) = \frac{\mathrm{d}^\alpha f(t)}{\mathrm{d}t^\alpha} = \frac{1}{\Gamma(n-\alpha)} \frac{\mathrm{d}^n}{\mathrm{d}t^n} \int_{t_0}^t \frac{f(\tau)}{(t-\tau)^{\alpha-n+1}} \mathrm{d}\tau = \frac{\mathrm{d}^n}{\mathrm{d}t^n} I^{n-\alpha} f(t) \tag{3-3}$$

定义 3：α 阶 Grunwald-Letnikov 分数阶微分定义为

$$_{t_0}D_t^\alpha f(t) = \lim_{h \to 0} \frac{1}{h^\alpha} \sum_{j=0}^{\frac{t-t_0}{h}} (-1)^j \binom{\alpha}{j} f(t-jh) \tag{3-4}$$

定义 4：α 阶 Caputo 分数阶微分定义为

$$_{t_0}D_t^\alpha f(t) = \begin{cases} \dfrac{1}{\Gamma(m-\alpha)} \displaystyle\int_{t_0}^t \dfrac{f^{(m)}(\tau)}{(t-\tau)^{\alpha-m+1}} \mathrm{d}\tau, & m-1 < \alpha < m \\ \dfrac{\mathrm{d}^m}{\mathrm{d}t^m} f(t), & \alpha = m \end{cases} \tag{3-5}$$

下面使用 Caputo 分数阶微分定义描述分数阶混沌系统，简单起见，用 D^α 代替 $_0 D_t^\alpha$。

将 n 维分数阶实混沌系统作为驱动系统

$$D^\alpha \boldsymbol{x} = \boldsymbol{F}(\boldsymbol{x})\boldsymbol{\theta} + \boldsymbol{f}(\boldsymbol{x}) \tag{3-6}$$

式中，$\boldsymbol{x} = (x_1, x_2, \cdots, x_n)^\mathrm{T}$ 为实状态矢量，$\boldsymbol{F}(\boldsymbol{x}) \in \boldsymbol{R}^{n \times m_1}$ 为实矩阵且其元素为状态变量的函数，$\boldsymbol{\theta} \in \boldsymbol{R}^{m_1}$ 为未知参数矢量，$\boldsymbol{f}(\boldsymbol{x}) \in \boldsymbol{R}^n$ 为连续非线性函数矢量。

将 n 维分数阶复混沌系统作为响应系统

$$D^{\alpha}\boldsymbol{y} = \boldsymbol{G}(\boldsymbol{y})\boldsymbol{\delta} + \boldsymbol{g}(\boldsymbol{y}) + \boldsymbol{d}(t) + \boldsymbol{W}(t) \qquad (3\text{-}7)$$

式中，$\boldsymbol{y} = (y_1, y_2, \cdots, y_n)^{\mathrm{T}}$ 为复状态矢量，且 $y_k = y_k^{\mathrm{r}} + \mathrm{j}y_k^{\mathrm{i}}$，$\mathrm{j} = \sqrt{-1}$。上标 r 和 i 分别表示状态变量的实部和虚部。$\boldsymbol{G}(\boldsymbol{y}) \in \boldsymbol{C}^{n \times m_2}$ 为复矩阵且其元素为复状态变量的函数；$\boldsymbol{\delta} \in \boldsymbol{R}^{m_2}$ 或 $\boldsymbol{C}^{m_2}$ 为未知参数矢量，$\boldsymbol{g}(\boldsymbol{y}) \in \boldsymbol{C}^{n}$ 为复数非线性函数矢量；$\boldsymbol{d}(t) = \left[d_1(t), d_2(t), \cdots, d_n(t)\right]^{\mathrm{T}} \in \boldsymbol{C}^{n}$ 为外界扰动项；$\boldsymbol{W}(t) = \left[W_1(t), W_2(t), \cdots, W_n(t)\right]^{\mathrm{T}}$ 为控制器矢量。

备注 1：大部分分数阶实混沌系统和复混沌系统都可以描述为式（3-6）和式（3-7），如分数阶 Chen 系统、分数阶 Lorenz 系统、分数阶 Lu 系统、分数阶复杂 T 系统等。

定义 5：考虑驱动系统（3-6）和响应系统（3-7），复杂修正投影同步误差定义为

$$\boldsymbol{e} = \boldsymbol{e}^{\mathrm{r}} + \mathrm{j}\boldsymbol{e}^{\mathrm{i}} = \boldsymbol{y} - \boldsymbol{H}\boldsymbol{x} = \boldsymbol{y}^{\mathrm{r}} - \boldsymbol{H}^{\mathrm{r}}\boldsymbol{x} + \mathrm{j}(\boldsymbol{y}^{\mathrm{i}} - \boldsymbol{H}^{\mathrm{i}}\boldsymbol{x}) \qquad (3\text{-}8)$$

式中，$\boldsymbol{e}^{\mathrm{r}} = (e_1, e_3, \cdots, e_{2n-1})^{\mathrm{T}}$，$\boldsymbol{e}^{\mathrm{i}} = (e_2, e_4, \cdots, e_{2n})^{\mathrm{T}}$，$\boldsymbol{H} = \mathrm{diag}(h_1, h_2, \cdots, h_n)$，$h_k = h_k^{\mathrm{r}} + \mathrm{j}h_k^{\mathrm{i}}$。如果当 $t \to \infty$ 时 $\boldsymbol{e} \to 0$，则可以实现驱动系统（3-6）和响应系统（3-7）之间的复杂修正投影同步。

备注 2：显然，驱动系统（3-6）和响应系统（3-7）之间的复杂修正投影同步问题可以转化为误差系统（3-8）的镇定问题。

本章的目标是设计一个自适应镇定控制器，以实现分数阶实混沌系统和复混沌系统之间的复杂修正投影同步，以及未知参数的辨识。为保证所提控制方案的合理性和有效性，给出下列假设。

假设外界扰动项 $d_k(t) = d_k^{\mathrm{r}}(t) + \mathrm{j}d_k^{\mathrm{i}}(t)$ 有界，其上界为

$$\left|d_k(t)\right| \leqslant \varphi_k \qquad (3\text{-}9)$$

式中，$|\cdot|$ 为复数形式扰动项的模，$\varphi_k(k = 1, 2, \cdots, n)$ 为已知正数。

3.2.2 自适应镇定控制器设计

考虑驱动系统（3-6）和响应系统（3-7），可将自适应镇定控制器设计为

$$\begin{cases} W_k(t) = W_k^{\mathrm{r}}(t) + \mathrm{j}W_k^{\mathrm{i}}(t) \\ W_k^{\mathrm{r}}(t) = -\boldsymbol{G}_k^{\mathrm{r}}(\boldsymbol{y})\hat{\boldsymbol{\delta}} + h_k^{\mathrm{r}}\boldsymbol{F}_k(\boldsymbol{x})\hat{\boldsymbol{\theta}} - g_k^{\mathrm{r}}(\boldsymbol{y}) + h_k^{\mathrm{r}}f_k(\boldsymbol{x}) - L_k e_{2k-1} - \xi_k\,\mathrm{sgn}(e_{2k-1}) \\ W_k^{\mathrm{i}}(t) = -\boldsymbol{G}_k^{\mathrm{i}}(\boldsymbol{y})\hat{\boldsymbol{\delta}} + h_k^{\mathrm{i}}\boldsymbol{F}_k(\boldsymbol{x})\hat{\boldsymbol{\theta}} - g_k^{\mathrm{i}}(\boldsymbol{y}) + h_k^{\mathrm{i}}f_k(\boldsymbol{x}) - L_k e_{2k} - \xi_k\,\mathrm{sgn}(e_{2k}) \end{cases} \qquad (3\text{-}10)$$

式中， $k=1,2,\cdots,n$ ， $G_k^{\mathrm{r}}(y)$ 、 $G_k^{\mathrm{i}}(y)$ 、 $g_k^{\mathrm{r}}(y)$ 、 $g_k^{\mathrm{i}}(y)$ 、 $F_k(x)$ 、 $f_k(x)$ 分别为矩阵 $G^{\mathrm{r}}(y)$ 、 $G^{\mathrm{i}}(y)$ 、 $g^{\mathrm{r}}(y)$ 、 $g^{\mathrm{i}}(y)$ 、 $F(x)$ 、 $f(x)$ 的第 k 行， h_k^{r} 和 h_k^{i} 为给定值， L_k 和 ξ_k 为未知控制增益，可采用下列公式进行辨识

$$\begin{cases} D^{\alpha}L_k = \beta\left(e_{2k-1}^2 + e_{2k}^2\right) \\ D^{\alpha}\xi_k = \sigma\left(\left|e_{2k-1}\right| + \left|e_{2k}\right|\right) \end{cases} \tag{3-11}$$

式中， β 和 σ 为正数。

为自动识别驱动系统和响应系统中的未知参数矢量，提出下列自适应律

$$\begin{cases} D^{\alpha}\hat{\boldsymbol{\theta}} = -\left[\boldsymbol{H}^{\mathrm{r}}\boldsymbol{F}(\boldsymbol{x})\right]^{\mathrm{T}}\boldsymbol{e}^{\mathrm{r}} - \left[\boldsymbol{H}^{\mathrm{i}}\boldsymbol{F}(\boldsymbol{x})\right]^{\mathrm{T}}\boldsymbol{e}^{\mathrm{i}} \\ D^{\alpha}\hat{\boldsymbol{\delta}} = \left[\boldsymbol{G}^{\mathrm{r}}(\boldsymbol{y})\right]^{\mathrm{T}}\boldsymbol{e}^{\mathrm{r}} + \left[\boldsymbol{G}^{\mathrm{i}}(\boldsymbol{y})\right]^{\mathrm{T}}\boldsymbol{e}^{\mathrm{i}} \end{cases} \tag{3-12}$$

式中， $\hat{\boldsymbol{\theta}}$ 和 $\hat{\boldsymbol{\delta}}$ 分别为未知参数矢量 $\boldsymbol{\theta}$ 和 $\boldsymbol{\delta}$ 的估计值，在上述控制器和自适应律的作用下，可以顺利实现驱动系统（3-6）和响应系统（3-7）之间的复杂修正投影同步。

下面验证所提控制方案的可行性和正确性。根据复杂修正投影同步定义可得

$$\begin{aligned} D^{\alpha}\boldsymbol{e} &= D^{\alpha}\boldsymbol{e}^{\mathrm{r}} + \mathrm{j}D^{\alpha}\boldsymbol{e}^{\mathrm{i}} = D^{\alpha}\boldsymbol{y}^{\mathrm{r}} - \boldsymbol{H}^{\mathrm{r}}D^{\alpha}\boldsymbol{x} + \mathrm{j}\left(D^{\alpha}\boldsymbol{y}^{\mathrm{i}} - \boldsymbol{H}^{\mathrm{i}}D^{\alpha}\boldsymbol{x}\right) \\ &= \boldsymbol{G}^{\mathrm{r}}(\boldsymbol{y})\boldsymbol{\delta} + \boldsymbol{g}^{\mathrm{r}}(\boldsymbol{y}) + \boldsymbol{d}^{\mathrm{r}}(t) + \boldsymbol{W}^{\mathrm{r}}(t) - \boldsymbol{H}^{\mathrm{r}}\left[\boldsymbol{F}(\boldsymbol{x})\boldsymbol{\theta} + \boldsymbol{f}(\boldsymbol{x})\right] + \\ &\quad \mathrm{j}\left\{\boldsymbol{G}^{\mathrm{i}}(\boldsymbol{y})\boldsymbol{\delta} + \boldsymbol{g}^{\mathrm{i}}(\boldsymbol{y}) + \boldsymbol{d}^{\mathrm{i}}(t) + \boldsymbol{W}^{\mathrm{i}}(t) - \boldsymbol{H}^{\mathrm{i}}\left[\boldsymbol{F}(\boldsymbol{x})\boldsymbol{\theta} + \boldsymbol{f}(\boldsymbol{x})\right]\right\} \end{aligned} \tag{3-13}$$

式（3-13）的实部和虚部与式（3-11）和式（3-12）组成下列分数阶闭环自适应系统

$$\begin{cases} D^{\alpha}e_{2k-1} = \boldsymbol{G}_k^{\mathrm{r}}(\boldsymbol{y})\boldsymbol{\delta} + \boldsymbol{g}_k^{\mathrm{r}}(\boldsymbol{y}) + d_k^{\mathrm{r}}(t) + W_k^{\mathrm{r}}(t) - h_k^{\mathrm{r}}\left[\boldsymbol{F}_k(\boldsymbol{x})\boldsymbol{\theta} + f_k(\boldsymbol{x})\right] \\ D^{\alpha}e_{2k} = \boldsymbol{G}_k^{\mathrm{i}}(\boldsymbol{y})\boldsymbol{\delta} + \boldsymbol{g}_k^{\mathrm{i}}(\boldsymbol{y}) + d_k^{\mathrm{i}}(t) + W_k^{\mathrm{i}}(t) - h_k^{\mathrm{i}}\left[\boldsymbol{F}_k(\boldsymbol{x})\boldsymbol{\theta} + f_k(\boldsymbol{x})\right] \\ D^{\alpha}\hat{\boldsymbol{\theta}} = -\left[\boldsymbol{H}^{\mathrm{r}}\boldsymbol{F}(\boldsymbol{x})\right]^{\mathrm{T}}\boldsymbol{e}^{\mathrm{r}} - \left[\boldsymbol{H}^{\mathrm{i}}\boldsymbol{F}(\boldsymbol{x})\right]^{\mathrm{T}}\boldsymbol{e}^{\mathrm{i}} \\ D^{\alpha}\hat{\boldsymbol{\delta}} = \left[\boldsymbol{G}^{\mathrm{r}}(\boldsymbol{y})\right]^{\mathrm{T}}\boldsymbol{e}^{\mathrm{r}} + \left[\boldsymbol{G}^{\mathrm{i}}(\boldsymbol{y})\right]^{\mathrm{T}}\boldsymbol{e}^{\mathrm{i}} \\ D^{\alpha}L_k = \beta\left(e_{2k-1}^2 + e_{2k}^2\right) \\ D^{\alpha}\xi_k = \sigma\left(\left|e_{2k-1}\right| + \left|e_{2k}\right|\right) \end{cases} \tag{3-14}$$

引入分数阶频率分布模型的概念[1-3]，考虑非线性分数阶系统 $D^{\alpha}x(t)=f[x(t)]$ ， $\alpha \in (0,1)$ ，该系统可以转化为下列连续频率分布模型

$$\begin{cases} \dfrac{\partial z(\omega,t)}{\partial t} = -\omega z(\omega,t) + f\big[x(t)\big] \\ x(t) = \displaystyle\int_0^{\infty} \mu(\omega)z(\omega,t)\mathrm{d}\omega \end{cases} \tag{3-15}$$

式中，$\mu(\omega)=\big[\sin(\alpha\pi)/\pi\big]\omega^{-\alpha}$，$z(\omega,t)$ 为实际状态变量，$x(t)$ 为伪状态变量。

根据式（3-15）[4,5]，可以将式（3-14）转化为下列无限维常微分方程

$$\begin{cases} \dfrac{\partial z_{2k-1}(\omega,t)}{\partial t} = -\omega z_{2k-1}(\omega,t) + \boldsymbol{G}_k^{\mathrm{r}}(\boldsymbol{y})\boldsymbol{\delta} + g_k^{\mathrm{r}}(\boldsymbol{y}) + d_k^{\mathrm{r}}(t) + W_k^{\mathrm{r}}(t) - h_k^{\mathrm{r}}\big[\boldsymbol{F}_k(\boldsymbol{x})\boldsymbol{\theta} + f_k(\boldsymbol{x})\big] \\ e_{2k-1} = \displaystyle\int_0^{\infty} \mu(\omega)z_{2k-1}(\omega,t)\mathrm{d}\omega \\ \dfrac{\partial z_{2k}(\omega,t)}{\partial t} = -\omega z_{2k}(\omega,t) + \boldsymbol{G}_k^{\mathrm{i}}(\boldsymbol{y})\boldsymbol{\delta} + g_k^{\mathrm{i}}(\boldsymbol{y}) + d_k^{\mathrm{i}}(t) + W_k^{\mathrm{i}}(t) - h_k^{\mathrm{i}}\big[\boldsymbol{F}_k(\boldsymbol{x})\boldsymbol{\theta} + f_k(\boldsymbol{x})\big] \\ e_{2k} = \displaystyle\int_0^{\infty} \mu(\omega)z_{2k}(\omega,t)\mathrm{d}\omega \\ \dfrac{\partial z_{\tilde{\theta}}(\omega,t)}{\partial t} = -\omega z_{\tilde{\theta}}(\omega,t) - \big[\boldsymbol{H}^{\mathrm{r}}\boldsymbol{F}(\boldsymbol{x})\big]^{\mathrm{T}}\boldsymbol{e}^{\mathrm{r}} - \big[\boldsymbol{H}^{\mathrm{i}}\boldsymbol{F}(\boldsymbol{x})\big]^{\mathrm{T}}\boldsymbol{e}^{\mathrm{i}} \\ \tilde{\boldsymbol{\theta}} = \displaystyle\int_0^{\infty} \mu(\omega)\boldsymbol{z}_{\tilde{\theta}}(\omega,t)\mathrm{d}\omega \\ \dfrac{\partial z_{\tilde{\delta}}(\omega,t)}{\partial t} = -\omega z_{\tilde{\delta}}(\omega,t) + \big[\boldsymbol{G}^{\mathrm{r}}(\boldsymbol{y})\big]^{\mathrm{T}}\boldsymbol{e}^{\mathrm{r}} + \big[\boldsymbol{G}^{\mathrm{i}}(\boldsymbol{y})\big]^{\mathrm{T}}\boldsymbol{e}^{\mathrm{i}} \\ \tilde{\boldsymbol{\delta}} = \displaystyle\int_0^{\infty} \mu(\omega)\boldsymbol{z}_{\tilde{\delta}}(\omega,t)\mathrm{d}\omega \\ \dfrac{\partial z_{\tilde{L}_k}(\omega,t)}{\partial t} = -\omega z_{\tilde{L}_k}(\omega,t) + \beta\big(e_{2k-1}^2 + e_{2k}^2\big) \\ \tilde{L}_k = \displaystyle\int_0^{\infty} \mu(\omega)z_{\tilde{L}_k}(\omega,t)\mathrm{d}\omega \\ \dfrac{\partial z_{\tilde{\xi}_k}(\omega,t)}{\partial t} = -\omega z_{\tilde{\xi}_k}(\omega,t) + \sigma\big(\big|e_{2k-1}\big| + \big|e_{2k}\big|\big) \\ \tilde{\xi}_k = \displaystyle\int_0^{\infty} \mu(\omega)z_{\tilde{\xi}_k}(\omega,t)\mathrm{d}\omega \end{cases} \tag{3-16}$$

式中，$k=1,2,\cdots,n$。$\mu(\omega)=\big[\sin(\alpha\pi)/\pi\big]\omega^{-\alpha}$，$\tilde{\theta}=\hat{\theta}-\theta$，$\tilde{\delta}=\hat{\delta}-\delta$，$\tilde{L}_k = L_k - L_k^*$，$\tilde{\xi}_k = \xi_k - \xi_k^*$ 为估计误差，L_k^* 和 ξ_k^* 为正数，$z_{2k-1}(\omega,t)$、$z_{2k}(\omega,t)$、$z_{\tilde{\theta}}(\omega,t)$、$z_{\tilde{\delta}}(\omega,t)$、$z_{\tilde{L}_k}(\omega,t)$、$z_{\tilde{\xi}_k}(\omega,t)$ 为实际状态变量，e_{2k-1}、e_{2k}、$\tilde{\theta}$、$\tilde{\delta}$、$\tilde{L}_k$、$\tilde{\xi}_k$ 为伪状态变量。

为证明式（3-16）的稳定性，选择具有下列形式的正定 Lyapunov 函数

$$V(t) = V_1(t) + V_2(t) + V_3(t) + V_4(t) + V_5(t) + V_6(t) \tag{3-17}$$

式中

$$
\begin{cases}
V_1(t) = \int_0^\infty \mu(\omega) v_1(\omega,t)\mathrm{d}\omega, & v_1(\omega,t) = \dfrac{1}{2}\sum_{k=1}^n z_{2k-1}^2(\omega,t) \\[2mm]
V_2(t) = \int_0^\infty \mu(\omega) v_2(\omega,t)\mathrm{d}\omega, & v_2(\omega,t) = \dfrac{1}{2}\sum_{k=1}^n z_{2k}^2(\omega,t) \\[2mm]
V_3(t) = \int_0^\infty \mu(\omega) v_3(\omega,t)\mathrm{d}\omega, & v_3(\omega,t) = \dfrac{1}{2}\boldsymbol{z}_{\tilde{\theta}}^{\mathrm{T}}(\omega,t)\boldsymbol{z}_{\tilde{\theta}}(\omega,t) \\[2mm]
V_4(t) = \int_0^\infty \mu(\omega) v_4(\omega,t)\mathrm{d}\omega, & v_4(\omega,t) = \dfrac{1}{2}\boldsymbol{z}_{\tilde{\delta}}^{\mathrm{T}}(\omega,t)\boldsymbol{z}_{\tilde{\delta}}(\omega,t) \\[2mm]
V_5(t) = \int_0^\infty \mu(\omega) v_5(\omega,t)\mathrm{d}\omega, & v_5(\omega,t) = \dfrac{1}{2\beta}\sum_{k=1}^n z_{\tilde{L}_k}^2(\omega,t) \\[2mm]
V_6(t) = \int_0^\infty \mu(\omega) v_6(\omega,t)\mathrm{d}\omega, & v_6(\omega,t) = \dfrac{1}{2\sigma}\sum_{k=1}^n z_{\tilde{\xi}_k}^2(\omega,t)
\end{cases}
\tag{3-18}
$$

对 $V(t)$ 求一阶导数得

$$
\begin{aligned}
\frac{\mathrm{d}V(t)}{\mathrm{d}t} = {} & \int_0^\infty \mu(\omega)\sum_{k=1}^n z_{2k-1}\frac{\partial z_{2k-1}}{\partial t}\mathrm{d}\omega + \int_0^\infty \mu(\omega)\sum_{k=1}^n z_{2k}\frac{\partial z_{2k}}{\partial t}\mathrm{d}\omega + \\
& \int_0^\infty \mu(\omega)\boldsymbol{z}_{\tilde{\theta}}^{\mathrm{T}}\frac{\partial \boldsymbol{z}_{\tilde{\theta}}}{\partial t}\mathrm{d}\omega + \int_0^\infty \mu(\omega)\boldsymbol{z}_{\tilde{\delta}}^{\mathrm{T}}\frac{\partial \boldsymbol{z}_{\tilde{\delta}}}{\partial t}\mathrm{d}\omega + \\
& \frac{1}{\beta}\int_0^\infty \mu(\omega)\sum_{k=1}^n z_{\tilde{L}_k}\frac{\partial z_{\tilde{L}_k}}{\partial t}\mathrm{d}\omega + \frac{1}{\sigma}\int_0^\infty \mu(\omega)\sum_{k=1}^n z_{\tilde{\xi}_k}\frac{\partial z_{\tilde{\xi}_k}}{\partial t}\mathrm{d}\omega
\end{aligned}
\tag{3-19}
$$

将式（3-16）代入式（3-19），有

$$
\begin{aligned}
\frac{\mathrm{d}V(t)}{\mathrm{d}t} = {} & \int_0^\infty \mu(\omega)\sum_{k=1}^n z_{2k-1}\left\{-\omega z_{2k-1} + \boldsymbol{G}_k^{\mathrm{r}}(\boldsymbol{y})\boldsymbol{\delta} + g_k^{\mathrm{r}}(\boldsymbol{y}) + d_k^{\mathrm{r}}(t) + W_k^{\mathrm{r}}(t) - h_k^{\mathrm{r}}\left[\boldsymbol{F}_k(\boldsymbol{x})\boldsymbol{\theta} + f_k(\boldsymbol{x})\right]\right\}\mathrm{d}\omega + \\
& \int_0^\infty \mu(\omega)\sum_{k=1}^n z_{2k}\left\{-\omega z_{2k} + \boldsymbol{G}_k^{\mathrm{i}}(\boldsymbol{y})\boldsymbol{\delta} + g_k^{\mathrm{i}}(\boldsymbol{y}) + d_k^{\mathrm{i}}(t) + W_k^{\mathrm{i}}(t) - h_k^{\mathrm{i}}\left[\boldsymbol{F}_k(\boldsymbol{x})\boldsymbol{\theta} + f_k(\boldsymbol{x})\right]\right\}\mathrm{d}\omega + \\
& \int_0^\infty \mu(\omega)\boldsymbol{z}_{\tilde{\theta}}^{\mathrm{T}}\left\{-\omega\boldsymbol{z}_{\tilde{\theta}} - \left[\boldsymbol{H}^{\mathrm{r}}\boldsymbol{F}(\boldsymbol{x})\right]^{\mathrm{T}}\boldsymbol{e}^{\mathrm{r}} - \left[\boldsymbol{H}^{\mathrm{i}}\boldsymbol{F}(\boldsymbol{x})\right]^{\mathrm{T}}\boldsymbol{e}^{\mathrm{i}}\right\}\mathrm{d}\omega + \\
& \int_0^\infty \mu(\omega)\boldsymbol{z}_{\tilde{\delta}}^{\mathrm{T}}\left\{-\omega\boldsymbol{z}_{\tilde{\delta}} + \left[\boldsymbol{G}^{\mathrm{r}}(\boldsymbol{y})\right]^{\mathrm{T}}\boldsymbol{e}^{\mathrm{r}} + \left[\boldsymbol{G}^{\mathrm{i}}(\boldsymbol{y})\right]^{\mathrm{T}}\boldsymbol{e}^{\mathrm{i}}\right\}\mathrm{d}\omega + \\
& \frac{1}{\beta}\int_0^\infty \mu(\omega)\sum_{k=1}^n z_{\tilde{L}_k}\left[-\omega z_{\tilde{L}_k} + \beta\left(e_{2k-1}^2 + e_{2k}^2\right)\right]\mathrm{d}\omega + \\
& \frac{1}{\sigma}\int_0^\infty \mu(\omega)\sum_{k=1}^n z_{\tilde{\xi}_k}\left[-\omega z_{\tilde{\xi}_k} + \sigma\left(\left|e_{2k-1}\right| + \left|e_{2k}\right|\right)\right]\mathrm{d}\omega
\end{aligned}
\tag{3-20}
$$

将式（3-10）代入式（3-20），有

$$
\begin{aligned}
\frac{\mathrm{d}V(t)}{\mathrm{d}t} = &-\int_0^\infty \mu(\omega)\omega \sum_{k=1}^n z_{2k-1}^2 \mathrm{d}\omega + \\
&\sum_{k=1}^n \left[G_k^{\mathrm{r}}(y)(\delta-\hat{\delta}) + d_k^{\mathrm{r}}(t) - h_k^{\mathrm{r}}F_k(x)(\theta-\hat{\theta}) - L_k e_{2k-1} - \xi_k \operatorname{sgn}(e_{2k-1}) \right] \\
&\int_0^\infty \mu(\omega)z_{2k-1}\mathrm{d}\omega - \int_0^\infty \mu(\omega)\omega \sum_{k=1}^n z_{2k}^2 \mathrm{d}\omega + \\
&\sum_{k=1}^n \left[G_k^{\mathrm{i}}(y)(\delta-\hat{\delta}) + d_k^{\mathrm{i}}(t) - h_k^{\mathrm{i}}F_k(x)(\theta-\hat{\theta}) - L_k e_{2k} - \xi_k \operatorname{sgn}(e_{2k}) \right] \\
&\int_0^\infty \mu(\omega)z_{2k}\mathrm{d}\omega - \int_0^\infty \mu(\omega)\omega z_{\tilde{\theta}}^{\mathrm{T}} z_{\tilde{\theta}}\mathrm{d}\omega + \\
&\int_0^\infty \mu(\omega)z_{\tilde{\theta}}^{\mathrm{T}}\mathrm{d}\omega \left\{ -\left[H^{\mathrm{r}}F(x) \right]^{\mathrm{T}} e^{\mathrm{r}} - \left[H^{\mathrm{i}}F(x) \right]^{\mathrm{T}} e^{\mathrm{i}} \right\} - \\
&\int_0^\infty \mu(\omega)\omega z_{\tilde{\delta}}^{\mathrm{T}} z_{\tilde{\delta}}\mathrm{d}\omega + \int_0^\infty \mu(\omega)z_{\tilde{\delta}}^{\mathrm{T}}\mathrm{d}\omega \left\{ \left[G^{\mathrm{r}}(y) \right]^{\mathrm{T}} e^{\mathrm{r}} + \left[G^{\mathrm{i}}(y) \right]^{\mathrm{T}} e^{\mathrm{i}} \right\} - \\
&\frac{1}{\beta}\int_0^\infty \mu(\omega)\omega \sum_{k=1}^n z_{\tilde{L}_k}^2 \mathrm{d}\omega + \frac{1}{\beta}\sum_{k=1}^n \beta(e_{2k-1}^2 + e_{2k}^2)\int_0^\infty \mu(\omega)z_{\tilde{L}_k}\mathrm{d}\omega - \\
&\frac{1}{\sigma}\int_0^\infty \mu(\omega)\omega z_{\tilde{\xi}_k}^2 \mathrm{d}\omega + \frac{1}{\sigma}\sum_{k=1}^n \sigma\left(|e_{2k-1}| + |e_{2k}|\right)\int_0^\infty \mu(\omega)z_{\tilde{\xi}_k}\mathrm{d}\omega
\end{aligned} \tag{3-21}
$$

对式（3-21）进行整理，可得

$$
\begin{aligned}
\frac{\mathrm{d}V(t)}{\mathrm{d}t} = &\sum_{k=1}^n \left[G_k^{\mathrm{r}}(y)(\delta-\hat{\delta}) + d_k^{\mathrm{r}}(t) - h_k^{\mathrm{r}}F_k(x)(\theta-\hat{\theta}) - L_k e_{2k-1} - \xi_k \operatorname{sgn}(e_{2k-1}) \right] e_{2k-1} + \\
&\sum_{k=1}^n \left[G_k^{\mathrm{i}}(y)(\delta-\hat{\delta}) + d_k^{\mathrm{i}}(t) - h_k^{\mathrm{i}}F_k(x)(\theta-\hat{\theta}) - L_k e_{2k} - \xi_k \operatorname{sgn}(e_{2k}) \right] e_{2k} + \\
&\tilde{\theta}^{\mathrm{T}}\left\{ -\left[H^{\mathrm{r}}F(x) \right]^{\mathrm{T}} e^{\mathrm{r}} - \left[H^{\mathrm{i}}F(x) \right]^{\mathrm{T}} e^{\mathrm{i}} \right\} + \tilde{\delta}^{\mathrm{T}}\left\{ \left[G^{\mathrm{r}}(y) \right]^{\mathrm{T}} e^{\mathrm{r}} + \left[G^{\mathrm{i}}(y) \right]^{\mathrm{T}} e^{\mathrm{i}} \right\} + \\
&\sum_{k=1}^n (e_{2k-1}^2 + e_{2k}^2)\tilde{L}_k + \sum_{k=1}^n \left(|e_{2k-1}| + |e_{2k}|\right)\tilde{\xi}_k - J
\end{aligned} \tag{3-22}
$$

式中

$$
\begin{aligned}
J = &\sum_{k=1}^n \int_0^\infty \mu(\omega)\omega z_{2k-1}^2 \mathrm{d}\omega + \sum_{k=1}^n \int_0^\infty \mu(\omega)\omega z_{2k}^2 \mathrm{d}\omega + \int_0^\infty \mu(\omega)\omega z_{\tilde{\theta}}^{\mathrm{T}} z_{\tilde{\theta}}\mathrm{d}\omega + \\
&\int_0^\infty \mu(\omega)\omega z_{\tilde{\delta}}^{\mathrm{T}} z_{\tilde{\delta}}\mathrm{d}\omega + \sum_{k=1}^n \frac{1}{\beta}\int_0^\infty \mu(\omega)\omega z_{\tilde{L}_k}^2 \mathrm{d}\omega + \sum_{k=1}^n \frac{1}{\sigma}\int_0^\infty \mu(\omega)\omega z_{\tilde{\xi}_k}^2 \mathrm{d}\omega > 0
\end{aligned} \tag{3-23}
$$

由于

$$
\begin{aligned}
& \sum_{k=1}^{n}\Big[\,G_k^{\mathrm{r}}(\boldsymbol{y})(\boldsymbol{\delta}-\hat{\boldsymbol{\delta}})\Big]e_{2k-1}+\sum_{k=1}^{n}\Big[\,G_k^{\mathrm{i}}(\boldsymbol{y})(\boldsymbol{\delta}-\hat{\boldsymbol{\delta}})\Big]e_{2k} \\
& =(\boldsymbol{e}^{\mathrm{r}})^{\mathrm{T}}\Big[\,\boldsymbol{G}^{\mathrm{r}}(\boldsymbol{y})(\boldsymbol{\delta}-\hat{\boldsymbol{\delta}})\Big]+(\boldsymbol{e}^{\mathrm{i}})^{\mathrm{T}}\Big[\,\boldsymbol{G}^{\mathrm{i}}(\boldsymbol{y})(\boldsymbol{\delta}-\hat{\boldsymbol{\delta}})\Big] \\
& =(\boldsymbol{\delta}-\hat{\boldsymbol{\delta}})^{\mathrm{T}}\Big\{\big[\,\boldsymbol{G}^{\mathrm{r}}(\boldsymbol{y})\big]^{\mathrm{T}}\boldsymbol{e}^{\mathrm{r}}+\big[\,\boldsymbol{G}^{\mathrm{i}}(\boldsymbol{y})\big]^{\mathrm{T}}\boldsymbol{e}^{\mathrm{i}}\Big\} \\
& =-\tilde{\boldsymbol{\delta}}\Big\{\big[\,\boldsymbol{G}^{\mathrm{r}}(\boldsymbol{y})\big]^{\mathrm{T}}\boldsymbol{e}^{\mathrm{r}}+\big[\,\boldsymbol{G}^{\mathrm{i}}(\boldsymbol{y})\big]^{\mathrm{T}}\boldsymbol{e}^{\mathrm{i}}\Big\}
\end{aligned}
\tag{3-24}
$$

$$
\begin{aligned}
& \sum_{k=1}^{n}\Big[-h_k^{\mathrm{r}}\boldsymbol{F}_k(\boldsymbol{x})(\boldsymbol{\theta}-\hat{\boldsymbol{\theta}})\Big]e_{2k-1}+\sum_{k=1}^{n}\Big[-h_k^{\mathrm{r}}\boldsymbol{F}_k(\boldsymbol{x})(\boldsymbol{\theta}-\hat{\boldsymbol{\theta}})\Big]e_{2k} \\
& =(\boldsymbol{e}^{\mathrm{r}})^{\mathrm{T}}\Big[-\boldsymbol{H}^{\mathrm{r}}\boldsymbol{F}(\boldsymbol{x})(\boldsymbol{\theta}-\hat{\boldsymbol{\theta}})\Big]+(\boldsymbol{e}^{\mathrm{i}})^{\mathrm{T}}\Big[-\boldsymbol{H}^{\mathrm{i}}\boldsymbol{F}(\boldsymbol{x})(\boldsymbol{\theta}-\hat{\boldsymbol{\theta}})\Big] \\
& =(\boldsymbol{\theta}-\hat{\boldsymbol{\theta}})^{\mathrm{T}}\Big\{-\big[\,\boldsymbol{H}^{\mathrm{r}}\boldsymbol{F}(\boldsymbol{x})\big]^{\mathrm{T}}\boldsymbol{e}^{\mathrm{r}}-\big[\,\boldsymbol{H}^{\mathrm{i}}\boldsymbol{F}(\boldsymbol{x})\big]^{\mathrm{T}}\boldsymbol{e}^{\mathrm{i}}\Big\} \\
& =-\tilde{\boldsymbol{\theta}}\Big\{-\big[\,\boldsymbol{H}^{\mathrm{r}}\boldsymbol{F}(\boldsymbol{x})\big]^{\mathrm{T}}\boldsymbol{e}^{\mathrm{r}}-\big[\,\boldsymbol{H}^{\mathrm{i}}\boldsymbol{F}(\boldsymbol{x})\big]^{\mathrm{T}}\boldsymbol{e}^{\mathrm{i}}\Big\}
\end{aligned}
\tag{3-25}
$$

可以将式（3-22）转化为

$$
\begin{aligned}
\frac{\mathrm{d}V(t)}{\mathrm{d}t} &= -J+\sum_{k=1}^{n}d_k^{\mathrm{r}}(t)e_{2k-1}+\sum_{k=1}^{n}d_k^{\mathrm{i}}(t)e_{2k}-\sum_{k=1}^{n}L_k^{*}(e_{2k-1}^{2}+e_{2k}^{2})-\sum_{k=1}^{n}\xi_k^{*}\Big(\big|e_{2k-1}\big|+\big|e_{2k}\big|\Big) \\
&\leqslant -J+\sum_{k=1}^{n}\big|d_k^{\mathrm{r}}(t)\big|\big|e_{2k-1}\big|-L^{*}\boldsymbol{E}^{\mathrm{T}}\boldsymbol{E}-\xi^{*}\|\boldsymbol{E}\| \\
&\leqslant -J+\sum_{k=1}^{n}\varphi_k\big|e_{2k-1}\big|+\sum_{k=1}^{n}\varphi_k\big|e_{2k}\big|-L^{*}\boldsymbol{E}^{\mathrm{T}}\boldsymbol{E}-\xi^{*}\|\boldsymbol{E}\| \\
&\leqslant -J-(\xi^{*}-\varphi)\|\boldsymbol{E}\|-L^{*}\boldsymbol{E}^{\mathrm{T}}\boldsymbol{E}
\end{aligned}
\tag{3-26}
$$

式中，$\boldsymbol{E}=(e_1,e_3,\cdots,e_{2n-1},e_2,e_4,\cdots,e_{2n})^{\mathrm{T}}$，$\xi^{*}=\min\{\xi_k^{*}\}$，$\varphi=\max\{\varphi_k\}$，$L^{*}=\min\{L_k^{*}\}$，$k=1,2,\cdots,n$。显然，当 $\xi^{*}\geqslant\varphi$ 时，$L^{*}>0$，则有

$$
\frac{\mathrm{d}V(t)}{\mathrm{d}t}\leqslant -J-L^{*}\boldsymbol{E}^{\mathrm{T}}\boldsymbol{E}<0
\tag{3-27}
$$

根据 Lyapunov 稳定理论，分数阶闭环自适应系统（3-14）是渐近稳定的，驱动系统（3-6）和响应系统（3-7）在控制器（3-10）的作用下实现了复杂修正投影同步，因此所设计的控制器和自适应律是合理有效的。

备注 3：应当指出，在实际应用中，反馈控制增益应设置得尽可能小，但在很多已有的研究成果中，增益比实际所需的值大，在物理实现上产生了资源浪费。本章所提控制方案可以克服该缺陷，控制增益 L_k、ξ_k 能自动辨识为合适的值，简化了设计过程。

如果响应系统中的未知参数矢量 $\boldsymbol{\delta}=\boldsymbol{\delta}^{\mathrm{r}}+\mathrm{j}\boldsymbol{\delta}^{\mathrm{i}}$，则响应系统（3-7）可以描述为

$$
\begin{aligned}
D^{\alpha} \boldsymbol{y} &= \boldsymbol{G}(\boldsymbol{y})(\boldsymbol{\delta}^{\mathrm{r}} + \mathrm{j}\boldsymbol{\delta}^{\mathrm{i}}) + \boldsymbol{g}(\boldsymbol{y}) + \boldsymbol{d}(t) + \boldsymbol{W}(t) \\
&= \boldsymbol{G}^{\mathrm{r}}(\boldsymbol{y})\boldsymbol{\delta}^{\mathrm{r}} - \boldsymbol{G}^{\mathrm{i}}(\boldsymbol{y})\boldsymbol{\delta}^{\mathrm{i}} + \boldsymbol{g}^{\mathrm{r}}(\boldsymbol{y}) + \boldsymbol{d}^{\mathrm{r}}(t) + \boldsymbol{W}^{\mathrm{r}}(t) + \\
&\quad \mathrm{j}\Big[\boldsymbol{G}^{\mathrm{r}}(\boldsymbol{y})\boldsymbol{\delta}^{\mathrm{i}} - \boldsymbol{G}^{\mathrm{i}}(\boldsymbol{y})\boldsymbol{\delta}^{\mathrm{r}} + \boldsymbol{g}^{\mathrm{i}}(\boldsymbol{y}) + \boldsymbol{d}^{\mathrm{i}}(t) + \boldsymbol{W}^{\mathrm{i}}(t)\Big]
\end{aligned} \tag{3-28}
$$

相应地，复杂修正投影同步误差定义为

$$
\begin{aligned}
D^{\alpha} \boldsymbol{e} &= \boldsymbol{G}^{\mathrm{r}}(\boldsymbol{y})\boldsymbol{\delta}^{\mathrm{r}} - \boldsymbol{G}^{\mathrm{i}}(\boldsymbol{y})\boldsymbol{\delta}^{\mathrm{i}} + \boldsymbol{g}^{\mathrm{r}}(\boldsymbol{y}) + \boldsymbol{d}^{\mathrm{r}}(t) + \boldsymbol{W}^{\mathrm{r}}(t) - \boldsymbol{H}^{\mathrm{r}}\big[\boldsymbol{F}(\boldsymbol{x})\boldsymbol{\theta} + \boldsymbol{f}(\boldsymbol{x})\big] + \\
&\quad \mathrm{j}\Big\{\boldsymbol{G}^{\mathrm{r}}(\boldsymbol{y})\boldsymbol{\delta}^{\mathrm{i}} + \boldsymbol{G}^{\mathrm{i}}(\boldsymbol{y})\boldsymbol{\delta}^{\mathrm{r}} + \boldsymbol{g}^{\mathrm{i}}(\boldsymbol{y}) + \boldsymbol{d}^{\mathrm{i}}(t) + \boldsymbol{W}^{\mathrm{i}}(t) - \boldsymbol{H}^{\mathrm{i}}\big[\boldsymbol{F}(\boldsymbol{x})\boldsymbol{\theta} + \boldsymbol{f}(\boldsymbol{x})\big]\Big\}
\end{aligned} \tag{3-29}
$$

根据式（3-29），误差变量的实部和虚部分别表示为

$$
\begin{cases}
D^{\alpha} e_{2k-1} = \boldsymbol{G}_k^{\mathrm{r}}(\boldsymbol{y})\boldsymbol{\delta}^{\mathrm{r}} - \boldsymbol{G}_k^{\mathrm{i}}(\boldsymbol{y})\boldsymbol{\delta}^{\mathrm{i}} + g_k^{\mathrm{r}}(\boldsymbol{y}) + d_k^{\mathrm{r}}(t) + W_k^{\mathrm{r}}(t) - h_k^{\mathrm{r}}\big[\boldsymbol{F}_k(\boldsymbol{x})\boldsymbol{\theta} + f_k(\boldsymbol{x})\big] \\
D^{\alpha} e_{2k} = \boldsymbol{G}_k^{\mathrm{r}}(\boldsymbol{y})\boldsymbol{\delta}^{\mathrm{i}} + \boldsymbol{G}_k^{\mathrm{i}}(\boldsymbol{y})\boldsymbol{\delta}^{\mathrm{r}} + g_k^{\mathrm{i}}(\boldsymbol{y}) + d_k^{\mathrm{i}}(t) + W_k^{\mathrm{i}}(t) - h_k^{\mathrm{i}}\big[\boldsymbol{F}_k(\boldsymbol{x})\boldsymbol{\theta} + f_k(\boldsymbol{x})\big]
\end{cases} \tag{3-30}
$$

为镇定误差系统（3-30），可设计具有下列形式的鲁棒控制器和控制律

$$
\begin{cases}
W_k(t) = W_k^{\mathrm{r}}(t) + W_k^{\mathrm{i}}(t) \\
W_k^{\mathrm{r}}(t) = -\boldsymbol{G}_k^{\mathrm{r}}(\boldsymbol{y})\hat{\boldsymbol{\delta}}^{\mathrm{r}} + \boldsymbol{G}_k^{\mathrm{i}}(\boldsymbol{y})\hat{\boldsymbol{\delta}}^{\mathrm{i}} + h_k^{\mathrm{r}}\boldsymbol{F}_k(\boldsymbol{x})\hat{\boldsymbol{\theta}} - \\
\qquad g_k^{\mathrm{r}}(\boldsymbol{y}) + h_k^{\mathrm{r}} f_k(\boldsymbol{x}) - L_k e_{2k-1} - \xi_k \,\mathrm{sgn}(e_{2k-1}) \\
W_k^{\mathrm{i}}(t) = -\boldsymbol{G}_k^{\mathrm{r}}(\boldsymbol{y})\hat{\boldsymbol{\delta}}^{\mathrm{i}} - \boldsymbol{G}_k^{\mathrm{i}}(\boldsymbol{y})\hat{\boldsymbol{\delta}}^{\mathrm{r}} + h_k^{\mathrm{i}}\boldsymbol{F}_k(\boldsymbol{x})\hat{\boldsymbol{\theta}} - \\
\qquad g_k^{\mathrm{i}}(\boldsymbol{y}) + h_k^{\mathrm{i}} f_k(\boldsymbol{x}) - L_k e_{2k} - \xi_k \,\mathrm{sgn}(e_{2k})
\end{cases} \tag{3-31}
$$

式中，$k = 1, 2, \cdots, n$，L_k 和 ξ_k 为控制增益，可采用下列自适应律辨识

$$
\begin{cases}
D^{\alpha} L_k = \beta(e_{2k-1}^2 + e_{2k}^2) \\
D^{\alpha} \xi_k = \sigma\big(\big|e_{2k-1}\big| + \big|e_{2k}\big|\big)
\end{cases} \tag{3-32}
$$

式中，β 和 σ 为正数。可将系统未知参数矢量的自适应律设计为

$$
\begin{cases}
D^{\alpha} \hat{\boldsymbol{\theta}} = -\big[\boldsymbol{H}^{\mathrm{r}}\boldsymbol{F}(\boldsymbol{x})\big]^{\mathrm{T}} \boldsymbol{e}^{\mathrm{r}} - \big[\boldsymbol{H}^{\mathrm{i}}\boldsymbol{F}(\boldsymbol{x})\big]^{\mathrm{T}} \boldsymbol{e}^{\mathrm{i}} \\
D^{\alpha} \hat{\boldsymbol{\delta}}^{\mathrm{r}} = \big[\boldsymbol{G}^{\mathrm{r}}(\boldsymbol{y})\big]^{\mathrm{T}} \boldsymbol{e}^{\mathrm{r}} + \big[\boldsymbol{G}^{\mathrm{i}}(\boldsymbol{y})\big]^{\mathrm{T}} \boldsymbol{e}^{\mathrm{i}} \\
D^{\alpha} \hat{\boldsymbol{\delta}}^{\mathrm{i}} = \big[-\boldsymbol{G}^{\mathrm{i}}(\boldsymbol{y})\big]^{\mathrm{T}} \boldsymbol{e}^{\mathrm{r}} + \big[\boldsymbol{G}^{\mathrm{r}}(\boldsymbol{y})\big]^{\mathrm{T}} \boldsymbol{e}^{\mathrm{i}}
\end{cases} \tag{3-33}
$$

3.2.3 仿真

将实数域分数阶 Chen 系统作为驱动系统

$$\begin{cases} D^{\alpha}x_1 = a_1(x_2 - x_1) \\ D^{\alpha}x_2 = (a_2 - a_1)x_1 + a_2x_2 - x_1x_3 \\ D^{\alpha}x_3 = x_1x_2 - a_3x_3 \end{cases} \qquad (3\text{-}34)$$

$\boldsymbol{x} = (x_1, x_2, x_3)^{\mathrm{T}}$ 为实状态矢量，且

$$\boldsymbol{F(x)} = \begin{pmatrix} x_2 - x_1 & 0 & 0 \\ -x_1 & x_1 + x_2 & 0 \\ 0 & 0 & -x_3 \end{pmatrix}, \quad \boldsymbol{f(x)} = \begin{pmatrix} 0 \\ -x_1x_3 \\ x_1x_2 \end{pmatrix}, \quad \boldsymbol{\theta} = \begin{pmatrix} a_1 \\ a_2 \\ a_3 \end{pmatrix} \quad (3\text{-}35)$$

将复数域分数阶 Lorenz 系统作为响应系统，并考虑外界扰动项的影响

$$\begin{cases} D^{\alpha}y_1 = b_1(y_2 - y_1) + d_1(t) + W_1(t) \\ D^{\alpha}y_2 = b_2y_1 - y_2 - y_1y_3 + d_2(t) + W_2(t) \\ D^{\alpha}y_3 = \dfrac{1}{2}(\overline{y}_1y_2 + y_1\overline{y}_2) - b_3y_3 + d_3(t) + W_3(t) \end{cases} \qquad (3\text{-}36)$$

式中，$y_1 = u_1 + ju_2$、$y_2 = u_3 + ju_4$ 为复状态变量，$y_3 = u_5$ 为实状态变量，且有

$$\begin{cases} \boldsymbol{G(y)} = \begin{pmatrix} y_2 - y_1 & 0 & 0 \\ 0 & y_1 & 0 \\ 0 & 0 & -y_3 \end{pmatrix} = \begin{pmatrix} u_3 - u_1 & 0 & 0 \\ 0 & u_1 & 0 \\ 0 & 0 & -u_5 \end{pmatrix} + j\begin{pmatrix} u_4 - u_2 & 0 & 0 \\ 0 & u_2 & 0 \\ 0 & 0 & 0 \end{pmatrix} \\[4mm] \boldsymbol{g(y)} = \begin{pmatrix} 0 \\ -y_2 - y_1y_3 \\ \dfrac{1}{2}(\overline{y}_1y_2 + y_1\overline{y}_2) \end{pmatrix} = \begin{pmatrix} 0 \\ -u_3 - u_1u_5 \\ u_1u_3 + u_2u_4 \end{pmatrix} + j\begin{pmatrix} 0 \\ -u_4 - u_2u_5 \\ 0 \end{pmatrix} \\[4mm] \boldsymbol{d(t)} = \begin{pmatrix} 0.02\sin(\pi t) \\ 0.02\sin(0.5\pi t) \\ 0.02\sin(0.5\pi t) \end{pmatrix} + j\begin{pmatrix} 0.02\cos(\pi t) \\ 0.02\cos(\pi t) \\ 0 \end{pmatrix} \\[4mm] \boldsymbol{\delta} = \begin{pmatrix} b_1 \\ b_2 \\ b_3 \end{pmatrix} \end{cases} \qquad (3\text{-}37)$$

在仿真中，同步矩阵 $\boldsymbol{H} = \mathrm{diag}(h_1, h_2, h_3)$，且 $h_1 = h_1^{\mathrm{r}} + jh_1^{\mathrm{i}}$，$h_2 = h_2^{\mathrm{r}} + jh_2^{\mathrm{i}}$，根据推导结果，可将控制器设计为

$$
\begin{cases}
W_1^{\mathrm{r}}(t) = -\hat{b}_1(u_3 - u_1) + \hat{a}_1 h_1^{\mathrm{r}}(x_2 - x_1) - L_1 e_1 - \xi_1 \,\mathrm{sgn}(e_1) \\
W_1^{\mathrm{i}}(t) = -\hat{b}_1(u_4 - u_2) + \hat{a}_1 h_1^{\mathrm{i}}(x_2 - x_1) - L_1 e_2 - \xi_1 \,\mathrm{sgn}(e_2) \\
W_2^{\mathrm{r}}(t) = -\hat{b}_2 u_1 + h_2^{\mathrm{r}}\left[-\hat{a}_1 x_1 + \hat{a}_2(x_1 + x_2)\right] - (-u_3 - u_1 u_5) + \\
\qquad h_2^{\mathrm{r}}(-x_1 x_3) - L_2 e_3 - \xi_2 \,\mathrm{sgn}(e_3) \\
W_2^{\mathrm{i}}(t) = -\hat{b}_2 u_2 + h_2^{\mathrm{i}}\left[-\hat{a}_1 x_1 + \hat{a}_2(x_1 + x_2)\right] - (u_4 - u_2 u_5) + \\
\qquad h_2^{\mathrm{i}}(-x_1 x_3) - L_2 e_4 - \xi_2 \,\mathrm{sgn}(e_4) \\
W_3(t) = \hat{b}_3 u_5 - h_3 \hat{a}_3 x_3 - (u_1 u_3 + u_2 u_4) + h_3 x_1 x_2 - L_3 e_5 - \xi_3 \,\mathrm{sgn}(e_5)
\end{cases}
\tag{3-38}
$$

未知参数自适应律设计为

$$
\begin{cases}
D^\alpha L_1 = \beta(e_1^2 + e_2^2) \\
D^\alpha L_2 = \beta(e_3^2 + e_4^2) \\
D^\alpha L_3 = \beta e_5^2 \\
D^\alpha \xi_1 = \sigma\left(|e_1| + |e_2|\right) \\
D^\alpha \xi_2 = \sigma\left(|e_3| + |e_4|\right) \\
D^\alpha \xi_3 = \sigma|e_5| \\
D^\alpha \hat{a}_1 = -h_1^{\mathrm{r}}(x_2 - x_1)e_1 + h_2^{\mathrm{r}} x_1 e_3 - h_1^{\mathrm{i}}(x_2 - x_1)e_2 + h_2^{\mathrm{i}} x_1 e_4 \\
D^\alpha \hat{a}_2 = -h_2^{\mathrm{r}}(x_1 + x_2)e_3 - h_2^{\mathrm{i}}(x_1 + x_2)e_4 \\
D^\alpha \hat{a}_3 = h_3 x_3 e_5 \\
D^\alpha \hat{b}_1 = (u_3 - u_1)e_1 + (u_4 - u_2)e_2 \\
D^\alpha \hat{b}_2 = u_1 e_3 + u_2 e_4 \\
D^\alpha \hat{b}_3 = -u_5 e_5
\end{cases}
\tag{3-39}
$$

令 $\alpha = 0.998$，$\boldsymbol{H} = \mathrm{diag}(1+\mathrm{j}, 1+\mathrm{j}, 1)$，$\boldsymbol{\theta} = (35, 28, 3)^{\mathrm{T}}$，$\boldsymbol{\delta} = (10, 28, 8/3)^{\mathrm{T}}$。系统初始值为 $\boldsymbol{x}(0) = (2, 2, 2)^{\mathrm{T}}$，$\boldsymbol{y}(0) = (1+\mathrm{j}, 1+\mathrm{j}, 1)^{\mathrm{T}}$，$\hat{\boldsymbol{\theta}}(0) = (0, 0, 0)^{\mathrm{T}}$，$\hat{\boldsymbol{\delta}}(0) = (0, 0, 0)^{\mathrm{T}}$，$\boldsymbol{L}(0) = (0, 0, 0)^{\mathrm{T}}$，$\boldsymbol{\xi}(0) = (0, 0, 0)^{\mathrm{T}}$，反馈增益 $\beta = 10$，$\sigma = 0.1$。分数阶 Chen 系统的混沌吸引子如图 3-1 所示，分数阶 Lorenz 系统的混沌吸引子如图 3-2 所示。

激活控制器时，复杂修正投影同步误差响应如图 3-3 所示，从图 3-3 中可以看出，误差变量渐近收敛到零。

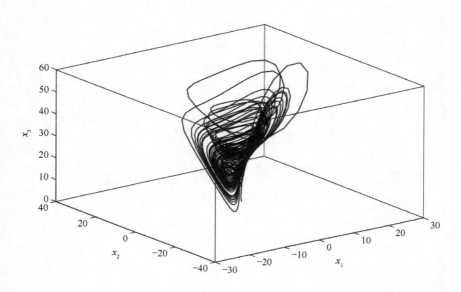

图 3-1　分数阶 Chen 系统的混沌吸引子

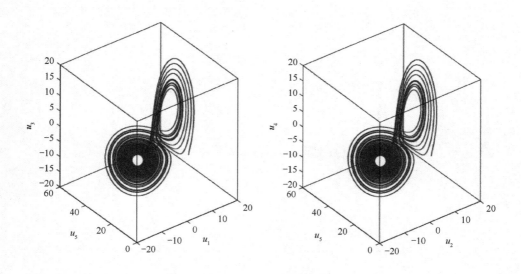

图 3-2　分数阶 Lorenz 系统的混沌吸引子

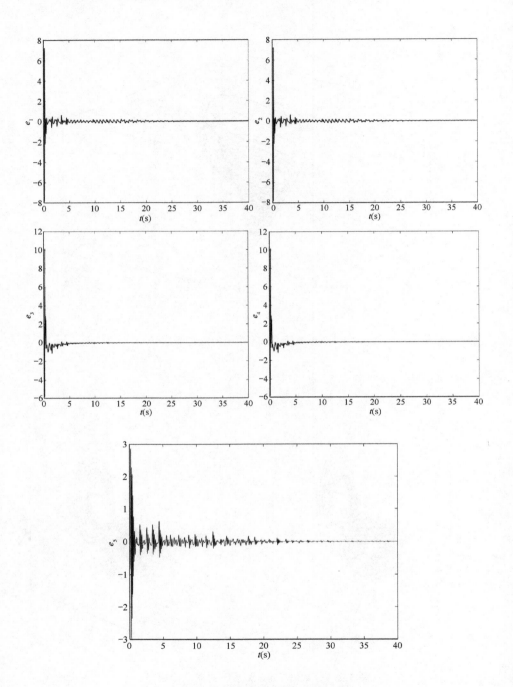

图 3-3　复杂修正投影同步误差响应

　　未知参数估计值的时间响应如图 3-4 所示，从图中可以看出，所有未知参数都可以辨识到实际值。

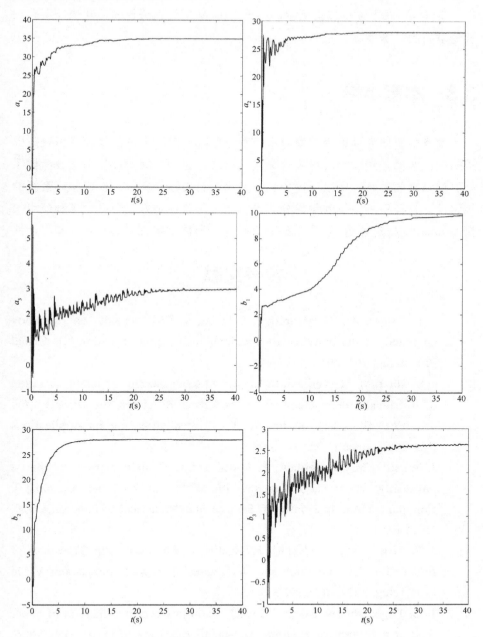

图 3-4 未知参数估计值的时间响应

上述仿真实例验证了所提控制方案能有效实现分数阶实混沌系统和分数阶复混沌系统的复杂修正投影同步，所提控制方案切实可行。

备注 4：在上述仿真实例中，同步矩阵 **H** 是随机选择的，其选择不影响理论结果的正确性。

3.3 本章小结

本章主要研究分数阶实混沌系统和分数阶复混沌系统的复杂修正投影同步问题，驱动系统和响应系统的参数均未知。因为在同步过程中充分考虑了外界扰动项的影响，所以所提控制方案更具有实际意义。为证明闭环系统的稳定性，将分数阶系统的频率分布模型应用于该控制方案中，以顺利使用间接 Lyapunov 稳定理论，仿真结果充分验证了所提控制方案的有效性和可行性。

参考文献

[1] J. C. Trigeassou, N. Maamri, J. Sabatier, and A. Oustaloup. A Lyapunov approach to the stability of fractional differential equations[J]. Signal Processing, 2011, 91(3):437-445.

[2] J. Sabatier, M. Merveillaut, R. Malti, and A. Oustaloup. On a representation of fractional order systems: interests for the initial condition problem[C]. 3rd IFAC Workshop on Fractional Differentiation and its Applications (FDA'08), Ankara, Turkey, 2008.

[3] J. Sabatier, M. Merveillaut, R. Malti, and A. Oustaloup. How to impose physically coherent initial conditions to a fractional system?[J]. Communications in Nonlinear Science and Numerical Simulation, 2010, 15(5):1318-1326.

[4] J. C. Trigeassou, N. Maamri, J. Sabatier, and A. Oustaloup. Transients of fractional-order integrator and derivatives[J]. Signal, Image and Video Processing, 2012, 6(3):359-372.

[5] J. C. Trigeassou, N. Maamri. Initial conditions and initialization of linear fractional differential equations[J]. Signal Processing, 2011, 91(3):427-436.

第 4 章

基于滑模控制技术的分数阶非线性系统的自适应镇定控制研究

4.1 概述

分数阶混沌系统是典型的分数阶非线性系统，混沌系统具有特殊性质，如混沌吸引子、分形运动，以及对系统初始值极其敏感等。有研究表明，很多分数阶微分系统都能表现出混沌行为，如分数阶 Duffing 系统[1]、分数阶 Chen-Lee 系统[2]、分数阶 Lorenz 系统[3]、分数阶超混沌 Chen 系统[4]、分数阶 Qi 系统[5]等。分数阶混沌系统的控制研究吸引了众多学者的注意。例如，Gyorgyi 计算了分数阶混沌系统的熵[6]，Steeb 将最大熵理论应用于混沌系统研究[7]，Aghababa 使用有限时间理论实现了混沌系统的有限时间同步[8]，Lu 设计了一个非线性观测器以实现混沌系统的同步[9]，Chen 等研究了分数阶混沌神经网络的同步问题[10,11]等，这些研究成果为分数阶混沌系统的研究奠定了理论基础。

随着滑模控制技术的发展，滑模控制方法已经成为实现混沌系统镇定和同步的通用方法[12-16]。滑模控制技术具有较多优点，当系统运行在滑模面上时，能够获得期望性能，如稳定性好、抗干扰能力强、跟踪信号能力强。本章研究的分数阶非线性系统的形式为

$$\begin{cases} D^{q_1}x = y \cdot f(x,y,z) + z \cdot \varphi(x,y,z) - \alpha x \\ D^{q_2}y = g(x,y,z) - \xi y \\ D^{q_3}z = y \cdot h(x,y,z) - x \cdot \varphi(x,y,z) - rz \end{cases} \tag{4-1}$$

式中，$0 < q_i < 1$（$i = 1, 2, 3$），$\boldsymbol{X} = [x, y, z]^{\mathrm{T}}$，$x$、$y$、$z$ 为系统伪状态变量。非线性函数 $f(\cdot)$、$g(\cdot)$、$h(\cdot)$、$\varphi(\cdot)$ 连续且满足 Lipschitz 条件，保证初始值问题存在特定解。α、r 为给定的非负数。

目前有很多针对系统（4-1）的研究，对比发现，很多控制器的设计直接抵消原系统中的非线性项，导致控制器设计复杂且不利于物理实现。另外，已有研究成果仅关注线性控制输入，在实际工作中，非线性控制输入十分常见，其可能导致系统不稳定。因此，在分析和应用控制方案时必须考虑非线性控制输入的影响。

基于以上讨论，本章重点研究一类不确定分数阶系统的镇定问题，考虑扇区非线性输入和死区非线性输入的影响，为了镇定式（4-1），基于滑模控制技术，提出自适应分数阶滑模控制器，在滑模控制器的设计中结合时变反馈增益，可以处理被控系统中的非线性项，为验证本控制方案的可行性和正确性，采用 Lyapunov 稳定理论证明受控分数阶系统稳定。

本章的主要研究内容为：①研究一类受未知有界模型不确定项和外界扰动项影响的分数阶混沌系统的镇定问题；②充分考虑扇区非线性输入和死区非线性输入的影响；③基于分数阶积分型滑模面，提出自适应滑模控制器和自适应律。

4.2 分数阶非线性系统的自适应镇定控制

4.2.1 系统描述

考虑受模型不确定项和外界扰动项影响的式（4-1），将非线性控制输入添加到式（4-1）的第二个方程中，则式（4-1）可以描述为

$$
\begin{cases}
D^{q_1} x = y \cdot f(x, y, z) + z \cdot \varphi(x, y, z) - \alpha x \\
D^{q_2} y = g(x, y, z) - \xi y + \Delta g(x, y, z) + d(t) + \sigma[u(t)] \\
D^{q_3} z = y \cdot h(x, y, z) - x \cdot \varphi(x, y, z) - rz
\end{cases}
\quad （4\text{-}2）
$$

式中，$\Delta g(x, y, z)$ 和 $d(t)$ 分别代表模型不确定项和外界扰动项，$u(t)$ 为需要设计的控制律，$\sigma[u(t)]$ 为非线性函数，如果其在区间 $[\delta_1, \delta_2]$（$\delta_1 > 0$）内连续，且满足式（4-3），则称 $\sigma[u(t)]$ 为扇区非线性函数。

$$\delta_1 u^2(t) \leqslant u(t)\sigma[u(t)] \leqslant \delta_2 u^2(t) \tag{4-3}$$

如果 $\sigma[u(t)]$ 满足式（4-4），则称 $\sigma[u(t)]$ 为死区非线性函数。

$$\sigma[u(t)] = \begin{cases} [u(t)-u_+]\sigma_+[u(t)], & u(t) > u_+ \\ 0, & u_- \leqslant u(t) \leqslant u_+ \\ [u(t)-u_-]\sigma_-[u(t)], & u(t) < u_- \end{cases} \tag{4-4}$$

式中，$\sigma_+(\cdot)$ 和 $\sigma_-(\cdot)$ 为 $u(t)$ 的非线性函数，u_+ 和 u_- 为给定值。此外，在死区外，非线性函数 $\sigma[u(t)]$ 有增益减小误差 β_{+2}、β_{+1}、β_{-1}、β_{-2}，满足

$$\begin{cases} \beta_{+2}[u(t)-u_+]^2 \geqslant [u(t)-u_+]\sigma[u(t)] \geqslant \beta_{+1}[u(t)-u_+]^2, & u(t) > u_+ \\ 0, & u_- \leqslant u(t) \leqslant u_+ \\ \beta_{-2}[u(t)-u_-]^2 \geqslant [u(t)-u_-]\sigma[u(t)] \geqslant \beta_{-1}[u(t)-u_-]^2, & u(t) < u_- \end{cases} \tag{4-5}$$

式中，β_{+2}、β_{+1}、β_{-1}、β_{-2} 为正数。

假设模型不确定项和外界扰动项是未知有界的，即

$$\begin{cases} |\Delta g(x,y,z)| \leqslant \theta \\ |d(t)| \leqslant \psi \end{cases} \tag{4-6}$$

θ 和 ψ 未知，将 $\hat{\theta}(t)$ 和 $\hat{\psi}(t)$ 作为 θ 和 ψ 的估计值，其自适应律可设计为

$$\begin{cases} \dot{\hat{\theta}}(t) = \rho_1 |s|, & \hat{\theta}(0) = 0 \\ \dot{\hat{\psi}}(t) = \rho_2 |s|, & \hat{\psi}(0) = 0 \end{cases} \tag{4-7}$$

式中，ρ_1 和 ρ_2 为正数，s 为设计的滑模面。

4.2.2　滑模面设计

一般来说，设计用于镇定不确定分数阶混沌系统的自适应分数阶滑模控制器一般包含两步：第一，设计具有期望状态的滑模面；第二，设计鲁棒控制律以确保滑模态存在。分数阶积分型滑模面可设计为

$$s = D^{q_2-1}y + \int_0^t [x \cdot f(x,y,z) + z \cdot h(x,y,z) + \eta y]\mathrm{d}\tau \tag{4-8}$$

式中，η 为任意正数。对滑模变量求一阶导数可得

$$\dot{s} = D^{q_2}y + [x \cdot f(x,y,z) + z \cdot h(x,y,z) + \eta y] \tag{4-9}$$

当系统运行到滑模面时，有

$$\begin{cases} s = 0 \\ \dot{s} = 0 \end{cases} \tag{4-10}$$

可以得到期望滑模态方程

$$\begin{cases} D^{q_1} x = y \cdot f(x,y,z) + z \cdot \varphi(x,y,z) - \alpha x \\ D^{q_2} y = -x \cdot f(x,y,z) - z \cdot h(x,y,z) - \eta y \\ D^{q_3} z = y \cdot h(x,y,z) - x \cdot \varphi(x,y,z) - rz \end{cases} \tag{4-11}$$

由滑模态方程可知，滑模态是渐近稳定的，其状态轨迹可以渐近收敛到零。下面对该结论进行验证。

根据第 3 章中提出的分数阶频率分布模型，可以将式（4-11）转化为无限维常微分方程。

$$\begin{cases} \dfrac{\partial z_1(\omega,t)}{\partial t} = -\omega z_1(\omega,t) + yf(x,y,z) + z\varphi(x,y,z) - \alpha x \\ x(t) = \displaystyle\int_0^\infty \mu_1(\omega) z_1(\omega,t) \mathrm{d}\omega \\ \dfrac{\partial z_2(\omega,t)}{\partial t} = -\omega z_2(\omega,t) - xf(x,y,z) - zh(x,y,z) - \eta y \\ y(t) = \displaystyle\int_0^\infty \mu_2(\omega) z_2(\omega,t) \mathrm{d}\omega \\ \dfrac{\partial z_3(\omega,t)}{\partial t} = -\omega z_3(\omega,t) + yh(x,y,z) - x\varphi(x,y,z) - rz \\ z(t) = \displaystyle\int_0^\infty \mu_3(\omega) z_3(\omega,t) \mathrm{d}\omega \end{cases} \tag{4-12}$$

式中，$\mu_i(\omega) = \dfrac{\sin(q_i\pi)}{\pi} \omega^{-q_i} > 0$（$i = 1, 2, 3$）。在式（4-12）中，$z_1(\omega,t)$、$z_2(\omega,t)$、$z_3(\omega,t)$ 为实际状态变量，$x(t)$、$y(t)$、$z(t)$ 为伪状态变量。因此，可以采用间接 Lyapunov 方法证明滑模态的渐近稳定性。正定 Lyapunov 函数为

$$V_1(t) = \frac{1}{2} \sum_{i=1}^3 \int_0^\infty \mu_i(\omega) z_i^2(\omega,t) \mathrm{d}\omega \tag{4-13}$$

对式（4-13）求一阶导数，可得

$$\dot{V}_1(t) = \frac{1}{2}\sum_{i=1}^{3}\int_0^\infty \mu_i(\omega)\frac{\partial z_i^2(\omega,t)}{\partial t}\mathrm{d}\omega$$

$$= \sum_{i=1}^{3}\int_0^\infty \mu_i(\omega)z_i(\omega,t)\frac{\partial z_i(\omega,t)}{\partial t}\mathrm{d}\omega$$

$$= \int_0^\infty \mu_1(\omega)z_1(\omega,t)\big[-\omega z_1(\omega,t)+yf(x,y,z)+z\varphi(x,y,z)-\alpha x\big]\mathrm{d}\omega +$$

$$\int_0^\infty \mu_2(\omega)z_2(\omega,t)\big[-\omega z_2(\omega,t)-xf(x,y,z)-zh(x,y,z)-\eta y\big]\mathrm{d}\omega + \quad (4\text{-}14)$$

$$\int_0^\infty \mu_3(\omega)z_3(\omega,t)\big[-\omega z_3(\omega,t)+yh(x,y,z)-x\varphi(x,y,z)-rz\big]\mathrm{d}\omega$$

$$= -\sum_{i=1}^{3}\int_0^\infty \omega\mu_i(\omega)z_i^2(\omega,t)\mathrm{d}\omega + \big[yf(x,y,z)+z\varphi(x,y,z)-\alpha x\big]x +$$

$$\big[-xf(x,y,z)-zh(x,y,z)-\eta y\big]y + \big[yh(x,y,z)-x\varphi(x,y,z)-rz\big]z$$

$$= -\sum_{i=1}^{3}\int_0^\infty \omega\mu_i(\omega)z_i^2(\omega,t)\mathrm{d}\omega - \big(\alpha x^2+\eta y^2+rz^2\big)$$

因为 $\mu_i(\omega) > 0$，α 和 r 为非负数，η 为正数，所以 $\dot{V}_1(t) < 0$，分数阶滑模态是渐近稳定的，所设计的滑模面合理。

4.2.3　鲁棒自适应控制器设计

合适的滑模面设计完成后，需设计控制器，使受控系统（4-2）的状态轨迹可以到达滑模面，并沿滑模面继续运动。为克服扇区非线性输入和死区非线性输入的影响，可将控制器设计为

$$u(t) = -\gamma K(t)\operatorname{sgn}(s), \qquad \gamma = \delta_1^{-1} \qquad (4\text{-}15)$$

$$u(t) = \begin{cases} -\gamma K(t)\operatorname{sgn}(s)+u_-, & s > 0 \\ 0, & s = 0 \\ -\gamma K(t)\operatorname{sgn}(s)+u_+, & s < 0 \end{cases} \qquad (4\text{-}16)$$

式中，$\gamma = \beta^{-1}$，$\beta = \min\{\beta_{-1},\beta_{+1}\}$，$K(t) = k_0(t)+k_1(t)|x|+k_2(t)|y|+k_3(t)|z|$，$k_i(t)$（$i = 0,1,2,3$）通过下列自适应律更新

$$\begin{cases} \dot{k}_0(t) = \lambda_0|s| \geqslant 0, & k_0(0) > 0, \ \lambda_0 > 0 \\ \dot{k}_1(t) = \lambda_1|x||s| \geqslant 0, & k_1(0) > 0, \ \lambda_1 > 0 \\ \dot{k}_2(t) = \lambda_2|y||s| \geqslant 0, & k_2(0) > 0, \ \lambda_2 > 0 \\ \dot{k}_3(t) = \lambda_3|z||s| \geqslant 0, & k_3(0) > 0, \ \lambda_3 > 0 \end{cases} \qquad (4\text{-}17)$$

式中，λ_i（$i=0,1,2,3$）为自适应增益，对于任意 $t>0$，有 $K(t)>0$。

具有未知有界不确定项和扇区非线性输入的分数阶混沌系统（4-2）在控制器（4-15）作用下可以收敛到滑模面 $s=0$。下面对该结论进行验证。

选择 Lyapunov 函数

$$V_2(t)=\frac{1}{2}s^2+\sum_{i=0}^{3}\frac{1}{2\lambda_i}\left[k_i(t)-k_i^*\right]^2+\frac{1}{2\rho_1}\left[\hat{\theta}(t)-\theta\right]^2+\frac{1}{2\rho_2}\left[\hat{\psi}(t)-\psi\right]^2 \quad (4\text{-}18)$$

式中，k_i^*（$i=0,1,2,3$）为正数，且满足 $k_0^*>\left|g(x,y,z)\right|+\hat{\theta}+\hat{\psi}$，$k_1^*>\left|f(x,y,z)\right|$，$k_2^*>\xi+\eta$，$k_3^*>\left|h(x,y,z)\right|$。

式（4-18）两边对时间求一阶导数，可得

$$\dot{V}_2=s\dot{s}+\frac{1}{\lambda_0}(k_0-k_0^*)\dot{k}_0+\frac{1}{\lambda_1}(k_1-k_1^*)\dot{k}_1+\frac{1}{\lambda_2}(k_2-k_2^*)\dot{k}_2+$$
$$\frac{1}{\lambda_3}(k_3-k_3^*)\dot{k}_3+\frac{1}{\rho_1}(\hat{\theta}-\theta)\dot{\hat{\theta}}+\frac{1}{\rho_2}(\hat{\psi}-\psi)\dot{\hat{\psi}} \quad (4\text{-}19)$$

将式（4-9）中的 $\dot{s}$ 代入式（4-19），根据式（4-2）中的第二个方程得到

$$\dot{V}_2=s\left\{g(x,y,z)-\xi y+\Delta g(x,y,z)+d(t)+\sigma[u(t)]+xf(x,y,z)+\right.$$
$$\left. zh(x,y,z)+\eta y\right\}+\frac{1}{\lambda_0}(k_0-k_0^*)\dot{k}_0+\frac{1}{\lambda_1}(k_1-k_1^*)\dot{k}_1+$$
$$\frac{1}{\lambda_2}(k_2-k_2^*)\dot{k}_2+\frac{1}{\lambda_3}(k_3-k_3^*)\dot{k}_3+\frac{1}{\rho_1}(\hat{\theta}-\theta)\dot{\hat{\theta}}+\frac{1}{\rho_2}(\hat{\psi}-\psi)\dot{\hat{\psi}} \quad (4\text{-}20)$$

显然，有

$$\dot{V}_2\leqslant|s|\left[\left|g(x,y,z)\right|+\xi|y|+\left|\Delta g(x,y,z)\right|+\left|d(t)\right|+|x|\left|f(x,y,z)\right|+\right.$$
$$\left.|z|\left|h(x,y,z)\right|+\eta|y|\right]+s\sigma[u(t)]+\frac{1}{\lambda_0}(k_0-k_0^*)\dot{k}_0+\frac{1}{\lambda_1}(k_1-k_1^*)\dot{k}_1+$$
$$\frac{1}{\lambda_2}(k_2-k_2^*)\dot{k}_2+\frac{1}{\lambda_3}(k_3-k_3^*)\dot{k}_3+\frac{1}{\rho_1}(\hat{\theta}-\theta)\dot{\hat{\theta}}+\frac{1}{\rho_2}(\hat{\psi}-\psi)\dot{\hat{\psi}} \quad (4\text{-}21)$$

根据式（4-3）和式（4-15），可知

$$u(t)\sigma[u(t)]=-\gamma K(t)\text{sgn}(s)\sigma[u(t)]\geqslant\delta_1\gamma^2 K^2(t)\text{sgn}^2(s) \quad (4\text{-}22)$$

由式（4-22）可得

$$-\text{sgn}(s)\sigma[u(t)]\geqslant K(t)\text{sgn}^2(s) \quad (4\text{-}23)$$

式（4-23）两边乘以 $|s|$，由于 $|s|\text{sgn}(s)=s$，$\text{sgn}^2(s)=1$，有

$$s\sigma[u(t)]\leqslant-K(t)|s| \quad (4\text{-}24)$$

将式（4-24）、式（4-7）和式（4-17）代入式（4-21），根据假设可得

$$
\begin{aligned}
\dot{V}_2 \leqslant & |s|\Big[|g(x,y,z)|+\xi|y|+\theta+\psi+|x||f(x,y,z)|+|z||h(x,y,z)|+\eta|y|\Big]- \\
& |s|K(t)+(k_0-k_0^*)|s|+(k_1-k_1^*)|x||s|+(k_2-k_2^*)|y||s|+(k_3-k_3^*)|z||s|+ \\
& (\hat{\theta}-\theta)|s|+(\hat{\psi}-\psi)|s| \\
= & |s|\Big[|g(x,y,z)|+\xi|y|+|x||f(x,y,z)|+|z||h(x,y,z)|+\eta|y|\Big]- \\
& k_0^*|s|-k_1^*|x||s|-k_2^*|y||s|-k_3^*|z||s|+\hat{\theta}|s|+\hat{\psi}|s| \\
= & -Q(t)|s|
\end{aligned}
\tag{4-25}
$$

式中

$$
\begin{aligned}
Q(t)= & \Big[k_0^*-|g(x,y,z)|-\hat{\theta}-\hat{\psi}\Big]+\Big[k_1^*-|f(z,y,z)|\Big]|x|+ \\
& \big(k_2^*-\xi-\eta\big)|y|+\Big[k_3^*-|h(x,y,z)|\Big]|z|>0
\end{aligned}
\tag{4-26}
$$

容易证明

$$
\dot{V}_2(t)\leqslant -Q(t)|s|\leqslant 0
\tag{4-27}
$$

对式（4-27）积分得

$$
\int_0^t Q(\tau)|s|\,\mathrm{d}\tau \leqslant V_2(0)-V_2(t)
\tag{4-28}
$$

由于 $\dot{V}_2(t)\leqslant 0$，$V_2(0)-V_2(t)\geqslant 0$ 正定，可得 $\int_0^t Q(\tau)|s|\mathrm{d}\tau$ 存在且有界。根据 Barbalat's 引理，可知

$$
\lim_{t\to\infty}Q(t)|s|=0
\tag{4-29}
$$

由于 $Q(t)>0$，式（4-29）成立表明，当 $t\to\infty$ 时，有 $s\to 0$。证明了式（4-2）的状态轨迹在控制器（4-15）的作用下可以收敛到滑模面 $s=0$。

同理，具有未知有界不确定项和死区非线性输入的分数阶混沌系统（4-2）在控制器（4-16）作用下可以收敛到滑模面 $s=0$，下面对该结论进行验证。

与前面的证明过程类似，可得

$$
\begin{aligned}
\dot{V}_2 \leqslant & |s|\Big[|g(x,y,z)|+\xi|y|+|\Delta g(x,y,z)|+|d(t)|+|x||f(x,y,z)|+ \\
& |z||h(x,y,z)|+\eta|y|\Big]+s\sigma[u(t)]+\frac{1}{\lambda_0}(k_0-k_0^*)\dot{k}_0+\frac{1}{\lambda_1}(k_1-k_1^*)\dot{k}_1+ \\
& \frac{1}{\lambda_2}(k_2-k_2^*)\dot{k}_2+\frac{1}{\lambda_3}(k_3-k_3^*)\dot{k}_3+\frac{1}{\rho_1}(\hat{\theta}-\theta)\dot{\hat{\theta}}+\frac{1}{\rho_2}(\hat{\psi}-\psi)\dot{\hat{\psi}}
\end{aligned}
\tag{4-30}
$$

由式（4-4）、式（4-5）和式（4-16）可知，当 $s<0$ 时，有 $u(t)>u_+$，且

$$
\begin{aligned}
\left[u(t)-u_+\right]\sigma\left[u(t)\right] &= -\gamma K(t)\operatorname{sgn}(s)\sigma\left[u(t)\right] \\
&\geqslant \beta_{+1}\left[u(t)-u_+\right]^2 \\
&= \beta_{+1}\gamma^2 K^2(t)\operatorname{sgn}^2(s) \\
&\geqslant \beta\gamma^2 K^2(t)\operatorname{sgn}^2(s)
\end{aligned} \tag{4-31}
$$

因为 $\gamma=\beta^{-1}>0$ ，$K(t)>0$ ，所以

$$
-\operatorname{sgn}(s)\sigma\left[u(t)\right]\geqslant K(t)\operatorname{sgn}^2(s) \tag{4-32}
$$

式（4-32）两边乘以 $|s|$ ，由于 $|s|\operatorname{sgn}(s)=s$ 、$\operatorname{sgn}^2(s)=1$ ，有

$$
s\sigma\left[u(t)\right]\leqslant -K(t)|s| \tag{4-33}
$$

当 $s>0$ 时，通过类似推导可得，式（4-32）仍然成立，将式（4-32）、式（4-7）和式（4-17）代入式（4-30），可得 $\dot{V}_2(t)\leqslant 0$ ，根据 Barbalat's 引理，有 $\lim\limits_{t\to\infty}s=0$ 。

上述结论充分证明了在死区非线性输入的影响下，式（4-2）的状态轨迹在控制器（4-16）的作用下可收敛到滑模面 $s=0$ 。

4.2.4　仿真

下面通过两个仿真实例验证所提控制方案的有效性和可行性。

1. 考虑扇区非线性输入的数值仿真

将分数阶 Chen 系统作为受控系统，满足式（4-2）的典型形式，其结构为

$$
\begin{cases}
D^{q_1}x=a(y-x) \\
D^{q_2}y=(c-a)x-xz+cy+\Delta g(x,y,z)+d(t)+\sigma\left[u(t)\right] \\
D^{q_3}z=xy-bz
\end{cases} \tag{4-34}
$$

模型不确定项、外界扰动项及扇区非线性输入的形式为

$$
\begin{cases}
\Delta g(x,y,z)=0.1\sin(2\pi y) \\
d(t)=0.3\cos t \\
\sigma\left[u(t)\right]=\left\{0.9-0.1\sin\left[u(t)\right]\right\}u(t)
\end{cases} \tag{4-35}
$$

显然，$\delta_1=0.8$ ，$\gamma=5/4$ 。在本仿真实例中，设置控制参数为 $\lambda_0=\lambda_1=\lambda_2=\lambda_3=1$ ，$\eta=1$ ，$\rho_1=1$ ，$\rho_2=0.5$ ，令 $(q_1,q_2,q_3)=(0.9,0.92,0.94)$ ，

$(a, b, c) = (35, 3, 28)$，初 始 条 件 为 $\hat{\theta}(0) = \hat{\psi}(0) = 0$，$k_0(0) = k_1(0) = k_2(0) = k_3(0) = 0.2$，$x(0) = -1$，$y(0) = 2$，$z(0) = 3$。在给定的分数阶阶数和初始条件下，分数阶 Chen 系统的混沌吸引子如图 4-1 所示。

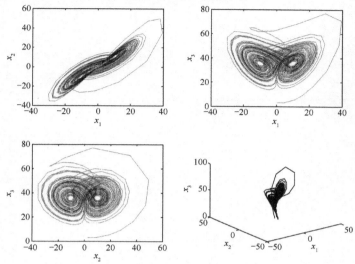

图 4-1　分数阶 Chen 系统的混沌吸引子

为观测自适应分数阶滑模控制器的控制效果，得到控制器激活前分数阶 Chen 系统的状态轨迹如图 4-2 所示。

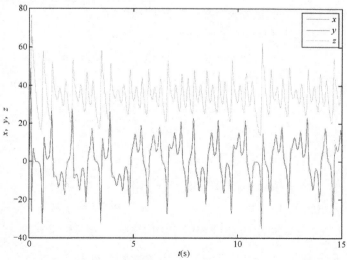

图 4-2　控制器激活前分数阶 Chen 系统的状态轨迹

控制器激活后分数阶 Chen 系统的状态轨迹如图 4-3 所示，从图中可以看出，受控系统的状态轨迹渐近收敛到原点，验证了所提控制方案的有效性。

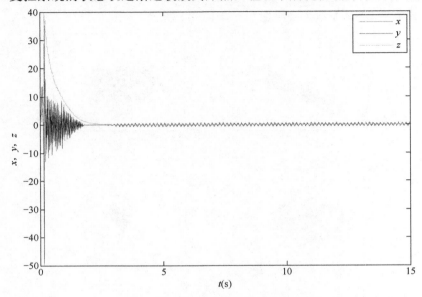

图 4-3　控制器激活后分数阶 Chen 系统的状态轨迹

2. 考虑死区非线性输入的数值仿真

将分数阶 Liu 系统作为受控系统，其结构为

$$\begin{cases} D^{q_1}x = -ax - ey^2 \\ D^{q_2}y = by - kxz + \Delta g(x,y,z) + d(t) + \sigma[u(t)] \\ D^{q_3}z = -cz + mxy \end{cases} \quad （4\text{-}36）$$

模型不确定项、外界扰动项及死区非线性函数的形式为

$$\begin{cases} \Delta g(x,y,z) = -0.3\sin\left(\sqrt{x^2 + y^2 + z^2}\right) \\ d(t) = 0.6\sin t \end{cases} \quad （4\text{-}37）$$

$$\sigma[u(t)] = \begin{cases} [u(t)-1.5]\{1-0.2\cos[u(t)]\}, & u(t) > 1.5 \\ 0, & -2 \leqslant u(t) \leqslant 1.5 \\ [u(t)+2]\{0.8-0.2\sin[u(t)]\}, & u(t) < -2 \end{cases} \quad （4\text{-}38）$$

显然，$\beta_{+1} = 0.8$，$\beta_{-1} = 0.6$，$\gamma = 5/3$。设置控制参数为 $\lambda_0 = \lambda_1 = \lambda_2 = \lambda_3 = 2$，$\eta = 1$，$\rho_1 = 0.5$，$\rho_2 = 1$，令 $(q_1, q_2, q_3) = (0.98, 0.98, 0.98)$，$(a, b, c, k, m, e) =$

$(1, 5/2, 5, 4, 4, 1)$，初始条件为 $\hat{\theta}(0) = \hat{\psi}(0) = 0$，$k_0(0) = k_1(0) = k_2(0) = k_3(0) = 0.1$，$x(0) = 5$，$y(0) = -3$，$z(0) = 2$。在给定的分数阶阶数和初始条件下，分数阶 Liu 系统的混沌吸引子如图 4-4 所示。

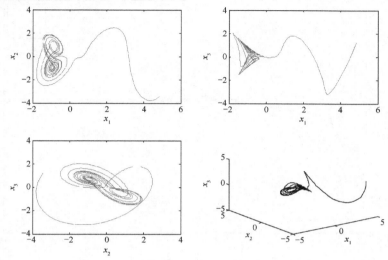

图 4-4　分数阶 Liu 系统的混沌吸引子

控制器激活前分数阶 Liu 系统的状态轨迹如图 4-5 所示，从图中可以看出，系统具有明显的混沌特性。

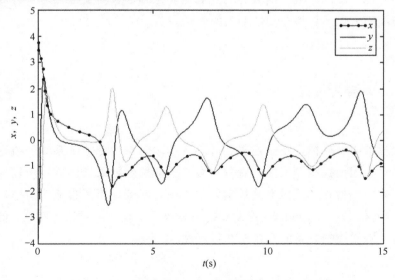

图 4-5　控制器激活前分数阶 Liu 系统的状态轨迹

激活控制器后分数阶 Liu 系统的状态轨迹如图 4-6 所示，从图中可以看出，受控系统的状态轨迹渐近收敛到原点，验证了所提控制方案的有效性。

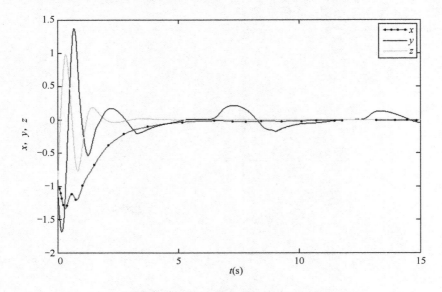

图 4-6　控制器激活后分数阶 Liu 系统的状态轨迹

上述仿真实例验证了所提控制方案能有效抑制分数阶系统中模型不确定项和外界扰动项的影响，所设计的控制器和未知参数自适应律可以有效处理不确定项的未知上界和非线性输入的影响。

4.3　本章小结

本章主要对受模型不确定项和外界扰动项影响的分数阶系统的镇定问题进行研究。因为控制器在执行过程中容易受非线性输入的影响，所以分别考虑扇区非线性输入和死区非线性输入的作用。本章提出了自适应滑模控制器的设计步骤，基于 Lyapunov 稳定理论充分验证了设计结果的正确性，仿真结果证明了所提控制方案的有效性和可行性。

参考文献

[1]　X. Gao, J. Yu. Chaos in the fractional order periodically forced complex Duffing's oscillators[J]. Chaos Solitons Fractals, 2005, 26:1125-1133.

[2]　C. M. Chen, H. K. Chen. Chaos and hybrid projective synchronization of commensurate and incommensurate fractional order Chen-Lee systems[J]. Nonlinear Dynamics, 2010, 62:851-858.

[3]　I. Grigorenko, E. Grigorenko. Chaotic dynamics of the fractional Lorenz system[J]. Physical Review Letters, 2003, 91:034101.

[4]　X. J. Wu, Y. Lu. Generalized projective synchronization of the fractional-order Chen hyperchaotic system[J]. Nonlinear Dynamics, 2009, 57:25-35.

[5]　R. X. Zhang, S. P. Yang. Robust chaos synchronization of fractional-order chaotic systems with unknown parameters and uncertain perturbations[J]. Nonlinear Dynamics, 2012, 69:983-992.

[6]　G. Gyorgyi, P. Szepfalusy. Calculation of the entropy in chaotic systems[J]. Physical Review A, 1985, 31:3477-3479.

[7]　W. H. Steeb, F. Solms, R. Stoop. Chaotic systems and maximum entropy formalism[J]. Journal of Physics A-mathematical and General, 1994, 27:399-402.

[8]　M. P. Aghababa. Finite-time chaos control and synchronization of fractional-order nonautonomous chaotic (hyperchaotic) systems using fractional nonsingular terminal sliding mode technique[J]. Nonlinear Dynamics, 2012, 69:247-267.

[9]　J. G. Lu. Nonlinear observer design to synchronize fractional-order chaotic system via a scalar transmitted signal[J]. Physica A, 2006, 359:107-118.

[10]　L. P. Chen, J. F. Qu, Y. Chai, R. C. Wu, G. Y. Qi. Synchronization of a class of fractional-order chaotic neural networks[J]. Entropy, 2013, 15:3265-3276.

[11]　L. P. Chen, Y. Chai, R. C. Wu, J. Sun, T. D. Ma. Cluster synchronization in fractional-order complex dynamical networks[J]. Physics Letters A, 2012,

376:2381-2388.

[12] C. C. Yang, C. J. Qu. Adaptive terminal sliding mode control subject to input nonlinearity for synchronization of chaotic gyros[J]. Communications in Nonlinear Science and Numerical Simulation, 2012, 18:682-691.

[13] C. C. Yang. Synchronization of rotating pendulum via self-learning terminal sliding-mode control subject to input nonlinearity[J]. Nonlinear Dynamics, 2013, 72:695-705.

[14] A. Abooee, M. Haeri. Stabilisation of commensurate fractional-order polytopic non-linear differential inclusion subject to input non-linearity and unknown disturbances[J]. IET Control Theory and Applications, 2013, 7:1624-1633.

[15] A. Pisano, M. R. Rapaic, Z. D. Jelicic, E. Usai. Sliding mode control approaches to the robust regulation of linear multivariable fractional-order dynamics[J]. International Journal of Robust and Nonlinear Control, 2010, 20:2045-2056.

[16] C. Yin, S. M. Zhou, W. F. Chen. Design of sliding mode controller for a class of fractional-order chaotic systems. Communications in Nonlinear Science and Numerical Simulation, 2012, 17:356-366.

第 5 章

基于反步控制技术的分数阶系统的自适应镇定控制研究

5.1 概述

反步法是一种用于设计控制器的递归方法，通过逐步设计虚拟控制器和局部 Lyapunov 函数，得到一个适用于整个系统的全局 Lyapunov 函数。反步控制技术可以保证系统全局稳定、提高系统跟踪信号能力、提高非线性系统瞬态性能，越来越多研究者开始关注反步法在分数阶系统控制中的应用。例如，Luo 通过添加幂积分器实现了分数阶系统的鲁棒控制和同步[1]，Shukla 使用反步法对具有严格反馈结构的分数阶混沌系统进行镇定和同步控制[2,3]，Wei 使用自适应反步技术研究了分数阶非线性系统的稳定性问题[4,5]。

通过分析反步法应用于分数阶系统的镇定同步控制的研究成果发现，理论研究成果仅关注线性控制输入的直接应用，但在实际工作过程中，系统必然会受到非线性输入的影响，这些非线性输入可能会影响系统的稳定性。因此，在分析和设计控制策略时必须考虑输入非线性的影响。Sheng 和 Ha 在应用反步法进行分数阶系统的镇定和同步控制的过程中，考虑了饱和非线性输入的影响[6,7]。然而，还没有关于更复杂的非线性输入特性的研究。另外，在应用反步法研究分数阶系统性能的过程中，很少有文献同时考虑未知有界扰动项的影响。因此，本章的研究内容具有重要的现实意义。

基于对上述因素的考虑，使用反步法研究受复杂非线性输入影响的分数阶系统的镇定问题非常迫切。扇区非线性输入和死区非线性输入在性质上比饱和非线性输入复杂，因此，本章充分考虑了扇区非线性输入和死区非线性输入的影响，构建了分数阶辅助系统，该系统用于产生必要信号以补偿非线性输入的影响。另外，为有效处理分数阶系统的未知参数，本章还给出了未知参数的自适应律。通过引入分数阶频率分布模型，使用间接 Lyapunov 函数验证每个子系统的稳定性，通过逐级对每个子系统设计虚拟控制器得到整个系统通用的综合 Lyapunov 函数。

本章的主要研究内容为：①受未知有界扰动项影响的分数阶系统在反步控制技术的作用下实现了镇定；②充分考察了具有复杂特性的扇区非线性输入和死区非线性输入的影响；③构建了分数阶辅助系统，该系统产生的虚拟信号可以补偿扇区非线性输入和死区非线性输入的影响；④基于频率分布模型，将间接 Lyapunov 理论应用于子系统稳定性分析，并针对未知扰动项上界设计具有适当形式的自适应律。

5.2 严格反馈系统

严格反馈系统[8]能表达不同的实际系统，其具体形式为

$$
\begin{cases}
D^\alpha x_1 = g_1(x_1,t)x_2 + \theta_1^{\mathrm{T}} F_1(x_1,t) + f_1(x_1,t) \\
D^\alpha x_2 = g_2(x_1,x_2,t)x_3 + \theta_2^{\mathrm{T}} F_2(x_1,x_2,t) + f_1(x_1,x_2,t) \\
\quad\quad\quad\quad\quad \vdots \\
D^\alpha x_{n-1} = g_{n-1}(x_1,x_2,\cdots,x_{n-1},t)x_n + \theta_{n-1}^{\mathrm{T}} F_{n-1}(x_1,x_2,\cdots,x_{n-1},t) + \\
\quad\quad\quad\quad f_{n-1}(x_1,x_2,\cdots,x_{n-1},t) \\
D^\alpha x_n = g_n(x_1,x_2,\cdots,x_n,t)u + \theta_n^{\mathrm{T}} F_n(x_1,x_2,\cdots,x_n,t) + f_n(x_1,x_2,\cdots,x_n,t)
\end{cases} \tag{5-1}
$$

式中，θ_i 为第 i 个状态方程中的系统参数矢量，$g_i(\cdot)$、$F_i(\cdot)$、$f_i(\cdot)$ 为已知光滑非线性函数。如果考虑外界扰动项 $d(t)$、扇区非线性输入和死区非线性输入的影响，且系统参数矢量 θ_i 未知，$g_i(\cdot)$ 的值不随 x_i 和 t 变化，则系统可以重新描述为

$$
\begin{cases}
D^\alpha x_1 = k_1 x_2 + \theta_1^{\mathrm{T}} F_1(x_1,t) + f_1(x_1,t) + d(t) \\
D^\alpha x_2 = k_2 x_3 + \theta_2^{\mathrm{T}} F_2(x_1,x_2,t) + f_1(x_1,x_2,t) + d(t) \\
\quad\quad\quad\quad\quad \vdots \\
D^\alpha x_{n-1} = k_{n-1} x_n + \theta_{n-1}^{\mathrm{T}} F_{n-1}(x_1,x_2,\cdots,x_{n-1},t) + f_{n-1}(x_1,x_2,\cdots,x_{n-1},t) + d(t) \\
D^\alpha x_n = k_n \phi[u(t)] + \theta_n^{\mathrm{T}} F_n(x_1,x_2,\cdots,x_n,t) + f_n(x_1,x_2,\cdots,x_n,t) + d(t)
\end{cases} \tag{5-2}
$$

式中，$u(t)$ 为实际综合控制器，$\phi[u(t)]$ 为非线性函数，其在区间 $[\delta_1,\delta_2]$ 内连续。将满足式（5-3）的 $\phi[u(t)]$ 称为扇区非线性函数，典型的扇区非线性函

数如图 5-1 所示。

$$\delta_1 u^2(t) \leqslant u(t)\phi[u(t)] \leqslant \delta_2 u^2(t) \tag{5-3}$$

式中，$\delta_2 > \delta_1 > 0$。

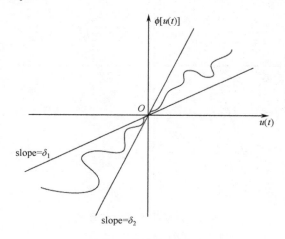

图 5-1　典型的扇区非线性函数

死区非线性函数描述为

$$\phi[u(t)] = \begin{cases} [u(t)-u_+]\phi_+[u(t)], & u(t) > u_+ \\ 0, & u_- \leqslant u(t) \leqslant u_+ \\ [u(t)-u_-]\phi_-[u(t)], & u(t) < u_- \end{cases} \tag{5-4}$$

式中，$\phi_+(\cdot)$ 和 $\phi_-(\cdot)$ 为 $u(t)$ 的非线性函数，u_+ 和 u_- 为给定值。在死区外，非线性输入 $h[u(t)]$ 有增益减小误差 β_{+2}、β_{+1}、β_{-1}、β_{-2}，满足

$$\begin{cases} \beta_{+2}[u(t)-u_+]^2 \geqslant [u(t)-u_+]\phi[u(t)] \geqslant \beta_{+1}[u(t)-u_+]^2, & u(t) > u_+ \\ 0, & u_- \leqslant u(t) \leqslant u_+ \\ \beta_{-2}[u(t)-u_-]^2 \geqslant [u(t)-u_-]\phi[u(t)] \geqslant \beta_{-1}[u(t)-u_-]^2, & u(t) < u_- \end{cases} \tag{5-5}$$

式中，β_{+2}、β_{+1}、β_{-1}、β_{-2} 为正数。典型的死区非线性函数如图 5-2 所示。

假设存在未知数 $\gamma > 0$，使得外界扰动项满足 $|d(t)| \leqslant \gamma$。

下面详细介绍基于反步控制技术的分数阶系统的自适应镇定控制，并引入分数阶频率分布模型，使用间接 Lyapunov 函数验证每个子系统的稳定性，从而得到整个系统的稳定性。

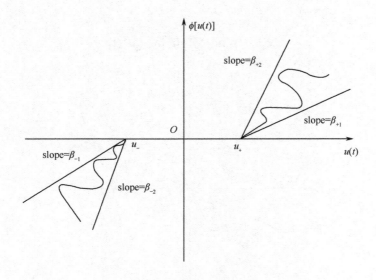

图 5-2　典型的死区非线性函数

5.3　分数阶系统的自适应镇定控制

5.3.1　自适应镇定控制器设计

本节主要介绍基于反步控制技术的分数阶系统的自适应镇定控制方法，充分考虑外界扰动项和非线性输入的影响，为得到实际控制器，引入转换变量

$$\begin{cases} \xi_1 = x_1 - s_1 \\ \xi_i = x_i - \vartheta_{i-1} - s_i, \quad i = 2, \cdots, n \end{cases} \tag{5-6}$$

$s_j (j = 1, 2, \cdots, n)$ 为分数阶辅助系统产生的虚拟信号，以补偿扇区和死区非线性输入的影响，分数阶辅助系统的具体形式为

$$\begin{cases} D^\alpha s_i = k_i s_{i+1} - \left[m_i s_i + l_i |s_i|^\sigma \, \mathrm{sgn}(s_i) \right], \quad i = 1, 2, \cdots, n-1 \\ D^\alpha s_n = p\phi[u(t)] - \left[m_n s_n + l_n |s_n|^\sigma \, \mathrm{sgn}(s_n) \right] \end{cases} \tag{5-7}$$

式中，$0 < \sigma < 1$，$m_i > 0$，$l_i > 0$，$m_n > 0$，$l_n > 0$，$p < k_n$。$\vartheta_j (j = 1, 2, \cdots, n-1)$ 为虚拟控制器，其形式为

$$\begin{cases} \vartheta_1 = \dfrac{1}{k_1}\Big[-c_1\xi_1 - \hat{\boldsymbol{\theta}}_1^{\mathrm{T}}\boldsymbol{F}_1 - f_1 - m_1 s_1 - l_1|s_1|^\sigma \operatorname{sgn}(s_1) - \hat{\gamma}\operatorname{sgn}(\xi_1)\Big] \\[2mm] \vartheta_i = \dfrac{1}{k_i}\Big[-c_i\xi_i - k_{i-1}\xi_{i-1} - \hat{\boldsymbol{\theta}}_i^{\mathrm{T}}\boldsymbol{F}_i - f_i + D^\alpha\vartheta_{i-1} - m_i s_i - l_i|s_i|^\sigma \operatorname{sgn}(s_i) - \hat{\gamma}\operatorname{sgn}(\xi_i)\Big] \end{cases} \quad (5\text{-}8)$$

式中，$c_1 > 0$，$c_i > 0 (i = 2,3,\cdots,n-1)$。$\boldsymbol{F}_i$ 和 f_i 分别为 $\boldsymbol{F}_i(\cdot)$ 和 $f_i(\cdot)$ 的简化写法。$\hat{\boldsymbol{\theta}}_i$ 为未知参数矢量 $\boldsymbol{\theta}_i$ 的估计值，$\hat{\gamma}$ 为 γ 的估计值，估计误差记为 $\tilde{\boldsymbol{\theta}}_i = \hat{\boldsymbol{\theta}}_i - \boldsymbol{\theta}_i$ 和 $\tilde{\gamma} = \hat{\gamma} - \gamma$，未知参数自适应律设计为

$$\begin{cases} D^\alpha\tilde{\boldsymbol{\theta}}_i = D^\alpha\hat{\boldsymbol{\theta}}_i - D^\alpha\boldsymbol{\theta}_i = D^\alpha\hat{\boldsymbol{\theta}}_i = \boldsymbol{F}_i\xi_i \\[2mm] D^\alpha\tilde{\gamma} = D^\alpha\hat{\gamma} - D^\alpha\gamma = D^\alpha\hat{\gamma} = \eta\sum_{i=1}^{n}|\xi_i| \end{cases} \quad (5\text{-}9)$$

式中，$\eta > 0$。考虑受扇区非线性输入影响的分数阶系统（5-2），其在控制器（5-10）的作用下，可实现渐近镇定。

$$\begin{cases} u(t) = -\rho(k_n - p)^{-1}\varepsilon(t)\operatorname{sgn}(\xi_n), \quad \rho = \delta_1^{-1} \\[2mm] \varepsilon(t) = c_n|\xi_n| + |k_{n-1}||\xi_{n-1}| + \left|\hat{\boldsymbol{\theta}}_n\right|^{\mathrm{T}}|\boldsymbol{F}_n| + |f_n| + |\hat{\gamma}| + \left|D^\alpha\vartheta_{n-1}\right| + \left|m_n s_n + l_n|s_n|^\sigma \operatorname{sgn}(s_n)\right| \end{cases} \quad (5\text{-}10)$$

下面详细验证所提控制方案的有效性。

步骤 1：由式（5-2）和式（5-6）得到，第一个子系统为

$$\begin{aligned} D^\alpha\xi_1 &= D^\alpha x_1 - D^\alpha s_1 \\ &= k_1(\xi_2 + \vartheta_1 + s_2) + \boldsymbol{\theta}_1^{\mathrm{T}}\boldsymbol{F}_1 + f_1 + d(t) - k_1 s_2 + m_1 s_1 + l_1|s_1|^\sigma \operatorname{sgn}(s_1) \end{aligned} \quad (5\text{-}11)$$

子系统（5-11）和自适应律（5-9）可转化为下列频率分布模型，即

$$\begin{cases} \dfrac{\partial z_1(\omega,t)}{\partial t} = -\omega z_1(\omega,t) + k_1(\xi_2 + \vartheta_1) + \boldsymbol{\theta}_1^{\mathrm{T}}\boldsymbol{F}_1 + f_1 + d(t) + m_1 s_1 + l_1|s_1|^\sigma \operatorname{sgn}(s_1) \\[2mm] \xi_1 = \int_0^\infty \mu_\alpha(\omega)z_1(\omega,t)\mathrm{d}\omega \\[2mm] \dfrac{\partial z_{\tilde{\theta}_1}(\omega,t)}{\partial t} = -\omega z_{\tilde{\theta}_1}(\omega,t) + \boldsymbol{F}_1\xi_1 \\[2mm] \tilde{\boldsymbol{\theta}}_1 = \int_0^\infty \mu_\alpha(\omega)z_{\tilde{\theta}_1}(\omega,t)\mathrm{d}\omega \\[2mm] \dfrac{\partial z_{\tilde{\gamma}}(\omega,t)}{\partial t} = -\omega z_{\tilde{\gamma}}(\omega,t) + \eta\sum_{i=1}^{n}|\xi_i| \\[2mm] \tilde{\gamma} = \int_0^\infty \mu_\alpha(\omega)z_{\tilde{\gamma}}(\omega,t)\mathrm{d}\omega \end{cases} \quad (5\text{-}12)$$

为证明该子系统的稳定性，选择 Lyapunov 函数为

$$V_1(t) = \frac{1}{2}\int_0^\infty \mu_\alpha(\omega)z_1^2\mathrm{d}\omega + \frac{1}{2}\int_0^\infty \mu_\alpha(\omega)z_{\tilde{\theta}_1}^{\mathrm{T}}z_{\tilde{\theta}_1}\mathrm{d}\omega + \frac{1}{2\eta}\int_0^\infty \mu_\alpha(\omega)z_{\tilde{\gamma}}^2\mathrm{d}\omega \quad (5\text{-}13)$$

对式（5-13）两边求一阶导数，有

$$\dot{V}_1(t) = \int_0^\infty \mu_\alpha(\omega) z_1 \frac{\partial z_1}{\partial t} \mathrm{d}\omega + \int_0^\infty \mu_\alpha(\omega) z_{\tilde{\theta}_1}^{\mathrm{T}} \frac{\partial z_{\tilde{\theta}_1}}{\partial t} \mathrm{d}\omega + \frac{1}{\eta} \int_0^\infty \mu_\alpha(\omega) z_{\tilde{\gamma}} \frac{\partial z_{\tilde{\gamma}}}{\partial t} \mathrm{d}\omega$$

$$= \int_0^\infty \mu_\alpha(\omega) z_1 \Big[-\omega z_1 + k_1(\xi_2 + \vartheta_1) + \boldsymbol{\theta}_1^{\mathrm{T}} \boldsymbol{F}_1 + f_1 + d(t) + m_1 s_1 + l_1 |s_1|^\sigma \operatorname{sgn}(s_1) \Big] \mathrm{d}\omega +$$

$$\int_0^\infty \mu_\alpha(\omega) z_{\tilde{\theta}_1}^{\mathrm{T}} (-\omega z_{\tilde{\theta}_1} + \boldsymbol{F}_1 \xi_1) \mathrm{d}\omega + \frac{1}{\eta} \int_0^\infty \mu_\alpha(\omega) z_{\tilde{\gamma}} (-\omega z_{\tilde{\gamma}} + \eta \sum_{i=1}^n |\xi_i|) \mathrm{d}\omega \quad (5\text{-}14)$$

$$= -\int_0^\infty \omega \mu_\alpha(\omega) z_1^2 \mathrm{d}\omega + \xi_1 \Big[k_1(\xi_2 + \vartheta_1) + \boldsymbol{\theta}_1^{\mathrm{T}} \boldsymbol{F}_1 + f_1 + d(t) + m_1 s_1 + l_1 |s_1|^\sigma \operatorname{sgn}(s_1) \Big] -$$

$$\int_0^\infty \omega \mu_\alpha(\omega) z_{\tilde{\theta}_1}^{\mathrm{T}} z_{\tilde{\theta}_1} \mathrm{d}\omega + \tilde{\boldsymbol{\theta}}_1^{\mathrm{T}} \boldsymbol{F}_1 \xi_1 - \frac{1}{\eta} \int_0^\infty \omega \mu_\alpha(\omega) z_{\tilde{\gamma}}^2 \mathrm{d}\omega + \tilde{\gamma} \sum_{i=1}^n |\xi_i|$$

将式（5-8）中的 ϑ_1 代入式（5-14），根据假设可得

$$\dot{V}_1(t) \leqslant -\int_0^\infty \omega \mu_\alpha(\omega) z_1^2 \mathrm{d}\omega - \int_0^\infty \omega \mu_\alpha(\omega) z_{\tilde{\theta}_1}^{\mathrm{T}} z_{\tilde{\theta}_1} \mathrm{d}\omega - \frac{1}{\eta} \int_0^\infty \omega \mu_\alpha(\omega) z_{\tilde{\gamma}}^2 \mathrm{d}\omega +$$

$$k_1 \xi_1 \xi_2 - c_1 \xi_1^2 + \frac{1}{\eta} \tilde{\gamma} \left(\eta \sum_{i=1}^n |\xi_i| - \eta |\xi_1| \right) \quad (5\text{-}15)$$

如果 $\xi_2 = 0$，则自适应律 $D^\alpha \hat{\gamma} = \eta \sum_{i=1}^n |\xi_i|$ 变为 $D^\alpha \hat{\gamma} = \eta |\xi_1|$，因此 $\dot{V}_1(t) < 0$，ξ_1、$\tilde{\boldsymbol{\theta}}_1$、$\tilde{\gamma}$ 渐近收敛到零。

步骤 2：第二个子系统可构建为

$$\begin{aligned} D^\alpha \xi_2 &= D^\alpha x_2 - D^\alpha \vartheta_1 - D^\alpha s_2 \\ &= k_2(\xi_3 + \vartheta_2 + s_3) + \boldsymbol{\theta}_2^{\mathrm{T}} \boldsymbol{F}_2 + f_2 + d(t) - \\ &\quad D^\alpha \vartheta_1 - k_2 s_3 + m_2 s_2 + l_2 |s_2|^\sigma \operatorname{sgn}(s_2) \end{aligned} \quad (5\text{-}16)$$

频率分布模型为

$$\begin{cases} \dfrac{\partial z_2(\omega,t)}{\partial t} = -\omega z_2(\omega,t) + k_2(\xi_3 + \vartheta_2) + \boldsymbol{\theta}_2^{\mathrm{T}} \boldsymbol{F}_2 + f_2 + \\ \qquad\qquad d(t) - D^\alpha \vartheta_1 + m_2 s_2 + l_2 |s_2|^\sigma \operatorname{sgn}(s_2) \\ \xi_2 = \displaystyle\int_0^\infty \mu_\alpha(\omega) z_2(\omega,t) \mathrm{d}\omega \\ \dfrac{\partial z_{\tilde{\theta}_2}(\omega,t)}{\partial t} = -\omega z_{\tilde{\theta}_2}(\omega,t) + \boldsymbol{F}_2 \xi_2 \\ \tilde{\boldsymbol{\theta}}_2 = \displaystyle\int_0^\infty \mu_\alpha(\omega) z_{\tilde{\theta}_2}(\omega,t) \mathrm{d}\omega \end{cases} \quad (5\text{-}17)$$

为证明该子系统的稳定性，选择 Lyapunov 函数为

$$V_2(t) = V_1(t) + \frac{1}{2} \int_0^\infty \mu_\alpha(\omega) z_2^2 \mathrm{d}\omega + \frac{1}{2} \int_0^\infty \mu_\alpha(\omega) z_{\tilde{\theta}_2}^{\mathrm{T}} z_{\tilde{\theta}_2} \mathrm{d}\omega \quad (5\text{-}18)$$

对式（5-18）两边求一阶导数，有

$$\dot{V}_1(t) \leqslant -\int_0^\infty \omega\mu_\alpha(\omega)z_1^2\mathrm{d}\omega - \int_0^\infty \omega\mu_\alpha(\omega)z_{\tilde{\theta}_1}^{\mathrm{T}}z_{\tilde{\theta}_1}\mathrm{d}\omega + \tilde{\theta}_1^{\mathrm{T}}F_1\xi_1 -$$

$$\frac{1}{\eta}\int_0^\infty \omega\mu_\alpha(\omega)z_{\hat{\gamma}}^2\mathrm{d}\omega + k_1\xi_1\xi_2 - c_1\xi_1^2 + \frac{1}{\eta}\tilde{\gamma}\left(\eta\sum_{i=1}^n|\xi_i| - \eta|\xi_1|\right) - \quad (5\text{-}19)$$

$$\int_0^\infty \omega\mu_\alpha(\omega)z_2^2\mathrm{d}\omega + k_2(\xi_3 + \vartheta_2) + \theta_2^{\mathrm{T}}F_2 + f_2 + d(t) - D^\alpha\vartheta_1 +$$

$$m_2s_2 + l_2|s_2|^\sigma\mathrm{sgn}(s_2) - \int_0^\infty \omega\mu_\alpha(\omega)z_{\tilde{\theta}_2}^{\mathrm{T}}z_{\tilde{\theta}_2}\mathrm{d}\omega + \tilde{\theta}_2^{\mathrm{T}}F_2\xi_2$$

将式（5-8）中的 ϑ_2 代入式（5-19），根据假设可得

$$\dot{V}_2(t) \leqslant -\sum_{j=1}^2\int_0^\infty \omega\mu_\alpha(\omega)z_j^2\mathrm{d}\omega - \sum_{j=1}^2\int_0^\infty \omega\mu_\alpha(\omega)z_{\tilde{\theta}_j}^{\mathrm{T}}z_{\tilde{\theta}_j}\mathrm{d}\omega -$$

$$\frac{1}{\eta}\int_0^\infty \omega\mu_\alpha(\omega)z_{\hat{\gamma}}^2\mathrm{d}\omega -$$

$$c_1\xi_1^2 + k_2\xi_2\xi_3 - c_2\xi_2^2 + \quad (5\text{-}20)$$

$$\frac{1}{\eta}\tilde{\gamma}\left(\eta\sum_{i=1}^n|\xi_i| - \eta\sum_{j=1}^2|\xi_j|\right)$$

如果 $\xi_3 = 0$，则自适应律 $D^\alpha\hat{\gamma} = \eta\sum_{i=1}^n|\xi_i|$ 变为 $D^\alpha\hat{\gamma} = \eta\sum_{i=1}^2|\xi_i|$，因此 $\dot{V}_2(t) < 0$，ξ_2 渐近收敛到零。

步骤 $i(i = 3, \cdots, n)$：研究第 i 个子系统的稳定性，其结构为

$$D^\alpha\xi_i = D^\alpha x_i - D^\alpha\vartheta_{i-1} - D^\alpha s_i$$

$$= k_i(\xi_{i+1} + \vartheta_i + s_{i+1}) + \theta_i^{\mathrm{T}}F_i + f_i + d(t) - \quad (5\text{-}21)$$

$$D^\alpha\vartheta_{i-1} - k_is_{i+1} + m_is_i + l_i|s_i|^\sigma\mathrm{sgn}(s_i)$$

频率分布模型为

$$\begin{cases} \dfrac{\partial z_i(\omega,t)}{\partial t} = -\omega z_i(\omega,t) + k_i(\xi_{i+1} + \vartheta_i) + \theta_i^{\mathrm{T}}F_i + f_i + \\ \qquad\qquad d(t) - D^\alpha\vartheta_{i-1} + m_is_i + l_i|s_i|^\sigma\mathrm{sgn}(s_i) \\ \xi_i = \displaystyle\int_0^\infty \mu_\alpha(\omega)z_i(\omega,t)\mathrm{d}\omega \\ \dfrac{\partial z_{\tilde{\theta}_i}(\omega,t)}{\partial t} = -\omega z_{\tilde{\theta}_i}(\omega,t) + F_i\xi_i \\ \tilde{\theta}_i = \displaystyle\int_0^\infty \mu_\alpha(\omega)z_{\tilde{\theta}_i}(\omega,t)\mathrm{d}\omega \end{cases} \quad (5\text{-}22)$$

为证明该子系统的稳定性，选择 Lyapunov 函数为

$$V_i(t) = V_{i-1}(t) + \frac{1}{2}\int_0^\infty \mu_\alpha(\omega)z_i^2\mathrm{d}\omega + \frac{1}{2}\int_0^\infty \mu_\alpha(\omega)z_{\tilde{\theta}_i}^{\mathrm{T}}z_{\tilde{\theta}_i}\mathrm{d}\omega \quad (5\text{-}23)$$

对式（5-23）两边求一阶导数，有

$$\dot{V}_i(t) = \dot{V}_{i-1}(t) - \int_0^\infty \omega\mu_\alpha(\omega)z_i^2\mathrm{d}\omega - \int_0^\infty \omega\mu_\alpha(\omega)z_{\tilde{\theta}_i}^\mathrm{T}z_{\tilde{\theta}_i}\mathrm{d}\omega + \tilde{\theta}_i^\mathrm{T}\boldsymbol{F}_i\xi_i +$$

$$\xi_i\left[k_i(\xi_{i+1}+\vartheta_i)+\boldsymbol{\theta}_i^\mathrm{T}\boldsymbol{F}_i+f_i+d(t)-D^\alpha\vartheta_{i-1}+m_is_i+l_i\left|s_i\right|^\sigma\mathrm{sgn}(s_i)\right]$$

$$\leqslant -\sum_{j=1}^i\int_0^\infty \omega\mu_\alpha(\omega)z_j^2\mathrm{d}\omega - \sum_{j=1}^i\int_0^\infty \omega\mu_\alpha(\omega)z_{\tilde{\theta}_j}^\mathrm{T}z_{\tilde{\theta}_j}\mathrm{d}\omega - \frac{1}{\eta}\int_0^\infty \omega\mu_\alpha(\omega)z_{\tilde{\gamma}}^2\mathrm{d}\omega - \quad（5\text{-}24）$$

$$\sum_{j=1}^{i-1}c_j\xi_j^2+k_{i-1}\xi_{i-1}\xi_i+\frac{1}{\eta}\tilde{\gamma}\left(\eta\sum_{j=1}^n\left|\xi_j\right|-\eta\sum_{j=1}^{i-1}\left|\xi_j\right|\right)+\tilde{\theta}_i^\mathrm{T}\boldsymbol{F}_i\xi_i+$$

$$\xi_i\left[k_i(\xi_{i+1}+\vartheta_i)+\boldsymbol{\theta}_i^\mathrm{T}\boldsymbol{F}_i+f_i+d(t)-D^\alpha\vartheta_{i-1}+m_is_i+l_i\left|s_i\right|^\sigma\mathrm{sgn}(s_i)\right]$$

将式（5-8）中的 ϑ_i 代入式（5-24），根据假设可得

$$\dot{V}_2(t) \leqslant -\sum_{j=1}^i\int_0^\infty \omega\mu_\alpha(\omega)z_j^2\mathrm{d}\omega - \sum_{j=1}^i\int_0^\infty \omega\mu_\alpha(\omega)z_{\tilde{\theta}_j}^\mathrm{T}z_{\tilde{\theta}_j}\mathrm{d}\omega -$$

$$\frac{1}{\eta}\int_0^\infty \omega\mu_\alpha(\omega)z_{\tilde{\gamma}}^2\mathrm{d}\omega - \sum_{j=1}^ic_j\xi_j^2+k_i\xi_i\xi_{i+1}+ \quad（5\text{-}25）$$

$$\frac{1}{\eta}\tilde{\gamma}\left(\eta\sum_{j=1}^n\left|\xi_j\right|-\eta\sum_{j=1}^i\left|\xi_j\right|\right)$$

如果 $\xi_{i+1}=0$，则自适应律 $D^\alpha\hat{\gamma}=\eta\sum_{j=1}^n\left|\xi_j\right|$ 变为 $D^\alpha\hat{\gamma}=\eta\sum_{j=1}^i\left|\xi_j\right|$，因此 $\dot{V}_i(t)<0$，ξ_i 渐近收敛到零。

步骤 n：在最后一步中设计实际控制器，最后一个子系统为

$$D^\alpha\xi_n = D^\alpha x_n - D^\alpha\vartheta_{n-1} - D^\alpha s_n$$
$$= (k_n-p)\phi[u(t)]+\boldsymbol{\theta}_n^\mathrm{T}\boldsymbol{F}_n+f_n+d(t)- \quad（5\text{-}26）$$
$$D^\alpha\vartheta_{n-1}+m_ns_n+l_n\left|s_n\right|^\sigma\mathrm{sgn}(s_n)$$

频率分布模型为

$$\begin{cases} \dfrac{\partial z_n(\omega,t)}{\partial t} = -\omega z_n(\omega,t)+(k_n-p)\phi[u(t)]+\boldsymbol{\theta}_n^\mathrm{T}\boldsymbol{F}_n+f_n+d(t)-D^\alpha\vartheta_{n-1}+ \\[2mm] \qquad\qquad m_ns_n+l_n\left|s_n\right|^\sigma\mathrm{sgn}(s_n) \\[2mm] \xi_n = \displaystyle\int_0^\infty \mu_\alpha(\omega)z_n(\omega,t)\mathrm{d}\omega \\[2mm] \dfrac{\partial z_{\tilde{\theta}_n}(\omega,t)}{\partial t} = -\omega z_{\tilde{\theta}_n}(\omega,t)+\boldsymbol{F}_n\xi_n \\[2mm] \tilde{\theta}_n = \displaystyle\int_0^\infty \mu_\alpha(\omega)z_{\tilde{\theta}_n}(\omega,t)\mathrm{d}\omega \end{cases} \quad（5\text{-}27）$$

为证明该子系统的稳定性，选择综合 Lyapunov 函数为

$$V_n(t) = V_{n-1}(t) + \frac{1}{2}\int_0^\infty \mu_\alpha(\omega)z_n^2 \mathrm{d}\omega + \frac{1}{2}\int_0^\infty \mu_\alpha(\omega)z_{\tilde{\theta}_n}^{\mathrm{T}} z_{\tilde{\theta}_n}\mathrm{d}\omega \qquad （5\text{-}28）$$

对式（5-28）两边求一阶导数，有

$$
\begin{aligned}
\dot{V}_n(t) =\ & \dot{V}_{n-1}(t) - \int_0^\infty \omega\mu_\alpha(\omega)z_n^2 \mathrm{d}\omega - \int_0^\infty \omega\mu_\alpha(\omega)z_{\tilde{\theta}_n}^{\mathrm{T}} z_{\tilde{\theta}_n}\mathrm{d}\omega + \tilde{\theta}_n^{\mathrm{T}} \boldsymbol{F}_n \xi_n + \\
& \xi_n\left\{(k-p)\phi[u(t)] + \boldsymbol{\theta}_n^{\mathrm{T}} \boldsymbol{F}_n + f_n + d(t) - D^\alpha \vartheta_{n-1} + m_n s_n + l_n |s_n|^\sigma \operatorname{sgn}(s_n)\right\} \\
\leqslant\ & -\sum_{j=1}^n \int_0^\infty \omega\mu_\alpha(\omega)z_j^2 \mathrm{d}\omega - \sum_{j=1}^n \int_0^\infty \omega\mu_\alpha(\omega)z_{\tilde{\theta}_j}^{\mathrm{T}} z_{\tilde{\theta}_j}\mathrm{d}\omega - \frac{1}{\eta}\int_0^\infty \omega\mu_\alpha(\omega)z_{\tilde{\gamma}}^2 \mathrm{d}\omega - \\
& \sum_{j=1}^{n-1} c_j \xi_j^2 + k_{n-1}\xi_{n-1}\xi_n + \frac{1}{\eta}\tilde{\gamma}\left(\eta\sum_{j=1}^n |\xi_j| - \eta\sum_{j=1}^{n-1}|\xi_j|\right) + \tilde{\theta}_n^{\mathrm{T}} \boldsymbol{F}_n \xi_n + \qquad （5\text{-}29） \\
& \xi_n\left\{(k_n-p)\phi[u(t)] + \boldsymbol{\theta}_n^{\mathrm{T}} \boldsymbol{F}_n + f_n + d(t) - D^\alpha \vartheta_{n-1} + m_n s_n + l_n |s_n|^\sigma \operatorname{sgn}(s_n)\right\} \\
\leqslant\ & -\sum_{j=1}^n \int_0^\infty \omega\mu_\alpha(\omega)z_j^2 \mathrm{d}\omega - \sum_{j=1}^n \int_0^\infty \omega\mu_\alpha(\omega)z_{\tilde{\theta}_j}^{\mathrm{T}} z_{\tilde{\theta}_j}\mathrm{d}\omega - \frac{1}{\eta}\int_0^\infty \omega\mu_\alpha(\omega)z_{\tilde{\gamma}}^2 \mathrm{d}\omega - \\
& \sum_{j=1}^{n-1} c_j \xi_j^2 + |k_{n-1}||\xi_{n-1}||\xi_n| + \tilde{\gamma}|\xi_n| + \xi_n(k_n-p)\phi[u(t)] + |f_n||\xi_n| + \gamma|\xi_n| + \\
& \left|D^\alpha \vartheta_{n-1}\right||\xi_n| + \left|m_n s_n + l_n |s_n|^\sigma \operatorname{sgn}(s_n)\right||\xi_n| + \left|\hat{\boldsymbol{\theta}}_n\right|^{\mathrm{T}} |\boldsymbol{F}_n||\xi_n|
\end{aligned}
$$

根据式（5-3）和（5-10），有

$$
\begin{aligned}
u(t)\phi[u(t)] &= -\rho(k_n-p)^{-1}\varepsilon(t)\operatorname{sgn}(\xi_n)\phi[u(t)] \\
&\geqslant \delta_1 \rho^2 (k_n-p)^{-2}\varepsilon^2(t)\operatorname{sgn}^2(\xi_n)
\end{aligned}
\qquad （5\text{-}30）
$$

因为 $\rho = \delta_1^{-1}$，$k_n - p > 0$，$\varepsilon(t) > 0$，根据不等式（5-30），可得

$$-\operatorname{sgn}(\xi_n)\phi[u(t)] \geqslant (k_n-p)^{-1}\varepsilon(t)\operatorname{sgn}^2(\xi_n) \qquad （5\text{-}31）$$

式（5-31）两边乘以 $(k_n-p)|\xi_n|$，根据 $\operatorname{sgn}^2(\xi_n)=1$ 和 $|\xi_n|\operatorname{sgn}(\xi_n)=\xi_n$，可得

$$(k_n-p)\xi_n\phi[u(t)] \leqslant -\varepsilon(t)|\xi_n| \qquad （5\text{-}32）$$

将式（5-32）代入式（5-29），根据式（5-10），可得

$$\dot{V}_n(t) \leqslant -\sum_{j=1}^{n}\int_0^\infty \omega\mu_\alpha(\omega)z_j^2\mathrm{d}\omega - \sum_{j=1}^{n}\int_0^\infty \omega\mu_\alpha(\omega)z_{\tilde{\theta}_j}^{\mathrm{T}}z_{\tilde{\theta}_j}\mathrm{d}\omega -$$

$$\frac{1}{\eta}\int_0^\infty \omega\mu_\alpha(\omega)z_{\tilde{\gamma}}^2\mathrm{d}\omega - \sum_{j=1}^{n-1}c_j\xi_j^2 + |k_{n-1}||\xi_{n-1}||\xi_n| + |\hat{\gamma}||\xi_n| -$$

$$\varepsilon(t)|\xi_n| + |f_n||\xi_n| + |D^\alpha\vartheta_{n-1}||\xi_n| +$$

$$\left|m_n s_n + l_n|s_n|^\sigma \mathrm{sgn}(s_n)\right||\xi_n| + \left|\hat{\boldsymbol{\theta}}_n\right|^{\mathrm{T}}|\boldsymbol{F}_n||\xi_n| \qquad (5\text{-}33)$$

$$= -\sum_{j=1}^{n}\int_0^\infty \omega\mu_\alpha(\omega)z_j^2\mathrm{d}\omega - \sum_{j=1}^{n}\int_0^\infty \omega\mu_\alpha(\omega)z_{\tilde{\theta}_j}^{\mathrm{T}}z_{\tilde{\theta}_j}\mathrm{d}\omega -$$

$$\frac{1}{\eta}\int_0^\infty \omega\mu_\alpha(\omega)z_{\tilde{\gamma}}^2\mathrm{d}\omega - \sum_{j=1}^{n}c_j\xi_j^2$$

因为 $\dot{V}_n(t) < 0$ ，所以受扇区非线性输入影响的分数阶系统（5-2）在控制器（5-10）的作用下可实现渐近稳定，验证了所提控制方案的有效性。

如果系统受死区非线性输入的影响，在控制器（5-34）的作用下，系统（5-2）可实现渐近镇定。

$$u(t) = \begin{cases} -\rho(k_n - p)^{-1}\varepsilon(t)\mathrm{sgn}(\xi_n) + u_-, & \xi_n > 0 \\ 0, & \xi_n = 0 \\ -\rho(k_n - p)^{-1}\varepsilon(t)\mathrm{sgn}(\xi_n) + u_+, & \xi_n < 0 \end{cases} \qquad (5\text{-}34)$$

式中，$\rho = \beta^{-1}$，$\beta^{-1} = \min\{\beta_{-1}, \beta_{+1}\}$，且

$$\varepsilon(t) = c_n|\xi_n| + |k_{n-1}||\xi_{n-1}| + \left|\hat{\boldsymbol{\theta}}_n\right|^{\mathrm{T}}|\boldsymbol{F}_n| + |f_n| + |\hat{\gamma}| + |D^\alpha\vartheta_{n-1}| + \left|m_n s_n + l_n|s_n|^\sigma \mathrm{sgn}(s_n)\right| \qquad (5\text{-}35)$$

下面详细验证所提控制方案的可行性。

步骤 1 到步骤 n-1 与上文相应步骤类似，这里不再赘述。

步骤 n：选择综合 Lyapunov 函数为

$$V_n(t) = V_{n-1}(t) + \frac{1}{2}\int_0^\infty \mu_\alpha(\omega)z_n^2\mathrm{d}\omega + \frac{1}{2}\int_0^\infty \mu_\alpha(\omega)z_{\tilde{\theta}_n}^{\mathrm{T}}z_{\tilde{\theta}_n}\mathrm{d}\omega \qquad (5\text{-}36)$$

对式（5-36）两边求一阶导数，有

$$\dot{V}_n(t) \leqslant -\sum_{j=1}^{n}\int_0^\infty \omega\mu_\alpha(\omega)z_j^2\mathrm{d}\omega - \sum_{j=1}^{n}\int_0^\infty \omega\mu_\alpha(\omega)z_{\tilde{\theta}_j}^{\mathrm{T}}z_{\tilde{\theta}_j}\mathrm{d}\omega - \frac{1}{\eta}\int_0^\infty \omega\mu_\alpha(\omega)z_{\tilde{\gamma}}^2\mathrm{d}\omega -$$

$$\sum_{j=1}^{n-1}c_j\xi_j^2 + k_{n-1}\xi_{n-1}\xi_n + \frac{1}{\eta}\tilde{\gamma}\left(\eta\sum_{j=1}^{n}|\xi_j| - \eta\sum_{j=1}^{n-1}|\xi_j|\right) + \tilde{\theta}_n^{\mathrm{T}}\boldsymbol{F}_n\xi_n +$$

$$\xi_n\left\{(k_n-p)\phi[u(t)] + \boldsymbol{\theta}_n^{\mathrm{T}}\boldsymbol{F}_n + f_n + d(t) - D^\alpha\vartheta_{n-1} + m_n s_n + l_n|s_n|^\sigma\mathrm{sgn}(s_n)\right\}$$

$$\leqslant -\sum_{j=1}^{n}\int_0^\infty \omega\mu_\alpha(\omega)z_j^2\mathrm{d}\omega - \sum_{j=1}^{n}\int_0^\infty \omega\mu_\alpha(\omega)z_{\tilde{\theta}_j}^{\mathrm{T}}z_{\tilde{\theta}_j}\mathrm{d}\omega - \frac{1}{\eta}\int_0^\infty \omega\mu_\alpha(\omega)z_{\tilde{\gamma}}^2\mathrm{d}\omega - \quad (5\text{-}37)$$

$$\sum_{j=1}^{n-1}c_j\xi_j^2 + |k_{n-1}||\xi_{n-1}||\xi_n| + |\hat{\gamma}||\xi_n| + \xi_n(k_n-p)\phi[u(t)] + |f_n||\xi_n| + |D^\alpha\vartheta_{n-1}||\xi_n| +$$

$$\left|m_n s_n + l_n|s_n|^\sigma\mathrm{sgn}(s_n)\right||\xi_n| + |\hat{\boldsymbol{\theta}}_n|^{\mathrm{T}}|\boldsymbol{F}_n||\xi_n|$$

当 $\xi_n > 0$ 时，根据式（5-34），有 $u(t) < u_-$，由式（5-4）和式（5-5）可得

$$[u(t)-u_-]\phi[u(t)] = -\rho(k_n-p)^{-1}\varepsilon(t)\mathrm{sgn}(\xi_n)\varphi[u(t)]$$

$$\geqslant \beta_{-1}\rho^2(k_n-p)^{-2}\varepsilon^2(t)\mathrm{sgn}^2(\xi_n) \quad (5\text{-}38)$$

$$\geqslant \beta\rho^2(k_n-p)^{-2}\varepsilon^2(t)\mathrm{sgn}^2(\xi_n)$$

由于 $\rho = \beta^{-1} > 0$，$\varepsilon(t) > 0$，$k_n - p > 0$，根据不等式（5-38），可得

$$-\mathrm{sgn}(\xi_n)\phi[u(t)] \geqslant (k_n-p)^{-1}\varepsilon(t)\mathrm{sgn}^2(\xi_n) \quad (5\text{-}39)$$

式（5-39）两边乘以 $(k_n-p)|\xi_n|$，根据 $\mathrm{sgn}^2(\xi_n)=1$ 和 $|\xi_n|\mathrm{sgn}(\xi_n)=\xi_n$，可得

$$(k_n-p)\xi_n\phi[u(t)] \leqslant -\varepsilon(t)|\xi_n| \quad (5\text{-}40)$$

当 $\xi_n < 0$ 时，不等式（5-40）仍成立，将式（5-40）代入式（5-37），可得

$$\dot{V}_n(t) \leqslant -\sum_{j=1}^{n}\int_0^\infty \omega\mu_\alpha(\omega)z_j^2\mathrm{d}\omega - \sum_{j=1}^{n}\int_0^\infty \omega\mu_\alpha(\omega)z_{\tilde{\theta}_j}^{\mathrm{T}}z_{\tilde{\theta}_j}\mathrm{d}\omega -$$

$$\frac{1}{\eta}\int_0^\infty \omega\mu_\alpha(\omega)z_{\tilde{\gamma}}^2\mathrm{d}\omega - \sum_{j=1}^{n-1}c_j\xi_j^2 + |k_{n-1}||\xi_{n-1}||\xi_n| +$$

$$|\hat{\gamma}||\xi_n| - \varepsilon(t)|\xi_n| + |f_n||\xi_n| + |D^\alpha\vartheta_{n-1}||\xi_n| +$$

$$\left|m_n s_n + l_n|s_n|^\sigma\mathrm{sgn}(s_n)\right||\xi_n| + |\hat{\boldsymbol{\theta}}_n|^{\mathrm{T}}|\boldsymbol{F}_n||\xi_n| + \quad (5\text{-}41)$$

$$= -\sum_{j=1}^{n}\int_0^\infty \omega\mu_\alpha(\omega)z_j^2\mathrm{d}\omega - \sum_{j=1}^{n}\int_0^\infty \omega\mu_\alpha(\omega)z_{\tilde{\theta}_j}^{\mathrm{T}}z_{\tilde{\theta}_j}\mathrm{d}\omega -$$

$$\frac{1}{\eta}\int_0^\infty \omega\mu_\alpha(\omega)z_{\tilde{\gamma}}^2\mathrm{d}\omega - \sum_{j=1}^{n}c_j\xi_j^2$$

因为 $\dot{V}_n(t) < 0$，所以受死区非线性输入影响的分数阶系统（5-2）在控制器（5-34）的作用下可实现渐近镇定，验证了所提控制方案的可行性。

5.3.2 仿真

下面通过两个仿真实例验证所提控制方案的有效性和可行性。

1. 具有扇区非线性输入的分数阶 Chua 系统的自适应镇定

分数阶 Chua 系统为

$$\begin{cases} D^\alpha x = a[y - x - f_1(x)] \\ D^\alpha y = x - y + z \\ D^\alpha z = -by \end{cases} \tag{5-42}$$

式中，$\alpha = 0.97$，$f_1(x) = h_1 x + \dfrac{1}{2}(h_0 - h_1)(|x+1| - |x-1|)$ 为系统的非线性部分，$a = 15.6$，$b = 25$，$h_0 = -1.1428$，$h_1 = -0.714$。当前系统不是严格反馈形式，需进行变形，令 $x_1 = z$，$x_2 = y$，$x_3 = x$，考虑外界扰动项 $d(t) = 0.02\cos t$，可将系统（5-42）转化为严格反馈结构

$$\begin{cases} D^\alpha x_1 = -bx_2 + d(t) \\ D^\alpha x_2 = x_3 + x_1 - x_2 + d(t) \\ D^\alpha x_3 = \phi[u(t)] + a\left[x_2 - x_3 - h_1 x_3 - \dfrac{1}{2}(h_0 - h_1)(|x_3+1| - |x_3-1|)\right] + d(t) \end{cases} \tag{5-43}$$

与标准形式（5-2）对照可知，$k_1 = -b$，$k_2 = 1$，$k_3 = 1$，未知参数矢量 $\boldsymbol{\theta}_3 = a$，$\boldsymbol{F}_3 = x_2 - x_3 - h_1 x_3 - 0.5(h_0 - h_1)(|x_3+1| - |x_3-1|)$，扇区非线性输入为

$$\phi[u(t)] = \{0.85 + 0.21\sin[u(t)]\}u(t) \tag{5-44}$$

显然，$\delta_1 = 0.64$，$\rho = 1/0.64$，因为 $k_3 = 1$，所以在辅助系统（5-7）中，可选择参数 $p = 0$，$\sigma = 0.5$，$m_1 = m_2 = m_3 = 5$，$l_1 = l_2 = l_3 = 1$，即

$$\begin{cases} D^\alpha s_1 = -bs_2 - \left[5s_1 + |s_1|^{\frac{1}{2}}\operatorname{sgn}(s_1)\right] \\ D^\alpha s_2 = s_3 - \left[5s_2 + |s_2|^{\frac{1}{2}}\operatorname{sgn}(s_2)\right] \\ D^\alpha s_3 = -\left[5s_3 + |s_3|^{\frac{1}{2}}\operatorname{sgn}(s_3)\right] \end{cases} \tag{5-45}$$

在本仿真实例中，$c_1 = c_2 = c_3 = 10$，$\eta = 5$，初始条件为 $x_1(0) = -0.5$，

$x_2(0) = 0.1$，$x_3(0) = 0.6$，$\xi_1(0) = \xi_2(0) = \xi_3(0) = 0.3$，$s_1(0) = s_2(0) = s_3(0) = 0.1$，$\hat{\theta}_3(0) = 0$，$\hat{\gamma}(0) = 0$。激活控制器 $u(t)$ 时，分数阶 Chua 系统转换变量的时间响应如图 5-3 所示。

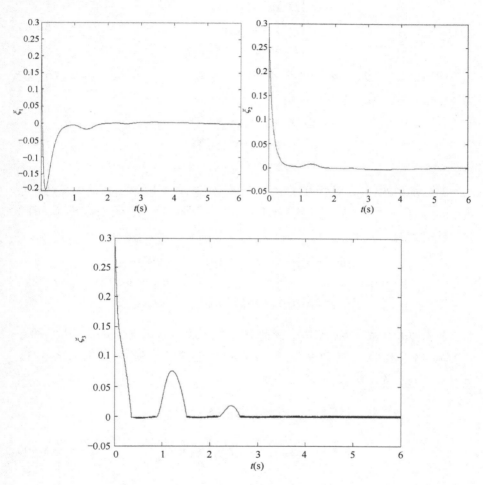

图 5-3　分数阶 Chua 系统转换变量的时间响应

　　从图中可以看出，所有转换变量都收敛到零，表明在所提控制方案的作用下，具有扇区非线性输入的受控系统可实现渐近镇定，验证了所提控制方案的有效性。

2. 具有死区非线性输入的分数阶 Rossler 系统的自适应镇定

分数阶 Rossler 系统为

$$\begin{cases} D^\alpha x = -y - z \\ D^\alpha y = x + q_1 y \\ D^\alpha z = q_2 + z(x - q_3) \end{cases} \tag{5-46}$$

式中，$\alpha = 0.92$，$q_1 = 0.5$，$q_2 = 10$。令 $x_1 = y$，$x_2 = x$，$x_3 = z$，可将系统（5-46）转化为严格反馈结构

$$\begin{cases} D^\alpha x_1 = x_2 + q_1 x_1 + d(t) \\ D^\alpha x_2 = -x_3 - x_1 + d(t) \\ D^\alpha x_3 = \phi[u(t)] + q_2 - q_3 x_3 + x_2 x_3 + d(t) \end{cases} \tag{5-47}$$

与标准形式（5-2）对照可知，$k_1 = 1$，$k_2 = -1$，$k_3 = 1$，未知参数矢量 $\boldsymbol{\theta}_1 = q_1$，$\boldsymbol{\theta}_3 = [q_2, q_3]^{\mathrm{T}}$，$\boldsymbol{F}_1 = x_1$，$\boldsymbol{F}_3 = [1, -x_3]^{\mathrm{T}}$，$d(t) = 0.5 \sin t \cos t$ 为外界扰动项，死区非线性输入为

$$\phi[u(t)] = \begin{cases} [u(t) - 2]\{1 - 0.2 \sin[u(t)]\}, & u(t) > 2 \\ 0, & -4 < u(t) < 2 \\ [u(t) + 4]\{0.9 - 0.3 \cos[u(t)]\}, & u(t) < -4 \end{cases} \tag{5-48}$$

参数 $\beta_{+1} = 0.8$，$\beta_{-1} = 0.6$，因此 $\rho = \beta^{-1} = 1/0.6$，$\beta = \min\{\beta_{+1}, \beta_{-1}\} = 0.6$。因为 $k_3 = 1$，所以在辅助系统（5-7）中，可选择参数 $p = 0.2$，$\sigma = 0.5$，$m_1 = m_2 = m_3 = 4$，$l_1 = l_2 = l_3 = 2$，即

$$\begin{cases} D^\alpha s_1 = s_2 - \left[4s_1 + 2|s_1|^{\frac{1}{2}} \operatorname{sgn}(s_1) \right] \\ D^\alpha s_2 = -s_3 - \left[4s_2 + 2|s_2|^{\frac{1}{2}} \operatorname{sgn}(s_2) \right] \\ D^\alpha s_3 = 0.2\phi[u(t)] - \left[4s_3 + 2|s_3|^{\frac{1}{2}} \operatorname{sgn}(s_3) \right] \end{cases} \tag{5-49}$$

在本仿真实例中，$c_1 = c_2 = c_3 = 5$，$\eta = 2$，初始条件为 $x_1(0) = 0.5$，$x_2(0) = 0.1$，$x_3(0) = 0.3$，$\xi_1(0) = \xi_2(0) = \xi_3(0) = 0.3$，$\hat{\boldsymbol{\theta}}_1(0) = 0.1$，$\hat{\gamma}(0) = 0.1$，$\hat{\boldsymbol{\theta}}_3(0) = [0.1, 0.1]^{\mathrm{T}}$，$s_1(0) = s_2(0) = s_3(0) = 0.1$。激活控制器 $u(t)$ 时，分数阶 Rossler 系统转换变量的时间响应如图 5-4 所示。

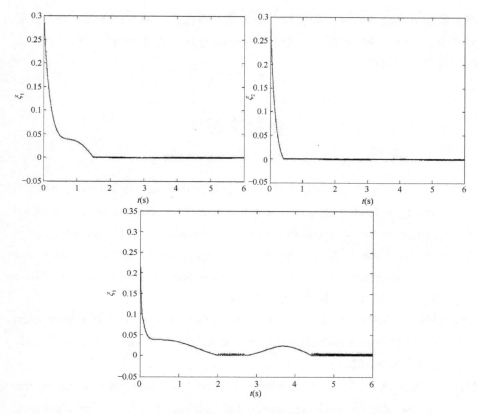

图 5-4　分数阶 Rossler 系统转换变量的时间响应

从图中可以看出，所有转换变量都收敛到零，表明在所提控制方案的作用下，具有死区非线性输入的受控系统可实现渐近镇定，验证了所提控制方案的可行性。

5.4　本章小结

本章研究了基于反步控制技术的分数阶系统的自适应镇定控制，充分考虑了未知有界扰动项的影响。受控系统在实际工作中易受非线性输入的影响，本章充分考虑了扇区非线性输入和死区非线性输入的作用。所提控制方案应用范围广、可行性强。构建分数阶辅助系统可抵消非线性输入的影响。本章基于频率分布模型，逐步验证每个子系统的稳定性，通过逐级设计虚拟控制器得到实际综合控制器形式，通过间接 Lyapunov 稳定理论验证了所提控制方案的有效性和可行性。

参考文献

[1]　R. Z. Luo, M. C. Huang, H. P. Su. Robust control and synchronization of 3-D uncertain fractional-order chaotic systems with external disturbances via adding one power integrator control[J]. Complexity, 2019:8417536.

[2]　M. K. Shukla, B. B. Sharma. Backstepping based stabilization and synchronization of a class of fractional order chaotic systems[J]. Chaos Solitons and Fractals, 2017, 102:274-284.

[3]　M. K. Shukla, B. B. Sharma. Stabilization of a class of fractional order chaotic systems via backstepping approach[J]. Chaos Solitons and Fractals, 2017, 98:56-62.

[4]　Y. H. Wei, D. Sheng, Y. Q. Chen, Y. Wang. Fractional order chattering-free robust adaptive backstepping control technique[J]. Nonlinear Dynamics, 2019, 95:2383-2394.

[5]　Y. H. Wei, Y. Q. Chen, S. Liang, Y. Wang. A novel algorithm on adaptive backstepping control of fractional order systems[J]. Neurocomputing, 2015, 165:395-402.

[6]　D. Sheng, Y. H. Wei, S. S. Cheng, J. M. Shuai. Adaptive backstepping control for fractional order systems with input saturation[J]. Journal of the Franklin Institute, 2017, 354:2245-2268.

[7]　S. M. Ha, H. Liu, S. G. Li, A. J. Liu. Backstepping-based adaptive fuzzy synchronization control for a class of fractional-order chaotic systems with input saturation[J]. International Journal of Fuzzy Systems, 2019, 21:1571-1584.

[8]　M. K. Shukla, B. B. Sharma. Control and synchronization of a class of uncertain fractional order chaotic systems via adaptive backstepping control[J]. Asian Journal of Control, 2018, 20:707-720.

第 6 章

具有死区非线性输入的分数阶混沌系统的有限时间同步控制研究

6.1 概述

本章用一种新型分数阶滑模控制方案实现两个不同分数阶混沌系统的有限时间同步控制。近年来，分数阶混沌系统研究发展迅速，国内外专家在分数阶混沌系统的同步方面提出了很多假设性结论。例如，Odibat 提出了一种非线性反馈控制方案，以实现两个分数阶混沌系统的同步[1]；Targhvafard 研究了一种自适应控制方法，以实现两个分数阶混沌系统的同相和反相同步[2]；Zhang 通过单驱动变量方法实现了混沌系统的自适应镇定[3]；Lu 引入了非线性观测器，以实现混沌系统的同步[4]。

上述研究几乎仅针对分数阶系统的渐近稳定。实际上，研究分数阶系统在给定时间内的镇定或同步比研究渐近镇定或同步更有意义。随着科学技术的迅速发展，先进控制工业对控制系统性能的要求已不仅局限于稳定性，作为控制系统的重要性能指标，收敛性成为衡量控制效果的重要依据。目前，大多数非线性系统控制设计的研究成果仅围绕渐近镇定与控制。在渐近镇定的情况下，闭环系统速度最快的收敛是指数收敛，即在时间趋于无穷大时收敛到平衡点。为进一步提高闭环系统的收敛速度，Bhat 等人提出了有限时间稳定理论[5]，指出系统有限时间意味着 Lyapunov 稳定和有限时间稳定，即系统状态能在给定时间内收敛到平衡点。显然，与渐近收敛相比，有限时间控制是时间最优的控制方案。研究表明，有限时间控制器中的分数幂项，使得有限时间控制系统的收敛速度较快（在平衡点附近）、鲁棒性较强、抗干扰能力较强。基于上述优点，有限时间控制在众多实际系统中得到了广泛应用，因此，研究具有不确定项的非线性系统的有限时间控制问题具有十分重要的理论意义和应用价值。

目前，关于非线性系统的有限时间控制已形成了一些研究方法，常用研究方法是借助终端滑模控制方案。20 世纪 80 年代，Zak 首次提出了终端吸引子并将其应用于神经网络研究[6]。随后，Venkataraman 等借助终端吸引子的概念提出了终端滑模控制方法[7]，至此，终端滑模控制理论初步形成。与传统滑模控制方法不同，终端滑模控制方法在设计滑模态时引入了非线性项，使得系统状态在到达滑模态后，可以在有限时间内收敛到原点。终端滑模控制方法凭借快速的收敛性和较强的鲁棒性得到了广泛应用，随着终端滑模控制技术的发展，众多学者相继提出了快速终端滑模控制、指数终端滑模控制、指数型快速终端滑模控制及微分与积分型终端滑模控制等终端滑模控制方法。然而，在滑模态设计中引入分数幂函数导致终端滑模控制方法存在奇异问题。于是，众多学者致力于研究如何消除终端滑模控制中的奇异问题，并取得了一系列非奇异终端滑模控制研究成果。此外，大部分终端滑模控制都是非连续的反馈控制，因此其在实际应用时存在抖振现象。为了减小甚至消除抖振，很多研究者致力于改进终端滑模控制方法并取得了一些研究进展。

受实际系统自身的复杂性、测量仪器的局限性及多种外界因素的影响，往往很难建立系统的精确模型。因此，研究具有不确定项的非线性系统的有限时间控制问题具有重要的理论意义和应用价值。针对具有参数不确定项的非线性系统，结合自适应控制理论和有限时间控制方法，出现了一系列有价值的研究成果。本章借鉴已有研究成果，将滑模控制技术引入分数阶系统的有限时间同步控制研究。

物理器件的固有特性、机械设计和制造偏差、外部环境及安全因素等，导致系统的控制输入存在限制，如死区、饱和、滞回、齿隙等。非线性系统存在输入约束时的控制问题一直是控制界的研究热点，并取得了丰富的研究成果。例如，有学者针对输入死区问题，利用神经网络逼近机械臂系统的未知动态和死区非线性输入与输出之间的差，提出了自适应有限时间跟踪控制方案；Chen 等针对永磁同步电机伺服系统，将死区模型转化成具有时变增益和有界扰动项的一般线性系统，并利用神经网络逼近由未知扰动项和不确定项构成的未知非线性函数，基于快速终端滑模控制方法实现了有限时间跟踪控制[8]。值得注意的是，当输入约束和不确定项同时存在且系统为分数阶非线性系统时，有限时间控制的研究成果较少，因此本章提出的控制方案具有重要的现实意义。

6.2　有限时间稳定的概念及引理

有限时间稳定性定义可追溯至 1963 年，但该技术的蓬勃发展是在 20 世纪 90 年代，主要是由于有限时间 Lyapunov 理论和齐次系统理论的产生和完善。迄今为止，非线性系统有限时间控制研究已吸引了大批学者，并取得了丰富的研究成果。基于这些研究，本章提出了分数阶非线性系统有限时间同步控制方案。在给出具体控制方案前，对该领域涉及的定义进行简要介绍。

定义：考虑非线性系统

$$\dot{\boldsymbol{x}}(t) = \boldsymbol{f}\left[\boldsymbol{x}(t)\right] + \boldsymbol{d}(t) \tag{6-1}$$

式中，$\boldsymbol{x}(t)$ 为系统状态，$\boldsymbol{f}: \boldsymbol{D} \to \boldsymbol{R}^n$ 为非线性函数，$\boldsymbol{d}(t)$ 为外界扰动项。如果存在 $\varepsilon > 0$ 和 $0 < T(\varepsilon, x_0) < \infty$，使得

$$\begin{cases} \|x\| < \varepsilon \\ t \geqslant t_0 + T(\varepsilon, x_0) \end{cases} \tag{6-2}$$

式中，$\boldsymbol{x}(t_0) = \boldsymbol{x}_0$，则式（6-1）是局部实际有限时间稳定的。如果 $\boldsymbol{D} = \boldsymbol{R}^n$，则式（6-1）为全局实际有限时间稳定的。

本章围绕分数阶系统的有限时间控制，分数阶系统采用 Riemann-Liouville 定义，需要用到以下引理。

引理 1：在 Riemann-Liouville 微分中，如果 $p > q \geqslant 0$，m 和 n 为整数且 $0 \leqslant m-1 \leqslant p < m$，$0 \leqslant n-1 \leqslant q < n$，则有

$$_aD_t^p\left[D_t^{-q}f(t)\right] = {_aD_t^{p-q}}f(t) \tag{6-3}$$

引理 2：在 Riemann-Liouville 微分中，如果 $p \geqslant 0$，$q \geqslant 0$，m 和 n 为整数且 $0 \leqslant m-1 \leqslant p < m$，$0 \leqslant n-1 \leqslant q < n$，则有

$$_aD_t^p[D_t^q f(t)] = {_aD_t^{p+q}}f(t) - \sum_{j=1}^{n}[D_t^{q-j}f(t)]_{t=a}\frac{(t-a)^{-p-j}}{\Gamma(1-p-j)} \tag{6-4}$$

引理 3：考虑如下系统形式

$$\dot{x}(t) = f[x(t)], \quad f(0) = 0, \quad x(t) \in R^n \tag{6-5}$$

式中，$f: D \to R^n$ 在开邻域 $D \subset \mathbf{R}$ 内连续，如果存在连续正定微分函数 $V[x(t)]: D \to \mathbf{R}$，实数 $p > 0$，$0 < \eta < 1$，使得

$$\dot{V}[x(t)] + pV^\eta[x(t)] \leqslant 0, \quad \forall x(t) \in D \tag{6-6}$$

则式（6-5）的原点是局部有限时间稳定平衡点，且调节时间依赖初始状态 $x(0) = x_0$，满足 $T(x_0) = V^{1-\eta}(x_0)/p(1-\eta)$。除此之外，如果 $D = R^n$ 且 $V[x(t)]$ 是径向无界的，则式（6-5）的原点是全局有限时间稳定平衡点。

6.3　分数阶混沌系统的有限时间同步控制

6.3.1　分数阶混沌系统

考虑两个具有参数不确定项、模型不确定项和外界扰动项的分数阶混沌系统，主系统为

$$D^\alpha x_i = (A_i + \Delta A_i)x + f_i(x) + \Delta f_i(x) + d_i^m(t) \tag{6-7}$$

从系统为

$$D^\alpha y_i = (B_i + \Delta B_i)y + g_i(y) + \Delta g_i(y) + d_i^s(t) + h_i[u_i(t)] \tag{6-8}$$

式中，$x = (x_1, x_2, \cdots, x_n)^T \in R^n$ 和 $y = (y_1, y_2, \cdots, y_n)^T \in R^n$ 分别为式（6-7）和式（6-8）的状态矢量，$i = 1, 2, \cdots, n$，$\alpha \in (0, 1)$。$A_i \in R^{1 \times n}$、$B_i \in R^{1 \times n}$、$\Delta A_i \in R^{1 \times n}$ 和 $\Delta B_i \in R^{1 \times n}$ 为 $n \times n$ 矩阵的第 i 个行向量。$f_i(x), g_i(y): R^n \to \mathbf{R}$ 为连续非线性函数，$\Delta f_i(x), \Delta g_i(y): R^n \to \mathbf{R}$ 和 $d_i^m(t), d_i^s(t) \in \mathbf{R}$ 分别为主从系统的模型不确定项和外界扰动项。在实际工程中，由于物理上的局限性，执行器通常具有非光滑非线性特性，如死区、齿隙、饱和等。在非理想条件下，这些不良特性不可避免且有可能破坏控制系统的性能。本章充分考虑这些非线性特性，以典型死区非线性输入为例，形成一套有效的控制方案。在式（6-8）中，$u(t) = [u_1(t), u_2(t), \cdots, u_n(t)]^T \in R^n$ 为设计的控制器矢量，非线性函数 $h_i[u_i(t)]$ 为

$$h_i[u_i(t)] = \begin{cases} [u_i(t) - u_{+i}]h_{+i}[u_i(t)], & u_i(t) > u_{+i} \\ 0, & u_{-i} \leqslant u_i(t) \leqslant u_{+i} \\ [u_i(t) - u_{-i}]h_{-i}[u_i(t)], & u_i(t) < u_{-i} \end{cases} \quad (6\text{-}9)$$

式中，$h_{+i}(\cdot)$ 和 $h_{-i}(\cdot)$ 为 $u_i(t)$ 的非线性函数，u_{+i} 和 u_{-i} 为给定值。非线性函数 $h_i[u_i(t)]$ 死区外有增益减小误差 β_{+i} 和 β_{-i}，满足下列不等式

$$\begin{cases} [u_i(t) - u_{+i}]h_i[u_i(t)] \geqslant \beta_{+i}[u_i(t) - u_{+i}]^2, & u_i(t) > u_{+i} \\ 0, & u_{-i} \leqslant u_i(t) \leqslant u_{+i} \\ [u_i(t) - u_{-i}]h_i[u_i(t)] \geqslant \beta_{-i}[u_i(t) - u_{-i}]^2, & u_i(t) < u_{-i} \end{cases} \quad (6\text{-}10)$$

式中，β_{+i} 和 β_{-i} 为正数。

式（6-8）减式（6-7）得到同步误差系统

$$\begin{aligned} D^{\alpha}e_i = {} & (\boldsymbol{B}_i + \Delta\boldsymbol{B}_i)\boldsymbol{y} + g_i(\boldsymbol{y}) + \Delta g_i(\boldsymbol{y}) + d_i^s(t) + h_i[u_i(t)] - \\ & (\boldsymbol{A}_i + \Delta\boldsymbol{A}_i)\boldsymbol{x} - f_i(\boldsymbol{x}) - \Delta f_i(\boldsymbol{x}) - d_i^m(t) \end{aligned} \quad (6\text{-}11)$$

为使所提控制方案合理有效，给出下列假设。

假设：系统中的不确定项 $\Delta\boldsymbol{A}_i$、$\Delta\boldsymbol{B}_i$、$\Delta f_i(\boldsymbol{x})$、$\Delta g_i(\boldsymbol{y})$ 和外界扰动项 $d_i^m(t)$、$d_i^s(t)$ 均有界，即

$$\begin{cases} \|\Delta\boldsymbol{A}_i\| \leqslant \theta_i, & \|\Delta\boldsymbol{B}_i\| \leqslant \psi_i \\ |\Delta f_i(\boldsymbol{x})| \leqslant \delta_i, & |\Delta g_i(\boldsymbol{y})| \leqslant \rho_i \\ |d_i^m(t)| \leqslant L_i^m, & |d_i^s(t)| \leqslant L_i^s \end{cases} \quad (6\text{-}12)$$

式中，θ_i、ψ_i、δ_i、ρ_i 为给定正数，即系统不确定项上界已知。L_i^m、L_i^s 为未知正数，即外界扰动项上界未知。

6.3.2　滑模面设计

一般来说，设计用于镇定不确定分数阶误差系统的滑模控制器一般包含两步：第一，设计具有期望状态的滑模面；第二，设计鲁棒控制律以确保滑模态存在。分数阶积分型滑模面可设计为

$$s_i = D^{\alpha-1}e_i + D^{\alpha-2}\left[\frac{\lambda}{\mu}e_i + (\boldsymbol{e}^{\mathrm{T}}\boldsymbol{e})^{-\mu}e_i + D^{\alpha-1}e_i\frac{t^{-(1-\alpha)-1}}{\Gamma(\alpha-1)}\right] \quad (6\text{-}13)$$

式中，$\boldsymbol{e} = (e_1, e_2, \cdots, e_n)^{\mathrm{T}}$，$\lambda$ 和 μ 均为正实数。

当系统（6-11）运行到滑模态时，满足

$$\begin{cases} s_i = 0 \\ \dot{s}_i = 0 \end{cases} \qquad (6\text{-}14)$$

式（6-13）两边对时间求一阶导数，可得

$$\dot{s}_i = D^{\alpha} e_i + D^{\alpha-1}\left[\frac{\lambda}{\mu}e_i + (\boldsymbol{e}^{\mathrm{T}}\boldsymbol{e})^{-\mu}e_i + D^{\alpha-1}e_i\frac{t^{-(1-\alpha)-1}}{\Gamma(\alpha-1)}\right] \qquad (6\text{-}15)$$

当系统（6-11）状态轨迹运行到滑模面时，可得到期望滑模态

$$D^{\alpha} e_i = -D^{\alpha-1}\left[\frac{\lambda}{\mu}e_i + (\boldsymbol{e}^{\mathrm{T}}\boldsymbol{e})^{-\mu}e_i + D^{\alpha-1}e_i\frac{t^{-(1-\alpha)-1}}{\Gamma(\alpha-1)}\right] \qquad (6\text{-}16)$$

上述滑模态系统稳定且状态轨迹在有限时间 T_1 内收敛到零

$$T_1 = \frac{1}{2\lambda}\ln\left[1 + \frac{\lambda}{\mu}[\boldsymbol{e}^{\mathrm{T}}(0)\boldsymbol{e}(0)]^{\mu}\right] \qquad (6\text{-}17)$$

下面对该结论进行验证。

选择 Lyapunov 函数为

$$V_1(t) = \sum_{i=1}^{n} e_i^2 \qquad (6\text{-}18)$$

式（6-18）两边对时间求一阶导数，可得

$$\dot{V}_1(t) = 2\sum_{i=1}^{n} e_i\dot{e}_i = 2\sum_{i=1}^{n} e_i\left[D^{1-\alpha}(D^{\alpha}e_i) + D^{\alpha-1}e_i\frac{t^{-(1-\alpha)-1}}{\Gamma(\alpha-1)}\right] \qquad (6\text{-}19)$$

将滑模态（6-16）代入式（6-19），可得

$$\dot{V}_1(t) = 2\sum_{i=1}^{n} e_i\left\{D^{1-\alpha}\left(-D^{\alpha-1}\right)\left[\frac{\lambda}{\mu}e_i + (\boldsymbol{e}^{\mathrm{T}}\boldsymbol{e})^{-\mu}e_i + D^{\alpha-1}e_i\frac{t^{-(1-\alpha)-1}}{\Gamma(\alpha-1)}\right] + D^{\alpha-1}e_i\frac{t^{-(1-\alpha)-1}}{\Gamma(\alpha-1)}\right\}$$

$$= 2\sum_{i=1}^{n} e_i\left[-\frac{\lambda}{\mu}e_i - (\boldsymbol{e}^{\mathrm{T}}\boldsymbol{e})^{-\mu}e_i - D^{\alpha-1}e_i\frac{t^{-(1-\alpha)-1}}{\Gamma(\alpha-1)} + D^{\alpha-1}e_i\frac{t^{-(1-\alpha)-1}}{\Gamma(\alpha-1)}\right]$$

$$= 2\sum_{i=1}^{n} e_i\left[-\frac{\lambda}{\mu}e_i - (\boldsymbol{e}^{\mathrm{T}}\boldsymbol{e})^{-\mu}e_i\right] \qquad (6\text{-}20)$$

$$= 2\sum_{i=1}^{n}\left[-\frac{\lambda}{\mu}e_i - (\boldsymbol{e}^{\mathrm{T}}\boldsymbol{e})^{-\mu}e_i^2\right]$$

$$= -2\frac{\lambda}{\mu}\boldsymbol{e}^{\mathrm{T}}\boldsymbol{e} - 2(\boldsymbol{e}^{\mathrm{T}}\boldsymbol{e})^{1-\mu}$$

$$= -2\frac{\lambda}{\mu}V_1(t) - 2V_1^{1-\mu}(t)$$

式（6-20）两边乘以 $\mu V_1^{\mu-1}(t)$，可得

$$\mu V_1^{\mu-1}(t)\dot{V}_1(t) + 2\lambda V_1^{\mu}(t) = -2\mu \qquad (6\text{-}21)$$

式（6-21）两边乘以 $e^{2\lambda t}$，可得

$$e^{2\lambda t}[\mu V_1^{\mu-1}(t)\dot{V}_1(t) + 2\lambda V_1^{\mu}(t)] = -2\mu e^{2\lambda t} \qquad (6\text{-}22)$$

式（6-22）两边对时间求 0 到 t 的积分，有

$$e^{2\lambda t}V_1^{\mu}(t) - V_1^{\mu}(0) = -\frac{\mu}{\lambda}e^{2\lambda t} + \frac{\mu}{\lambda} \qquad (6\text{-}23)$$

由式（6-23）可以得到

$$V_1^{\mu}(t) = \left[\frac{\mu}{\lambda} + V_1^{\mu}(0)\right]e^{-2\lambda t} - \frac{\mu}{\lambda} \qquad (6\text{-}24)$$

如果 $V_1^{\mu}(T_1) \equiv 0$，则根据式（6-24）可得

$$e^{2\lambda T_1} = \frac{\lambda}{\mu}\left[\frac{\mu}{\lambda} + V_1^{\mu}(0)\right] = 1 + \frac{\lambda}{\mu}V_1^{\mu}(0) \qquad (6\text{-}25)$$

根据上述推导结果，可知

$$T_1 = \frac{1}{2\lambda}\ln\left[1 + \frac{\lambda}{\mu}V_1^{\mu}(0)\right] \qquad (6\text{-}26)$$

因此，滑模态（6-16）的状态轨迹在有限时间 T_1 内可以收敛到零。

6.3.3　有限时间控制器设计

合适的滑模面设计完成后，需设计控制器，使误差系统的状态轨迹能在给定时间内到达滑模面，并沿滑模面运动至原点。为克服死区非线性输入的影响，可将控制器设计为

$$u_i(t) = \begin{cases} -\gamma_i\zeta_i\,\mathrm{sgn}\,s_i + u_{-i}, & s_i > 0 \\ 0, & s_i = 0 \\ -\gamma_i\zeta_i\,\mathrm{sgn}\,s_i + u_{+i}, & s_i < 0 \end{cases} \qquad (6\text{-}27)$$

式中，$\gamma_i = \beta_i^{-1}$，$\beta_i = \min\{\beta_{-i}, \beta_{+i}\}$，且有

$$\zeta_i = \left|\boldsymbol{B}_i\boldsymbol{y} + g_i(\boldsymbol{y}) - \boldsymbol{A}_i\boldsymbol{x} - f_i(\boldsymbol{x})\right| + \sigma_i + \left|D^{\alpha-1}\left[\frac{\lambda}{\mu}e_i + (\boldsymbol{e}^{\mathrm{T}}\boldsymbol{e})^{-\mu}e_i + D^{\alpha-1}e_i\frac{t^{-(1-\alpha)-1}}{\Gamma(\alpha-1)}\right]\right| + k_i > 0 \qquad (6\text{-}28)$$

式中，k_i 为正数，$\sigma_i = \theta_i\|\boldsymbol{x}\| + \psi_i\|\boldsymbol{y}\| + \delta_i + \rho_i + L_i^m + L_i^s$。

考虑受死区非线性输入影响的同步误差系统（6-11），在控制器（6-27）的作用下，其系统状态轨迹在有限时间 T_2 内能收敛到滑模面 $s_i = 0$。

$$T_2 \leqslant \frac{1}{k} \sqrt{\sum_{i=1}^{n} s_i^2(0)} \tag{6-29}$$

式中，$k = \min\{k_i, i = 1, 2, \cdots, n\}$，下面验证所设计的控制器的可行性。

选择正定 Lyapunov 函数为

$$V_2(t) = \frac{1}{2} \sum_{i=1}^{n} s_i^2 \tag{6-30}$$

式（6-30）两边对时间求一阶导数，可得

$$\dot{V}_2(t) = \sum_{i=1}^{n} s_i \dot{s}_i \tag{6-31}$$

将式（6-15）中的 s_i 代入式（6-31），可得

$$\dot{V}_2(t) = \sum_{i=1}^{n} s_i \left\{ D^{\alpha} e_i + D^{\alpha-1} \left[\frac{\lambda}{\mu} e_i + (\boldsymbol{e}^{\mathrm{T}} \boldsymbol{e})^{-\mu} e_i + D^{\alpha-1} e_i \frac{t^{-(1-\alpha)-1}}{\Gamma(\alpha-1)} \right] \right\} \tag{6-32}$$

将式（6-11）中的 $D^{\alpha} e_i$ 代入式（6-32），根据假设，有

$$\dot{V}_2(t) = \sum_{i=1}^{n} s_i \left\{ (\boldsymbol{B}_i + \Delta \boldsymbol{B}_i) \boldsymbol{y} + g_i(\boldsymbol{y}) + \Delta g_i(\boldsymbol{y}) + d_i^s(t) + h_i \left[u_i(t) \right] - (\boldsymbol{A}_i + \Delta \boldsymbol{A}_i) \boldsymbol{x} - \right.$$

$$\left. f_i(\boldsymbol{x}) - \Delta f_i(\boldsymbol{x}) - d_i^m(t) + D^{\alpha-1} \left[\frac{\lambda}{\mu} e_i + (\boldsymbol{e}^{\mathrm{T}} \boldsymbol{e})^{-\mu} e_i + D^{\alpha-1} e_i \frac{t^{-(1-\alpha)-1}}{\Gamma(\alpha-1)} \right] \right\}$$

$$\leqslant \sum_{i=1}^{n} |s_i| \left\{ \left| \Delta \boldsymbol{B}_i \boldsymbol{y} - \Delta \boldsymbol{A}_i \boldsymbol{x} + \Delta g_i(\boldsymbol{y}) - \Delta f_i(\boldsymbol{x}) + d_i^s(t) + d_i^s(t) - d_i^m(t) \right| + \right.$$

$$\left| \boldsymbol{B}_i \boldsymbol{y} + g_i(\boldsymbol{y}) - \boldsymbol{A}_i \boldsymbol{x} - f_i(\boldsymbol{x}) \right| + \tag{6-33}$$

$$\left. \left| D^{\alpha-1} \left[\frac{\lambda}{\mu} e_i + (\boldsymbol{e}^{\mathrm{T}} \boldsymbol{e})^{-\mu} e_i + D^{\alpha-1} e_i \frac{t^{-(1-\alpha)-1}}{\Gamma(\alpha-1)} \right] \right| \right\} + \sum_{i=1}^{n} s_i h_i \left[u_i(t) \right]$$

$$\leqslant \sum_{i=1}^{n} |s_i| \left\{ \left| \boldsymbol{B}_i \boldsymbol{y} + g_i(\boldsymbol{y}) - \boldsymbol{A}_i \boldsymbol{x} - f_i(\boldsymbol{x}) \right| + \psi_i \|\boldsymbol{y}\| + \theta_i \|\boldsymbol{x}\| + \delta_i + \rho_i + L_i^s + L_i^m \right.$$

$$\left. \left| D^{\alpha-1} \left[\frac{\lambda}{\mu} e_i + (\boldsymbol{e}^{\mathrm{T}} \boldsymbol{e})^{-\mu} e_i + D^{\alpha-1} e_i \frac{t^{-(1-\alpha)-1}}{\Gamma(\alpha-1)} \right] \right| \right\} + \sum_{i=1}^{n} s_i h_i \left[u_i(t) \right]$$

当 $s_i < 0$ 时，根据式（6-27），显然有 $u_i(t) > u_{+i}$。根据式（6-10），可得

$$\begin{aligned}
\left[u_i(t) - u_{+i} \right] h_i \left[u_i(t) \right] &= -\gamma_i \zeta_i \, \mathrm{sgn} \, s_i h_i \left[u_i(t) \right] \\
&\geqslant \beta_{+i} \left[u_i(t) - u_{+i} \right]^2 \\
&= \beta_{+i} \gamma_i^2 \zeta_i^2 \, \mathrm{sgn}^2 \, s_i \\
&\geqslant \beta_i \gamma_i^2 \zeta_i^2 \, \mathrm{sgn}^2 \, s_i
\end{aligned} \tag{6-34}$$

由于 $\gamma_i = \beta_i^{-1} > 0$，$\zeta_i > 0$，式（6-34）可以改写为

$$-\operatorname{sgn} s_i h_i[u_i(t)] \geqslant \zeta_i \operatorname{sgn}^2 s_i \tag{6-35}$$

式（6-35）两边乘以 $|s_i|$，由 $|s_i|\operatorname{sgn} s_i = s_i$，$\operatorname{sgn}^2 s_i = 1$，可知

$$s_i h_i[u_i(t)] \leqslant -\zeta_i |s_i| \tag{6-36}$$

当 $s_i > 0$ 时，通过类似推导得到式（6-36）仍然成立。将式（6-36）代入式（6-33），可得

$$
\begin{aligned}
\dot{V}_2(t) &\leqslant \sum_{i=1}^{n} |s_i| \left\{ \left| \boldsymbol{B}_i \boldsymbol{y} + g_i(\boldsymbol{y}) - \boldsymbol{A}_i \boldsymbol{x} - f_i(\boldsymbol{x}) \right| + \psi_i \|\boldsymbol{y}\| + \theta_i \|\boldsymbol{x}\| + \delta_i + \rho_i + \right. \\
&\quad \left. L_i^s + L_i^m + \left| D^{\alpha-1} \left[\frac{\lambda}{\mu} e_i + (\boldsymbol{e}^{\mathrm{T}} \boldsymbol{e})^{-\mu} e_i + D^{\alpha-1} e_i \frac{t^{-(1-\alpha)-1}}{\Gamma(\alpha-1)} \right] \right| \right\} - \sum_{i=1}^{n} \zeta_i |s_i| \\
&= \sum_{i=1}^{n} |s_i| \left\{ \left| \boldsymbol{B}_i \boldsymbol{y} + g_i(\boldsymbol{y}) - \boldsymbol{A}_i \boldsymbol{x} - f_i(\boldsymbol{x}) \right| + \psi_i \|\boldsymbol{y}\| + \theta_i \|\boldsymbol{x}\| + \delta_i + \rho_i + \right. \\
&\quad \left. L_i^s + L_i^m + \left| D^{\alpha-1} \left[\frac{\lambda}{\mu} e_i + (\boldsymbol{e}^{\mathrm{T}} \boldsymbol{e})^{-\mu} e_i + D^{\alpha-1} e_i \frac{t^{-(1-\alpha)-1}}{\Gamma(\alpha-1)} \right] \right| \right\} - \\
&\quad \sum_{i=1}^{n} |s_i| \left\{ \left| \boldsymbol{B}_i \boldsymbol{y} + g_i(\boldsymbol{y}) - \boldsymbol{A}_i \boldsymbol{x} - f_i(\boldsymbol{x}) \right| + \sigma_i + \right. \\
&\quad \left. \left| D^{\alpha-1} \left[\frac{\lambda}{\mu} e_i + (\boldsymbol{e}^{\mathrm{T}} \boldsymbol{e})^{-\mu} e_i + D^{\alpha-1} e_i \frac{t^{-(1-\alpha)-1}}{\Gamma(\alpha-1)} \right] \right| + k_i \right\} \\
&\leqslant \sum_{i=1}^{n} |s_i| \left(\theta_i \|\boldsymbol{x}\| + \psi_i \|\boldsymbol{y}\| + \delta_i + \rho_i + L_i^m + L_i^s - \sigma_i \right) - \sum_{i=1}^{n} k_i |s_i| \\
&\leqslant -\sum_{i=1}^{n} k_i |s_i|
\end{aligned}
\tag{6-37}
$$

根据已有研究成果，可知

$$\dot{V}_2(t) \leqslant -\sum_{i=1}^{n} k_i |s_i| \leqslant -k \sum_{i=1}^{n} |s_i| \leqslant -\sqrt{2} k \left(\frac{1}{2} \sum_{i=1}^{n} s_i^2 \right)^{\frac{1}{2}} = -\sqrt{2} k V_2^{\frac{1}{2}}(t) \tag{6-38}$$

式中，$k = \min\{k_i, i = 1, 2, \cdots, n\}$。根据引理 3 可以推导得到，同步误差系统（6-11）的状态轨迹可以在有限时间 $T_2 \leqslant \dfrac{1}{k} \sqrt{\sum_{i=1}^{n} s_i^2(0)}$ 内收敛到滑模面 $s_i = 0$，验证了所设计的控制器的可行性和所提控制方案的有效性。

6.3.4 仿真

下面通过仿真实例验证所提控制方案的有效性和可行性，将不确定分数阶 Chen 系统作为主系统，其形式为

$$
\underbrace{\begin{pmatrix} D^{\alpha}x_1 \\ D^{\alpha}x_2 \\ D^{\alpha}x_3 \end{pmatrix}}_{D^{\alpha}x} = \left[\underbrace{\begin{pmatrix} -35 & 35 & 0 \\ -7 & 28 & 0 \\ 0 & 0 & -3 \end{pmatrix}}_{A} + \underbrace{\begin{pmatrix} -0.3\sin t & 0 & 0 \\ 0 & 0.2\sin t & 0 \\ 0 & 0 & 0.15\sin(3t) \end{pmatrix}}_{\Delta A} \right] \underbrace{\begin{pmatrix} x_1 \\ x_2 \\ x_3 \end{pmatrix}}_{x}
$$

$$
+ \underbrace{\begin{pmatrix} 0 \\ -x_1x_3 \\ x_1x_2 \end{pmatrix}}_{f(x)} + \underbrace{\begin{pmatrix} -0.5\sin(\pi x_1) \\ -0.5\sin(2\pi x_2) \\ -0.5\sin(3\pi x_3) \end{pmatrix}}_{\Delta f(x)} + \underbrace{\begin{pmatrix} -0.1\cos t \\ -0.1\cos t \\ -0.1\cos t \end{pmatrix}}_{d^{m}(t)}
\tag{6-39}
$$

将不确定分数阶 Lorenz 系统作为从系统，其形式为

$$
\underbrace{\begin{pmatrix} D^{\alpha}y_1 \\ D^{\alpha}y_2 \\ D^{\alpha}y_3 \end{pmatrix}}_{D^{\alpha}y} = \left[\underbrace{\begin{pmatrix} -10 & 10 & 0 \\ 28 & -1 & 0 \\ 0 & 0 & -8/3 \end{pmatrix}}_{B} + \underbrace{\begin{pmatrix} -0.1\sin t & 0 & 0 \\ 0 & 0.2\sin t & 0 \\ 0 & 0 & 0.3\sin(3t) \end{pmatrix}}_{\Delta B} \right] \underbrace{\begin{pmatrix} y_1 \\ y_2 \\ y_3 \end{pmatrix}}_{y}
$$

$$
+ \underbrace{\begin{pmatrix} 0 \\ -y_1y_3 \\ y_1y_2 \end{pmatrix}}_{g(y)} + \underbrace{\begin{pmatrix} 0.1\sin(ty_1) \\ 0.2\sin(ty_2) \\ 0.3\sin(ty_3) \end{pmatrix}}_{\Delta g(y)} + \underbrace{\begin{pmatrix} 0.1\cos t \\ 0.1\cos t \\ 0.1\cos t \end{pmatrix}}_{d^{s}(t)} + \underbrace{\begin{pmatrix} h_1[u_1(t)] \\ h_2[u_2(t)] \\ h_3[u_3(t)] \end{pmatrix}}_{h[u(t)]}
\tag{6-40}
$$

死区非线性输入的形式为

$$
h_i[u_i(t)] = \begin{cases} [u_i(t)-1]\{0.8-0.4\cos[u_i(t)]\}, & u_i(t) > 1 \\ 0, & -1 \leqslant u_i(t) \leqslant 1 \\ [u_i(t)+1]\{1-0.5\cos[u_i(t)]\}, & u_i(t) < -1 \end{cases}
\tag{6-41}
$$

显然，根据死区非线性输入的结构形式，有 $\beta_{+i}=0.4$，$\beta_{-i}=0.5$，$\beta_i=0.4$，$\gamma_i=5/2$。在本仿真实例中，令 $\alpha=0.998$，初始条件随机选择为 $x(0)=(1,-2,-2)^{\mathrm{T}}$，$y(0)=(0,1,-1)^{\mathrm{T}}$，设置滑模面参数 $\lambda=1$，$\mu=1/2$。激活

控制器后，主系统和从系统的状态轨迹如图 6-1 所示。

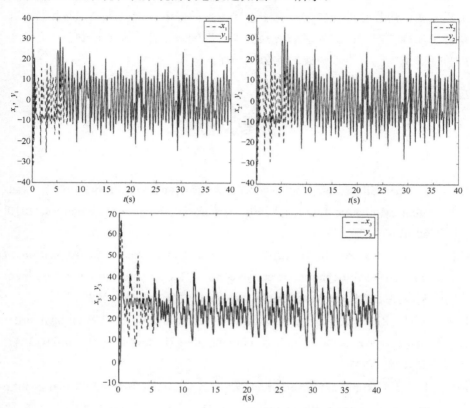

图 6-1　主系统和从系统的状态轨迹

从仿真结果可以看出，在控制器的作用下，主系统和从系统的状态轨迹在有限时间内实现同步，表明在模型不确定项、参数不确定项、外界扰动项及死区非线性输入的影响下，所提控制方案切实有效。

6.4　本章小结

本章研究两个具有不同结构的分数阶混沌系统的有限时间同步问题，在同步控制过程中，充分考虑系统参数不确定项、模型不确定项和外界扰动项的影响。参数不确定项和模型不确定项有界且上界已知，外界扰动项有界且上界未知，所设计的控制器能克服上述因素的影响，增强系统的鲁棒性。本章基于实际情况，研究死区非线性输入的影响，设计合适的控制器，仿真结果验证了所提控制方案的有效性和可行性。

参考文献

[1] Z. M. Odibat. Adaptive feedback control and synchronization of non-identical chaotic fractional order systems[J]. Nonlinear Dynamics, 2010, 60(4):479-487.

[2] H. Targhvafard, G. H. Erjaee. Phase and anti-phase synchronization of fractional order chaotic via active control[J]. Communications in Nonlinear Science and Numerical Simulation, 2011, 16(10):4079-4088.

[3] R. X. Zhang, S. P. Yang. Adaptive synchronization of fractional order chaotic systems via a single driving variable[J]. Nonlinear Dynamics, 2011, 66(4):831-837.

[4] J. G. Lu. Nonlinear observer design to synchronize fractional-order chaotic system via a scalar transmitted signal[J]. Physica A, 2006, 359:107-118.

[5] S. P. Bhat, D. S. Bernstein. Finite-time stability of continuous autonomous systems[J]. Siam Journal on Control and Optimization, 2000, 38(3):751-766.

[6] M. Zak. Terminal attractors in neural networks[J]. Neural Networks, 1989, 2(4):259-274.

[7] S. T. Venkataraman, S. Gulati. Terminal sliding modes: A new approach to nonlinear control synthesis[C]. Proceeding of 5th International Conference on Advanced Robotics, IEEE, 1991.

[8] Q. Chen, X. Ren, J. Na, D. Zheng. Adaptive robust finite-time neural control of uncertain PMSM servo system with nonlinear dead zone[J]. Neural Computing and Applications, 2017, 28:3725-3736.

第 7 章

含有未知参数和非线性输入的分数阶陀螺仪系统的有限时间滑模控制研究

7.1 概述

陀螺仪系统是非常有趣的非线性系统，其广泛应用于火炮、飞机、导弹等载体中，可以减弱车辆发动机振动的影响，在国防工业领域十分重要，其产品具有广阔的应用前景。例如，在军事领域，各类扰动可能使导弹偏离原来的运动轨迹，导致自身姿态发生变化。这种变化会影响导弹的打击精度，因此，应在导弹上安装陀螺仪系统，自动稳定瞄准线，提高导弹的自主调整能力，使其不受弹体姿态变化的影响，大大提高了导弹对目标的打击精度，达到精确制导的目的。在复杂地形中，尤其在山地丘陵地带，坦克和装甲车在运动过程中会剧烈摇动，影响行进时的瞄准、射击，安装陀螺仪系统可以有效克服这些影响，提高打击精度。

陀螺仪系统在人们的日常生活中也有广泛应用。在一些民用领域（如环保、消防等），四旋翼无人机经常用于空中拍摄和观测。无人机在飞行过程中会受气流等因素的影响，导致观测效果不佳。为了消除这些因素对拍摄的影响，可以在无人机上安装陀螺仪系统，使无人机保持稳定。卫星在我们的生活中扮演着越来越重要的角色，无论是公共交通还是移动通信都与我们息息相关，因此，应利用陀螺仪系统隔离载体运动对卫星运行的影响，以稳定速率并实现目标跟踪。

陀螺仪的应用领域众多，吸引了大量学者。例如，Yau 使用滑模控制方法实现了两个陀螺仪系统的一般投影同步[1]；Lei 提出了一种主动控制方案，以实现两个具有相同结构的陀螺仪系统的同步控制[2]；Aghababa 研究了陀螺仪系统的有限时间镇定、同步问题等[3]。

然而，对已有研究成果进行分析发现，大部分陀螺仪系统的镇定和同步研究都针对整数阶陀螺仪系统，而采用分数阶微积分对系统建模可以提高系统控制精度，所以对分数阶陀螺仪系统的研究十分迫切。另外，由于执行机构在工作过程中不可避免地会受到非线性输入的影响，本章充分考虑非线性输入的影响，设计合适的控制器，以实现相应的控制目标。与渐近稳定相比，有限时间稳定的鲁棒性和抗干扰性更强，因此，本章基于滑模控制技术实现分数阶陀螺仪系统的有限时间同步，具有重要的工程意义。

在实际工作过程中，可能无法完全辨识系统参数，因此，本章针对系统未知参数充分研究自适应控制方案，保证系统参数能够在给定时间内被完全辨识。

综上所述，本章主要目标为设计鲁棒滑模控制器以实现受扇区非线性输入影响的分数阶陀螺仪系统的有限时间同步，由于主系统和从系统的参数未知，本章基于设计的滑模面，提出未知参数的自适应律，以实现对未知参数的有限时间辨识。

7.2 分数阶陀螺仪系统的有限时间滑模控制

7.2.1 系统描述

我国对陀螺仪的研究起步较晚，20 世纪 80 年代初期开始研究稳瞄平台，20 世纪 90 年代中期开始研究陀螺稳定平台。由于惯性元件生产成本较高，一些关键技术不过关，对陀螺稳定平台的研究迟迟没有取得突破性进展。借鉴国外研究的先进成果，本章提出一个控制方案，需要用到的定义和引理如下。

定义：对于 $n-1 < \alpha \leqslant n$，$n \in \mathbf{R}$，α 阶 Riemann-Liouville 分数阶微分定义为

$$_{t_0}D_t^\alpha f(t) = \frac{\mathrm{d}^\alpha f(t)}{\mathrm{d}t} = \frac{1}{\Gamma(n-\alpha)} \frac{\mathrm{d}^n}{\mathrm{d}t^n} \int_{t_0}^{t} \frac{f(\tau)}{(t-\tau)^{\alpha-n+1}} \mathrm{d}\tau = \frac{\mathrm{d}^n}{\mathrm{d}t^n} I^{n-\alpha} f(t) \quad （7\text{-}1）$$

引理：对于 Riemann-Liouville 微分，下列等式成立

$$_{t_0}D_t^{-\alpha}[_{t_0}D_t^\beta f(t)] = {}_{t_0}D_t^{\beta-\alpha}f(t) - \sum_{j=1}^m [_{t_0}D_t^{\beta-j}f(t)]|_{t=t_0} \frac{(t-t_0)^{\alpha-j}}{\Gamma(1+\alpha-j)} \quad （7\text{-}2）$$

式中，$m-1 \leqslant \beta < m$。

一个安装在振动基座上的典型对称陀螺仪系统如图 7-1 所示。

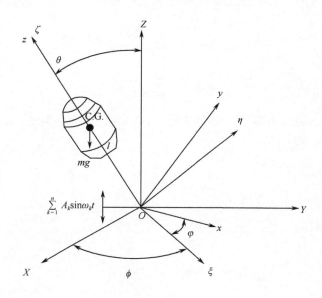

图 7-1　陀螺仪系统

角度 θ、旋进角度 ϕ、旋转角度 φ 都可以描述系统位置，多谐运动 $\sum_{i=1}^n A_k \sin \omega t \sin x$ 可以描述振动位置。令 $x_1 = \theta$，$x_2 = \dot{\theta}$，$x_3 = \varphi$，得到系统动态方程为

$$\begin{cases} \dot{x}_1 = x_2 \\ \dot{x}_2 = -\dfrac{(\beta_\varphi - \beta_\phi \cos x_1)(\beta_\phi - \beta_\varphi \cos x_1)}{I_1^2 \sin^3 x_1} - \dfrac{C}{I_1}x_2 + \dfrac{mgl}{I_1}\sin x_1 - \\ \qquad \dfrac{mg}{I_1}\sum_{k=1}^n A_k \sin \omega_k t \sin x_1 \\ \dot{x}_3 = -\dfrac{B\cos x_1}{\sin x_1}x_2 x_3 + \dfrac{\beta_\phi x_2}{I_1 \sin x_1} \end{cases} \quad （7\text{-}3）$$

式中，I_1 表示陀螺仪系统的转动惯量，mg 为所受重力，l 为垂心与原点之间的距离，如果式（7-3）第一个方程为陀螺仪系统的简谐运动方程，且 $A_1 = A$，则可以转化为

$$\begin{cases} D^\alpha x_1 = x_2 \\ D^\alpha x_2 = -\dfrac{(\beta_\varphi - \beta_\phi \cos x_1)(\beta_\phi - \beta_\varphi \cos x_1)}{I_1^2 \sin^3 x_1} - \dfrac{C}{I_1} x_2 + \dfrac{mgl}{I_1} \sin x_1 - \\ \qquad\quad \dfrac{mg}{I_1} \sum\limits_{k=1}^{n} A_k \sin \omega_k t \sin x_1 \\ D^\alpha x_3 = -\dfrac{B \cos x_1}{\sin x_1} x_2 x_3 + \dfrac{\beta_\phi x_2}{I_1 \sin x_1} \end{cases} \tag{7-4}$$

式中，$\alpha \in (0,1)$ 为系统分数阶阶数，将式（7-4）作为主系统，$\boldsymbol{X} = [x_1, x_2, x_3]^{\mathrm{T}}$ 为主系统状态矢量。

从系统为

$$\begin{cases} D^\alpha y_1 = y_2 + h_1[u_1(t)] \\ D^\alpha y_2 = -\dfrac{(\beta_\varphi - \beta_\phi \cos y_1)(\beta_\phi - \beta_\varphi \cos y_1)}{I_1^2 \sin^3 y_1} - \dfrac{C}{I_1} y_2 + \dfrac{mgl}{I_1} \sin y_1 - \\ \qquad\quad \dfrac{mg}{I_1} \sum\limits_{k=1}^{n} A_k \sin \omega_k t \sin y_1 + h_2[u_2(t)] \\ D^\alpha y_3 = -\dfrac{B \cos y_1}{\sin y_1} y_2 y_3 + \dfrac{\beta_\phi y_2}{I_1 \sin y_1} + h_3[u_3(t)] \end{cases} \tag{7-5}$$

式中，$\boldsymbol{Y} = [y_1, y_2, y_3]^{\mathrm{T}}$ 为从系统状态矢量，$\boldsymbol{u}(t) = [u_1(t), u_2(t), u_3(t)]^{\mathrm{T}}$ 为设计的控制器矢量，$h_i[u_i(t)]$ 为在区间 $[\rho_{i1}, \rho_{i2}]$ 内连续的非线性函数，$\rho_{i1} > 0$，满足下列关系式

$$\rho_{i1} u_i^2(t) \leqslant u_i(t) h_i[u_i(t)] \leqslant \rho_{i2} u_i^2(t) \tag{7-6}$$

将满足式（7-6）的非线性函数称为扇区非线性函数。

本章的目标是设计一个滑模控制器，以实现主系统（7-4）和从系统（7-5）之间的有限时间同步。另外，设计自适应律以辨识系统未知参数，抵消扇区非线性输入的影响。

有限时间镇定指存在时间 $T > 0$，使得 $\lim\limits_{t \to T} \|\boldsymbol{E}\| = 0$，且对于 $t \geqslant T$，有 $\|\boldsymbol{E}\| \equiv 0$。$\boldsymbol{E} = \boldsymbol{Y} - \boldsymbol{X}$ 为同步误差状态矢量，$\|\cdot\|$ 表示 n 维实数空间中的欧几里得范数，如

果同步误差变量满足上述条件，则主系统和从系统在有限时间内实现了混沌同步。

式（7-5）减式（7-4）得到同步误差系统

$$
\begin{cases}
D^\alpha e_1 = e_2 + h_1[u_1(t)] \\
D^\alpha e_2 = -\dfrac{\beta_\varphi \beta_\phi}{I_1^2}\left(\dfrac{1+\cos^2 y_1}{\sin^3 y_1} - \dfrac{1+\cos^2 x_1}{\sin^3 x_1}\right) + \dfrac{\beta_\varphi^2 + \beta_\phi^2}{I_1^2}\left(\dfrac{\cos y_1}{\sin^3 y_1} - \dfrac{\cos x_1}{\sin^3 x_1}\right) - \\
\qquad \dfrac{C}{I_1} e_2 + \dfrac{mgl}{I_1}(\sin y_1 - \sin x_1) - \dfrac{mg}{I_1} A \sin \omega t(\sin y_1 - \sin x_1) + h_2[u_2(t)] \\
D^\alpha e_3 = -B\left(\dfrac{\cos y_1}{\sin y_1} y_2 y_3 - \dfrac{\cos x_1}{\sin x_1} x_2 x_3\right) + \dfrac{\beta_\phi}{I_1}\left(\dfrac{y_2}{\sin y_1} - \dfrac{x_2}{\sin x_1}\right) + h_3[u_3(t)]
\end{cases}
\tag{7-7}
$$

$\boldsymbol{E} = [e_1, e_2, e_3]^{\mathrm{T}}$ 为同步误差系统（7-7）的状态矢量。主系统（7-4）和从系统（7-5）之间的同步问题可以转化为同步误差系统（7-7）的镇定问题，在详细介绍所提控制方案前，给出下列假设。

假设：系统参数 β_ϕ、β_φ、I_1、mg、l、C、ω、A、B 未知，令

$$
\begin{cases}
\boldsymbol{\psi}_1 = \left[\dfrac{\beta_\varphi \beta_\phi}{I_1^2}, \dfrac{\beta_\varphi^2 + \beta_\phi^2}{I_1^2}, \dfrac{C}{I_1}, \dfrac{mgl}{I_1}, \dfrac{mg}{I_1} A\right]^{\mathrm{T}} = [b_1, b_2, b_3, b_4, b_5]^{\mathrm{T}} \\
\boldsymbol{\psi}_2 = \left[B, \dfrac{\beta_\phi}{I_1}\right]^{\mathrm{T}} = [b_6, b_7]^{\mathrm{T}}
\end{cases}
\tag{7-8}
$$

$\boldsymbol{\psi}_1$ 和 $\boldsymbol{\psi}_2$ 分别为式（7-7）的第 2 个和第 3 个方程的未知参数矢量。

7.2.2　滑模面设计

下面利用滑模控制技术实现分数阶陀螺仪系统的有限时间镇定控制。第一，设计合适的滑模面；第二，设计控制器以确保滑模态存在。分数阶积分型滑模面可设计为

$$
s_i = D^{\alpha-1}|e_i| + \eta_i^a D^{\alpha-1} e_i + \eta_i^b \int_0^t [e_i + \mathrm{sgn}(e_i)] \mathrm{d}\tau
\tag{7-9}
$$

式中，$\eta_i^a > 1$，$\eta_i^b > 0$，$i = 1, 2, 3$。

当系统状态轨迹运行到滑模面时，有

$$\begin{cases} s_i = 0 \\ \dot{s}_i = 0 \end{cases} \tag{7-10}$$

式（7-9）两边对时间求一阶导数，可得

$$\dot{s}_i = D^\alpha |e_i| + \eta_i^a D^\alpha e_i + \eta_i^b [e_i + \mathrm{sgn}(e_i)] \tag{7-11}$$

得到期望滑模态为

$$D^\alpha e_i = -\frac{\eta_i^b [e_i + \mathrm{sgn}(e_i)]}{\mathrm{sgn}(e_i) + \eta_i^a} \tag{7-12}$$

系统（7-12）稳定且其状态轨迹在给定时间内可以收敛到零，下面对该结论进行验证。

由 Efe 的研究[4]得到下列不等式

$$\left| \sum_{k=1}^\infty \frac{\Gamma(1+\alpha)}{\Gamma(1+k)\Gamma(1-k+\alpha)} D^k e_i D^{\alpha-k} e_i \right| \leqslant \xi_i |e_i|, \quad \xi_i > 0 \tag{7-13}$$

选择 Lyapunov 函数为

$$V_{i1}(t) = e_i^2 \tag{7-14}$$

显然，$V_{i1}(t)$ 正定，对式（7-14）两边求 α 阶分数阶导数，有

$$D^\alpha V_{i1}(t) = e_i D^\alpha e_i + \sum_{k=1}^\infty \frac{\Gamma(1+\alpha)}{\Gamma(1+k)\Gamma(1-k+\alpha)} D^k e_i D^{\alpha-k} e_i \tag{7-15}$$

进一步得到

$$D^\alpha V_{i1}(t) \leqslant e_i D^\alpha e_i + \left| \sum_{k=1}^\infty \frac{\Gamma(1+\alpha)}{\Gamma(1+k)\Gamma(1-k+\alpha)} D^k e_i D^{\alpha-k} e_i \right| \tag{7-16}$$

将式（7-13）代入式（7-16），可得

$$D^\alpha V_{i1}(t) \leqslant e_i D^\alpha e_i + \xi_i |e_i| \tag{7-17}$$

将式（7-12）代入式（7-17），可得

$$D^\alpha V_{i1}(t) \leqslant e_i \left\{ -\frac{\eta_i^b [e_i + \mathrm{sgn}(e_i)]}{\mathrm{sgn}(e_i) + \eta_i^a} \right\} + \xi_i |e_i| \tag{7-18}$$

根据 $\mathrm{sgn}(e_i) \cdot e_i = |e_i|$，有

$$D^\alpha V_{i1}(t) \leqslant -l_i(e_i^2 + |e_i|) + \xi_i |e_i| \leqslant -(l_i - \xi_i)|e_i| \tag{7-19}$$

式中，$l_i = \eta_i^b / [\mathrm{sgn}(e_i) + \eta_i^a]$ 且 $l_i > \xi_i$。

由分数阶系统稳定理论可知，误差状态变量可渐近收敛到零。下面证明误差状态变量可在有限时间内收敛到零，即 $\lim\limits_{t \to T} \|\boldsymbol{E}\| = 0$ 且对于 $t \geqslant T$，有 $\|\boldsymbol{E}\| \equiv 0$。

式（7-19）两边对时间求从 t_r 到 t_s 的 α 阶分数阶积分，t_r 为系统（7-7）的状态变量 e_i 到达滑模面 $s_i = 0$ 的时间，令 $e_i(t_s) = 0$，根据引理得到下列不等式

$$V_{i1}(t_s) - D^{\alpha-1}V_{i1}(t)\big|_{t=t_r}\, \frac{(t_s - t_r)^{\alpha-1}}{\Gamma(\beta)} \leqslant -(l_i - \xi_i)D^{-\alpha}|e_i| \qquad （7-20）$$

根据已有研究成果可知，存在一个正数 M_i，使得 $D^{-\alpha}|e_i| \geqslant M_i$，因为 $e_i(t_s) = 0$，所以 $V_{i1}(t_s) = 0$，且

$$-D^{\alpha-1}V_{i1}(t_r)\frac{(t_s - t_r)^{\alpha-1}}{\Gamma(\alpha)} \leqslant -(l_i - \xi_i)M_i \qquad （7-21）$$

通过简单推导，可得

$$(t_s - t_r)^{\alpha-1} \geqslant \frac{\Gamma(\alpha)(l_i - \xi_i)M_i}{D^{\alpha-1}V_{i1}(t_r)} \qquad （7-22）$$

进一步，有

$$t_s \leqslant \left[\frac{D^{\alpha-1}V_{i1}(t_r)}{\Gamma(\alpha)(l_i - \xi_i)M_i}\right]^{\frac{1}{1-\alpha}} + t_r \qquad （7-23）$$

显然，e_i 在有限时间 t_s 内收敛到零，上述过程验证了所设计的滑模面的有效性，系统在控制律的作用下可以得到期望滑模态。

7.2.3　有限时间自适应控制器设计

合适的滑模面设计完成后，需设计控制器，使同步误差系统（7-7）的状态轨迹能在有限时间内到达滑模面（7-9），并沿滑模面运动至原点。为克服扇区非线性输入的影响，可将控制器设计为

$$u_i(t) = -\gamma_i \varsigma_i \delta_i^{-1}\mathrm{sgn}(s_i) \qquad （7-24）$$

式中，$\gamma_i = \rho_{i1}^{-1}$，且有

$$
\begin{cases}
\varsigma_1 = \delta_2 \left| e_2 \right| + m \left(\left\| \tilde{\boldsymbol{\psi}}_1 \right\| + \left\| \tilde{\boldsymbol{\psi}}_2 \right\| \right) \dfrac{\left| s_1 \right|}{\left\| \boldsymbol{S} \right\|^2} + \left| \Delta_1 \right| + k_1 \\[2mm]
\varsigma_2 = \delta_2 \left(\left| \hat{b}_1 \right| \left| \dfrac{1+\cos^2 y_1}{\sin^3 y_1} - \dfrac{1+\cos^2 x_1}{\sin^3 x_1} \right| + \left| \hat{b}_2 \right| \left| \dfrac{\cos y_1}{\sin^3 y_1} - \dfrac{\cos x_1}{\sin^3 x_1} \right| + \left| \hat{b}_3 \right| \left| e_2 \right| + \\[2mm]
\quad \left| \hat{b}_4 \right| \left| \sin y_1 - \sin x_1 \right| + \left| \hat{b}_5 \right| \left| \sin y_1 - \sin x_1 \right| \right) + m \left(\left\| \tilde{\boldsymbol{\psi}}_1 \right\| + \left\| \tilde{\boldsymbol{\psi}}_2 \right\| \right) \dfrac{\left| s_2 \right|}{\left\| \boldsymbol{S} \right\|^2} + \left| \Delta_2 \right| + k_2 \quad (7\text{-}25) \\[2mm]
\varsigma_3 = \delta_3 \left(\left| \hat{b}_6 \right| \left| \dfrac{\cos y_1}{\sin y_1} y_2 y_3 - \dfrac{\cos x_1}{\sin x_1} x_2 x_3 \right| + \left| \hat{b}_7 \right| \left| \dfrac{y_2}{\sin y_1} - \dfrac{x_2}{\sin x_1} \right| \right) + \\[2mm]
\quad m \left(\left\| \tilde{\boldsymbol{\psi}}_1 \right\| + \left\| \tilde{\boldsymbol{\psi}}_2 \right\| \right) \dfrac{\left| s_3 \right|}{\left\| \boldsymbol{S} \right\|^2} + \left| \Delta_3 \right| + k_3
\end{cases}
$$

式中，$\delta_i = \mathrm{sgn}(e_i) + \eta_i^a > 0$，$\Delta_i = \eta_i^b \left[e_i + \mathrm{sgn}(e_i) \right]$，$k_i > 0$，$m = \min\{k_i\} > 0$，$i=1,2,3$。$\boldsymbol{S} = [s_1, s_2, s_3]^{\mathrm{T}}$，$\tilde{\boldsymbol{\psi}}_1 = \hat{\boldsymbol{\psi}}_1 - \boldsymbol{\psi}_1$，$\tilde{\boldsymbol{\psi}}_2 = \hat{\boldsymbol{\psi}}_2 - \boldsymbol{\psi}_2$，$\hat{\boldsymbol{\psi}}_1 = [\hat{b}_1, \hat{b}_2, \hat{b}_3, \hat{b}_4, \hat{b}_5]^{\mathrm{T}}$ 和 $\hat{\boldsymbol{\psi}}_2 = [\hat{b}_6, \hat{b}_7]^{\mathrm{T}}$ 分别为未知参数矢量 $\boldsymbol{\psi}_1$ 和 $\boldsymbol{\psi}_2$ 的估计值。如果 $\left\| \boldsymbol{S} \right\| = 0$，则 $\left| s_i \right| / \left\| \boldsymbol{S} \right\|^2 = 0$，未知参数自适应律可设计为

$$
\begin{cases}
\dot{\hat{\boldsymbol{\psi}}}_1 = \left[-\left(\dfrac{1+\cos^2 y_1}{\sin^3 y_1} - \dfrac{1+\cos^2 x_1}{\sin^3 x_1} \right) \delta_2 s_2, \ \left(\dfrac{\cos y_1}{\sin^3 y_1} - \dfrac{\cos x_1}{\sin^3 x_1} \right) \delta_2 s_2, \right. \\[2mm]
\quad \left. -e_2 \delta_2 s_2, \ \left(\sin y_1 - \sin x_1 \right) \delta_2 s_2, \ \left| \sin y_1 - \sin x_1 \right| \left| \delta_2 s_2 \right| \right]^{\mathrm{T}} \qquad (7\text{-}26) \\[2mm]
\dot{\hat{\boldsymbol{\psi}}}_2 = \left[-\left(\dfrac{\cos y_1}{\sin y_1} y_2 y_3 - \dfrac{\cos x_1}{\sin x_1} x_2 x_3 \right) \delta_3 s_3, \ \left(\dfrac{y_2}{\sin y_1} - \dfrac{x_2}{\sin x_1} \right) \delta_3 s_3 \right]^{\mathrm{T}}
\end{cases}
$$

考虑具有未知参数和非线性输入的分数阶同步误差系统（7-7），在控制器（7-24）和自适应律（7-26）的作用下，其状态轨迹将在有限时间内收敛到 $\boldsymbol{S} = \boldsymbol{0}$。下面对该结论进行验证。

选择 Lyapunov 函数为

$$
V_2(t) = \frac{1}{2} \left(\left\| \boldsymbol{S} \right\|_2^2 + \left\| \tilde{\boldsymbol{\psi}}_1 \right\|_2^2 + \left\| \tilde{\boldsymbol{\psi}}_2 \right\|_2^2 \right) \qquad (7\text{-}27)
$$

式（7-27）两边对时间求一阶导数，可得

$$
\dot{V}_2(t) = \sum_{i=1}^{n} s_i \dot{s}_i + \left(\hat{\boldsymbol{\psi}}_1 - \boldsymbol{\psi}_1 \right)^{\mathrm{T}} \dot{\hat{\boldsymbol{\psi}}}_1 + \left(\hat{\boldsymbol{\psi}}_2 - \boldsymbol{\psi}_2 \right)^{\mathrm{T}} \dot{\hat{\boldsymbol{\psi}}}_2 \qquad (7\text{-}28)
$$

将式（7-11）代入式（7-28），可得

$$\dot{V}_2(t) = \sum_{i=1}^{n} s_i \left\{ \delta_i D^\alpha e_i + \eta_i^b \left[e_i + \mathrm{sgn}(e_i) \right] \right\} + (\hat{\psi}_1 - \psi_1)^{\mathrm{T}} \dot{\hat{\psi}}_1 + (\hat{\psi}_2 - \psi_2)^{\mathrm{T}} \dot{\hat{\psi}}_2 \quad （7-29）$$

将式（7-7）代入式（7-29），由于陀螺仪系统中的参数均为正，有

$$\dot{V}_2(t) \leqslant \delta_1 |s_1||e_2| + |s_1||\Delta_1| + \delta_1 s_1 h_1(u_1) + s_2 \delta_2 \left[-b_1 \left(\frac{1+\cos^2 y_1}{\sin^3 y_1} - \frac{1+\cos^2 x_1}{\sin^3 x_1} \right) + \right.$$

$$\left. b_2 \left(\frac{\cos y_1}{\sin^3 y_1} - \frac{\cos x_1}{\sin^3 x_1} \right) - b_3 e_2 + b_4 (\sin y_1 - \sin x_1) \right] +$$

$$\delta_2 b_5 |s_2||\sin y_1 - \sin x_1| + \delta_2 s_2 h_2(u_2) + \qquad\qquad （7-30）$$

$$s_3 \delta_3 \left[-b_6 \left(\frac{\cos y_1}{\sin y_1} y_2 y_3 - \frac{\cos x_1}{\sin x_1} x_2 x_3 \right) + b_7 \left(\frac{y_2}{\sin y_1} - \frac{x_2}{\sin x_1} \right) \right] +$$

$$|s_2||\Delta_2| + \delta_3 s_3 h_3(u_3) + |s_3||\Delta_3| + (\hat{\psi}_1 - \psi_1)^{\mathrm{T}} \dot{\hat{\psi}}_1 + (\hat{\psi}_2 - \psi_2)^{\mathrm{T}} \dot{\hat{\psi}}_2$$

根据自适应律（7-26），可推导得

$$\begin{cases} \psi_1^{\mathrm{T}} \dot{\hat{\psi}}_1 = s_2 \delta_2 \left[-b_1 \left(\dfrac{1+\cos^2 y_1}{\sin^3 y_1} - \dfrac{1+\cos^2 x_1}{\sin^3 x_1} \right) + b_2 \left(\dfrac{\cos y_1}{\sin^3 y_1} - \dfrac{\cos x_1}{\sin^3 x_1} \right) - \right. \\ \qquad\qquad \left. b_3 e_2 + b_4 (\sin y_1 - \sin x_1) \right] + \delta_2 b_5 |s_2||\sin y_1 - \sin x_1| \\ \psi_2^{\mathrm{T}} \dot{\hat{\psi}}_2 = s_3 \delta_3 \left[-b_6 \left(\dfrac{\cos y_1}{\sin y_1} y_2 y_3 - \dfrac{\cos x_1}{\sin x_1} x_2 x_3 \right) + b_7 \left(\dfrac{y_2}{\sin y_1} - \dfrac{x_2}{\sin x_1} \right) \right] \end{cases} \quad （7-31）$$

将式（7-31）代入式（7-30），可得

$$\dot{V}_2(t) \leqslant \delta_1 |s_1||e_2| + |s_1||\Delta_1| + \delta_1 s_1 h_1(u_1) + |s_2||\Delta_2| + \delta_2 s_2 h_2(u_2) +$$

$$|s_3||\Delta_3| + \delta_3 s_3 h_3(u_3) + |\hat{\psi}_1|^{\mathrm{T}} |\dot{\hat{\psi}}_1| + |\hat{\psi}_2|^{\mathrm{T}} |\dot{\hat{\psi}}_2| \qquad （7-32）$$

根据式（7-6）和式（7-24），有

$$u_i h_i(u_i) = -\gamma_i \varsigma_i \delta_i^{-1} \mathrm{sgn}(s_i) h_i(u_i) \geqslant \rho_{i1} \gamma_i^2 \varsigma_i^2 \delta_i^{-2} \mathrm{sgn}^2(s_i) \quad （7-33）$$

由于 $\gamma_i = \rho_{i1}^{-1}$，$\varsigma_i > 0$，$\delta_i > 0$，根据不等式（7-33），可得

$$-\mathrm{sgn}(s_i) h_i(u_i) \geqslant \varsigma_i \delta_i^{-1} \mathrm{sgn}^2(s_i) \quad （7-34）$$

式（7-34）两边乘以 $\delta_i |s_i|$，根据 $\mathrm{sgn}^2(s_i) = 1$，$|s_i|\mathrm{sgn}(s_i) = s_i$，有

$$\delta_i s_i h_i(u_i) \leqslant -\varsigma_i |s_i| \quad （7-35）$$

将式（7-35）代入式（7-32），可得

$$
\dot{V}_2(t) \leqslant |s_1|(\delta_1|e_2| + |\Delta_1| - \varsigma_1) + |s_2|(|\Delta_2| - \varsigma_2) +
$$
$$
|s_3|(|\Delta_3| - \varsigma_3) + |\hat{\psi}_1|^{\mathrm{T}}|\dot{\hat{\psi}}_1| + |\hat{\psi}_2|^{\mathrm{T}}|\dot{\hat{\psi}}_2| \tag{7-36}
$$

根据式（7-31），可得

$$
\dot{V}_2(t) \leqslant -k_1|s_1| - k_2|s_2| - k_3|s_3| - m(\|\tilde{\psi}_1\| + \|\tilde{\psi}_2\|)
$$
$$
\leqslant -m(|s_1| + |s_2| + |s_3| + \|\tilde{\psi}_1\| + \|\tilde{\psi}_2\|) \tag{7-37}
$$

对于任意 $a_1, a_2, \cdots, a_n \in \mathbf{R}$，满足 $(|a_1| + |a_2| + \cdots + |a_n|) \geqslant (|a_1|^2 + |a_2|^2 + \cdots + |a_n|^n)^{\frac{1}{2}}$，式（7-37）可转化为

$$
\dot{V}_2(t) \leqslant -\sqrt{2}m\left[\frac{1}{2}(\|\mathbf{S}\|^2 + \|\tilde{\psi}_1\|^2 + \|\tilde{\psi}_2\|^2)\right]^{\frac{1}{2}} = -\sqrt{2}mV_2^{\frac{1}{2}}(t) \tag{7-38}
$$

根据有限时间 Lyapunov 稳定理论，可以推断出同步误差系统（7-7）的状态轨迹在给定时间 T 内收敛到 $\mathbf{S} = \mathbf{0}$，给定时间 T 为

$$
T = \frac{\sqrt{2}}{m}\left[\frac{1}{2}(\|\mathbf{S}(0)\|^2 + \|\hat{\psi}_1(0) - \psi_1\|^2 + \|\hat{\psi}_2(0) - \psi_2\|^2)\right]^{\frac{1}{2}} \tag{7-39}
$$

7.2.4 仿真

下面通过仿真实例验证所提控制方案的有效性和可行性。令 $\alpha = 0.998$，主系统和从系统的初始条件为 $\mathbf{X}(0) = [-0.5, -1.3, -10]^{\mathrm{T}}$、$\mathbf{Y}(0) = [-0.3, -2, 8]^{\mathrm{T}}$，滑模面参数 $\eta_1^a = \eta_2^a = \eta_3^a = 1$，$k_1 = k_2 = k_3 = 1$，所有未知参数估计值 $\hat{\psi}_i$ 的初始条件都设置为 0.5，扇区非线性函数 $h_i[u_i(t)] = \{1 + 0.2\sin[u_i(t)]\}u_i(t)$，且 $\rho_{i1} = 0.8$、$\rho_{i2} = 1.2$、$\gamma_i = 1.25$（$i = 1, 2, 3$）。系统参数的参考值为 $\beta_\varphi = 2$、$\beta_\phi = 5$、$I_1 = 1$、$mg = 4$、$l = 0.25$、$C = 0.5$、$\omega = 2$、$A = 12.1$、$B = 2$，分数阶陀螺仪系统的混沌吸引子如图 7-2 所示。

激活控制器时，主系统和从系统的状态轨迹如图 7-3 所示。从图中可以看出，在控制器的作用下，主系统和从系统可以在有限时间内实现同步，并克服未知参数和非线性输入的影响，仿真结果验证了所提控制方案的有效性和可行性。

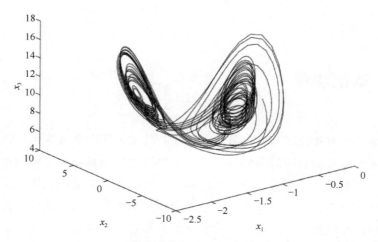

图 7-2　分数阶陀螺仪系统的混沌吸引子

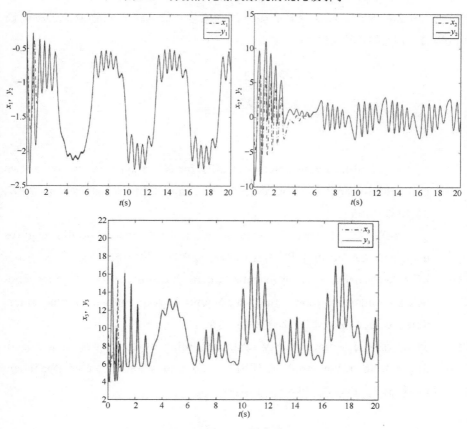

图 7-3　主系统和从系统的状态轨迹

7.3   本章小结

　　本章基于滑模控制技术和有限时间控制技术实现两个具有相同结构的分数阶陀螺仪系统的有限时间同步，鉴于滑模控制技术具有较强的鲁棒性和可操作性，本章设计了分数阶积分型滑模面并将其用于实际控制器设计。在控制器设计过程中，应充分考虑系统未知参数和非线性输入的影响，因此，本章针对扇区非线性输入，设计合适的未知参数自适应律和控制器，以实现控制目标。滑模控制分为趋近阶段和收敛阶段，在系统稳定性证明中，选择合适的 Lyapunov 函数，以证明其有限时间稳定性，仿真结果充分验证了所提控制方案的有效性和可行性。

参考文献

[1]　　H. Yau. Nonlinear rule-based controller for chaos synchronization of two gyro with linear-plus-cubic damping[J]. Chaos Solitons and Fractals, 2007, 34:1357-1365.

[2]　　Y. Lei, W. Xu, H. Zheng. Synchronization of two chaotic nonlinear gyros using active control[J]. Physics Letters A, 2005, 343:153-158.

[3]　　M. P. Aghababa, H. P. Aghababa. Chaos synchronization of gyroscopes using an adaptive robust finite-time controller[J]. Journal of Mechanical Science Technology, 2012, 27:909-916.

[4]　　M. O. Efe. Fractional fuzzy adaptive sliding mode control of a 2-DOF direct-drive robot arm[J]. IEEE Transactions on Systems Man and Cybernetics Part B, 2008, 28:1561-1570.

第 8 章

受非线性输入影响的分数阶能源供需系统的自适应镇定控制研究

8.1　概述

能源是经济发展和社会进步的重要物质基础，也是影响人类生存的重要因素。能源的可持续发展是关系到我国国民经济社会发展全局的重要问题。目前，我国能源消费快速增长，能源供应压力大，能源分布不均匀。研究能源的生产、消费、运输及进口等经济活动的关系，能够为能源的可持续发展奠定基础。另外，研究能源供需数量、速度及来源，能够为能源的开采及利用提供科学依据。因此，合理开发和利用能源、处理能源供需关系，对于我国的经济发展具有重要意义。

我国人口众多，是能源生产与消费大国。改革开放以来，我国能源工业飞速发展，有力支撑了经济社会发展。与此同时，经济增长、能源发展和资源环境之间的矛盾日益凸显。我国能源丰富，但人均占有量少，煤炭资源长期占据主导地位，油气等优质资源和清洁能源占比较低，电气化水平不高，环境污染问题严重，石油对外依存度高。随着我国能源需求的增长，国际能源形势和气候变化问题复杂，我国能源发展面临的约束和矛盾越来越突出，保障能源安全的压力也越来越大。随着社会经济发展进入新阶段，工业化、城镇化进程加快，能源供需矛盾增大，对转变能源发展方式提出了迫切要求。走可持续发展道路及坚持能源战略转型任重而道远。

我国能源事业的发展取得了举世瞩目的成就，同时也面临许多问题和挑战。经济社会的发展带动能源需求持续增长，资源环境的约束日益突出，能源对外依存度持续增大，保障能源稳定供应的压力越来越大，资源与需求分布不均，能源开发利用效率总体较低，能源结构有待优化，能源发展质量亟待提高。我国能源供应潜力受资源、开发条件、技术水平、环境等因素的限制，使得我国能源生产能力没有太大提升空间，能源供应压力较大。为了减小西部和东部之间的能源供应数量差异，我国在能源的战略发展问题上，实施了西气东输、西电东送等能源管理工程。

随着系统动力学的发展，系统动力学方法得到了广泛应用，美国国家模型的建立和《增长的极限》一书的出版，标志着将系统动力学用于能源供需系统建模成为可能。人们发现，系统动力学具有独特的因果机理特性，且其模拟系统内部各因素相互作用，使其在模拟长期运行的复杂非线性时变系统时有巨大优势。因此，系统动力学方法成为近年来的研究热点。用系统动力学方法研究能源问题是其应用的重要领域，主要涉及能源结构、能源环境、能源供需、能源政策等。国内外学者利用系统动力学理论建立了各种模型，用于研究能源发展中的实际问题，积累了许多经验。例如，在能源供给未知的条件下，国内学者张雷根据我国能源的开发量、消耗量和运输距离，分析了我国能源供需数量的变化过程[1]，国外学者 V.Gevorgian 讨论了能源的分配和近期需求等问题[2]，国外学者 S. C. Bhattacharyya 总结了预测能源需求的方法并分析了各种预测方法之间的差异[3]，国内学者 S. Y. Dong 利用数学工具建模并成功预测了未来 25 年的能源需求量[4]。

随着科技的发展和社会的进步，微分理论和方法普遍应用于实际场景中，许多现象都能用微分方程描述。非线性科学和复杂系统理论的快速发展，使得非线性微分系统的研究成为 21 世纪面临的重要挑战。针对能源问题，许多学者建立了微分方程，并利用各种理论和方法研究能源问题。国内学者 M. Sun 根据两地区之间的能源供需关系，建立三维能源供需模型[5]。基于该模型，得到了很多具有重要意义的研究成果。例如，根据上海市 1999 年至 2005 年的统计数据，采用人工神经网络方法确定能源系统中的参数，对系统进行动力学分析，得到了上海市能源供需关系[6]。可以发现，国内学者在系统动力学建模方面主要针对能源系统本身进行分析，与传统的能源需求预测类似；国外学者通过系统动力学模型对能源技术进步和能源系统发展的联动关系进行了研究。本章受此启发，将能源供需系统从三维一阶微分方程组拓展为四维一阶方程组，与三维模型相比，四维模型的准确度更高，更接近实际系统，基于四维模型设计的控制器具有更广阔的应用前景。

上述能源供需系统均基于整数阶微分方程建立，而分数阶微积分模型的精确度更高，本章在传统四维能源供需系统的基础上提出了分数阶能源供需模型，考虑系统未知参数和非线性输入的影响，设计了自适应镇定控制器，并应用分数阶 Lyapunov 稳定理论证明了所提控制策略的有效性和可行性。

8.2　分数阶能源供需系统的自适应镇定控制

8.2.1　分数阶能源供需系统的数学模型

引理：考虑自治系统

$$D^\alpha x = Ax \tag{8-1}$$

式中，$\alpha \in (0,1]$ 为系统分数阶阶数，$x = [x_1, x_2, \cdots, x_n]^T$ 为系统状态矢量，$A \in R^{n \times n}$。如果存在正定实矩阵 P，使 $J = x^T P D^\alpha x \leqslant 0$ 对任意状态变量成立，则系统（8-1）是渐近稳定的[7,8]。

上述引理在分数阶混沌系统中的具体应用可以参考文献[9-11]。本章的主要任务是实现受死区非线性输入影响的分数阶能源供需系统的自适应镇定。具有模型不确定项和外界扰动项的分数阶能源供需系统的数学模型为

$$\begin{cases} D^\alpha x_1 = a_1 x_1 \left(1 - \dfrac{x_1}{M}\right) - a_2(x_2 + x_3) - d_3 x_4 + \Delta f_1(\boldsymbol{x}) + d_1(t) + \phi_1[u_1(t)] \\ D^\alpha x_2 = -b_1 x_2 - b_2 x_3 + b_3 x_1 [N + (x_1 - x_3)] + \Delta f_2(\boldsymbol{x}) + d_2(t) + \phi_2[u_2(t)] \\ D^\alpha x_3 = c_1 x_3 (c_2 x_3 - c_3) + \Delta f_3(\boldsymbol{x}) + d_3(t) + \phi_3[u_3(t)] \\ D^\alpha x_4 = d_1 x_1 - d_2 x_4 + \Delta f_4(\boldsymbol{x}) + d_4(t) + \phi_4[u_4(t)] \end{cases} \tag{8-2}$$

式中，$\Delta f_i(\boldsymbol{x})$ 为模型不确定项，$d_i(t)$ 为外界扰动项，$\phi_i[u_i(t)]$ 为死区非线性输入，其满足下列关系式

$$\phi_i[u_i(t)] = \begin{cases} [u_i(t) - u_{+i}]\phi_{+i}[u_i(t)], & u_i(t) > u_{+i} \\ 0, & u_{-i} \leqslant u_i(t) \leqslant u_{+i} \\ [u_i(t) - u_{-i}]\phi_{-i}[u_i(t)], & u_i(t) < u_{-i} \end{cases} \tag{8-3}$$

式中，$i = 1, 2, 3, 4$，$\phi_{+i}(\cdot)$ 和 $\phi_{-i}(\cdot)$ 为 $u_i(t)$ 的连续非线性函数，u_{+i} 和 u_{-i} 为给定值。非线性函数 $\phi_i[u_i(t)]$ 死区带外有增益误差 ρ_{+i} 和 ρ_{-i}，满足下列不等式

$$\begin{cases} [u_i(t)-u_{+i}]\phi_{+i}[u_i(t)] \geqslant \rho_{+i}[u_i(t)-u_{+i}]^2, & u_i(t) > u_{+i} \\ 0, & u_{-i} \leqslant u_i(t) \leqslant u_{+i} \\ [u_i(t)-u_{-i}]\phi_{-i}[u_i(t)] \geqslant \rho_{-i}[u_i(t)-u_{-i}]^2, & u_i(t) < u_{-i} \end{cases} \quad (8\text{-}4)$$

式中，ρ_{+i} 和 ρ_{-i} 为正数。

在详细介绍所提控制方案前，给出下列假设。

假设 1：系统参数 a_1、a_2、b_1、b_2、b_3、c_1、c_2、d_1、d_2、d_3、M、N 未知，令 $\boldsymbol{\theta}_1 = [a_1, a_1/M, a_2, d_3]^T$，$\boldsymbol{\theta}_2 = [b_1, b_2, b_3N, b_3]^T$，$\boldsymbol{\theta}_3 = [c_1c_2, c_1c_3]^T$，$\boldsymbol{\theta}_4 = [d_1, d_2]^T$ 分别为系统（8-2）中 4 个方程的未知参数矢量。

假设 2：模型不确定项和外界扰动项是未知有界的，即

$$\begin{cases} |\Delta f_i(\boldsymbol{x})| \leqslant \beta_i \\ |d_i(t)| \leqslant \gamma_i \end{cases} \quad (8\text{-}5)$$

式中，β_i 和 γ_i 为未知正数。

8.2.2 自适应镇定控制器设计

分数阶能源供需系统（8-2）在下列控制器的作用下可实现自适应镇定

$$u_i(t) = \begin{cases} -\delta_i \xi_i \operatorname{sgn} x_i + u_{-i}, & x_i > 0 \\ 0, & x_i = 0 \\ -\delta_i \xi_i \operatorname{sgn} x_i + u_{+i}, & x_i < 0 \end{cases} \quad (8\text{-}6)$$

式中，$\delta_i = \rho_i^{-1}$，$\rho_i = \min\{\rho_{-i}, \rho_{+i}\}$，$\xi_i = |\hat{\boldsymbol{\theta}}_i|^T |f_i(\boldsymbol{x})| + |\hat{\beta}_i| + |\hat{\gamma}_i| + k_i$。$\hat{\boldsymbol{\theta}}_i$、$\hat{\beta}_i$ 和 $\hat{\gamma}_i$ 分别为 $\boldsymbol{\theta}_i$、β_i 和 γ_i 的估计值，增益 $k_i > 0$。$f_1(\boldsymbol{x}) = [x_1, -x_1^2, -(x_2+x_3), -x_4]^T$，$f_2(\boldsymbol{x}) = [-x_2, -x_3, x_1, x_1(x_1-x_3)]^T$，$f_3(\boldsymbol{x}) = [x_3^2, -x_3]^T$，$f_4(\boldsymbol{x}) = [x_1, -x_4]^T$。为实现系统全部未知参数的自适应辨识，可将自适应律设计为

$$\begin{cases} D^\alpha \hat{\boldsymbol{\theta}}_1 = f_1(\boldsymbol{x})x_1 = [x_1^2, -x_1^3, -x_1(x_2+x_3), -x_1x_4]^T \\ D^\alpha \hat{\boldsymbol{\theta}}_2 = f_2(\boldsymbol{x})x_2 = [-x_2^2, -x_2x_3, x_1x_2, x_1x_2(x_1-x_3)]^T \\ D^\alpha \hat{\boldsymbol{\theta}}_3 = f_3(\boldsymbol{x})x_3 = [x_3^3, -x_3^2]^T \\ D^\alpha \hat{\boldsymbol{\theta}}_4 = f_4(\boldsymbol{x})x_4 = [x_1x_4, -x_4^2]^T \end{cases} \quad (8\text{-}7)$$

$\hat{\beta}_i$ 和 $\hat{\gamma}_i$ 通过下列自适应律更新

$$\begin{cases} D^{\alpha}\hat{\beta}_i = \mu_i |x_i| \\ D^{\alpha}\hat{\gamma}_i = \eta_i |x_i| \end{cases} \tag{8-8}$$

式中，μ_i 和 η_i 为正数。

下面利用分数阶 Lyapunov 稳定理论验证所提控制方案的可行性和有效性。

根据引理，将新状态矢量的行向量记为 $\boldsymbol{X}^{\mathrm{T}} = [\boldsymbol{x}^{\mathrm{T}}, \tilde{\boldsymbol{\theta}}^{\mathrm{T}}, \tilde{\boldsymbol{\beta}}^{\mathrm{T}}, \tilde{\boldsymbol{\gamma}}^{\mathrm{T}}]$。$\tilde{\boldsymbol{\theta}}^{\mathrm{T}} = \hat{\boldsymbol{\theta}}^{\mathrm{T}} - \boldsymbol{\theta}^{\mathrm{T}}$、$\tilde{\boldsymbol{\beta}} = \hat{\boldsymbol{\beta}} - \boldsymbol{\beta}$ 和 $\tilde{\boldsymbol{\gamma}} = \hat{\boldsymbol{\gamma}} - \boldsymbol{\gamma}$ 分别为相应未知参数矢量的估计误差向量，$\boldsymbol{x}^{\mathrm{T}} = [x_1, x_2, x_3, x_4]$，$\tilde{\boldsymbol{\theta}}^{\mathrm{T}} = [\tilde{\boldsymbol{\theta}}_1^{\mathrm{T}}, \tilde{\boldsymbol{\theta}}_2^{\mathrm{T}}, \tilde{\boldsymbol{\theta}}_3^{\mathrm{T}}, \tilde{\boldsymbol{\theta}}_4^{\mathrm{T}}]$，$\tilde{\boldsymbol{\beta}}^{\mathrm{T}} = [\tilde{\beta}_1, \tilde{\beta}_2, \tilde{\beta}_3, \tilde{\beta}_4]$，$\tilde{\boldsymbol{\gamma}}^{\mathrm{T}} = [\tilde{\gamma}_1, \tilde{\gamma}_2, \tilde{\gamma}_3, \tilde{\gamma}_4]$。选择实对称正定矩阵 $\boldsymbol{P}$ 为

$$\boldsymbol{P} = \mathrm{diag}\left(\boldsymbol{I}_4, \boldsymbol{I}_4, \boldsymbol{I}_4, \boldsymbol{I}_2, \boldsymbol{I}_2, \frac{1}{\mu_1}, \frac{1}{\mu_2}, \frac{1}{\mu_3}, \frac{1}{\mu_4}, \frac{1}{\eta_1}, \frac{1}{\eta_2}, \frac{1}{\eta_3}, \frac{1}{\eta_4}\right) \tag{8-9}$$

式中，$\boldsymbol{I}$ 为单位阵，其下标代表矩阵维数，为证明闭环系统的稳定性，可构建如下判稳函数

$$J = \boldsymbol{X}^{\mathrm{T}} \boldsymbol{P} D^{\alpha} \boldsymbol{X} \tag{8-10}$$

根据新定义的状态矢量，可得

$$\begin{aligned} J &= x_1 D^{\alpha} x_1 + x_2 D^{\alpha} x_2 + x_3 D^{\alpha} x_3 + x_4 D^{\alpha} x_4 + \tilde{\boldsymbol{\theta}}_1^{\mathrm{T}} D^{\alpha} \tilde{\boldsymbol{\theta}}_1 + \tilde{\boldsymbol{\theta}}_2^{\mathrm{T}} D^{\alpha} \tilde{\boldsymbol{\theta}}_2 + \\ & \tilde{\boldsymbol{\theta}}_3^{\mathrm{T}} D^{\alpha} \tilde{\boldsymbol{\theta}}_3 + \tilde{\boldsymbol{\theta}}_4^{\mathrm{T}} D^{\alpha} \tilde{\boldsymbol{\theta}}_4 + \frac{1}{\mu_1} \tilde{\beta}_1 D^{\alpha} \tilde{\beta}_1 + \frac{1}{\mu_2} \tilde{\beta}_2 D^{\alpha} \tilde{\beta}_2 + \frac{1}{\mu_3} \tilde{\beta}_3 D^{\alpha} \tilde{\beta}_3 + \\ & \frac{1}{\mu_4} \tilde{\beta}_4 D^{\alpha} \tilde{\beta}_4 + \frac{1}{\eta_1} \tilde{\gamma}_1 D^{\alpha} \tilde{\gamma}_1 + \frac{1}{\eta_2} \tilde{\gamma}_2 D^{\alpha} \tilde{\gamma}_2 + \frac{1}{\eta_3} \tilde{\gamma}_3 D^{\alpha} \tilde{\gamma}_3 + \frac{1}{\eta_4} \tilde{\gamma}_4 D^{\alpha} \tilde{\gamma}_4 \end{aligned} \tag{8-11}$$

将式（8-2）代入式（8-11），可得

$$\begin{aligned} J &= x_1 \left\{ a_1 x_1 \left(1 - \frac{x_1}{M}\right) - a_2(x_2 + x_3) - d_3 x_4 + \Delta f_1(\boldsymbol{x}) + d_1(t) + \phi_1[u_1(t)] \right\} + \\ & x_2 \left\{ -b_1 x_2 - b_2 x_3 + b_3 x_1 [N + (x_1 - x_3)] + \Delta f_2(\boldsymbol{x}) + d_2(t) + \phi_2[u_2(t)] \right\} + \\ & x_3 \left\{ c_1 x_3 (c_2 x_3 - c_3) + \Delta f_3(\boldsymbol{x}) + d_3(t) + \phi_3[u_3(t)] \right\} + \\ & x_4 \left\{ d_1 x_1 - d_2 x_4 + \Delta f_4(\boldsymbol{x}) + d_4(t) + \phi_4[u_4(t)] \right\} + \\ & \sum_{i=1}^{4} \left[(\hat{\boldsymbol{\theta}}_i - \boldsymbol{\theta}_i)^{\mathrm{T}} D^{\alpha} \hat{\boldsymbol{\theta}}_i + \frac{1}{\mu_i} (\hat{\beta}_i - \beta_i) D^{\alpha} \hat{\beta}_i + \right. \\ & \left. \frac{1}{\mu_i} (\hat{\beta}_i - \beta_i) D^{\alpha} \hat{\beta}_i + \frac{1}{\eta_i} (\hat{\gamma}_i - \gamma_i) D^{\alpha} \hat{\gamma}_i \right] \end{aligned} \tag{8-12}$$

根据式（8-7）和式（8-8），可知

$$\begin{cases} \boldsymbol{\theta}_1^{\mathrm{T}} D^\alpha \hat{\boldsymbol{\theta}}_1 = a_1 x_1^2 - \dfrac{a_1}{M} x_1^3 - a_2 x_1 (x_2 + x_3) - d_3 x_1 x_4 \\[2mm] \boldsymbol{\theta}_2^{\mathrm{T}} D^\alpha \hat{\boldsymbol{\theta}}_2 = -b_1 x_2^2 - b_2 x_2 x_3 + b_3 N x_1 x_2 + b_3 x_1 x_2 (x_1 - x_3) \\[2mm] \boldsymbol{\theta}_3^{\mathrm{T}} D^\alpha \hat{\boldsymbol{\theta}}_3 = c_1 c_2 x_3^3 - c_1 c_3 x_3^2 \\[2mm] \boldsymbol{\theta}_4^{\mathrm{T}} D^\alpha \hat{\boldsymbol{\theta}}_4 = d_1 x_1 x_4 - d_2 x_4^2 \end{cases} \qquad (8\text{-}13)$$

且

$$\begin{cases} \dfrac{1}{\mu_i} \beta_i D^\alpha \hat{\beta}_i = \beta_i |x_i| \\[2mm] \dfrac{1}{\eta_i} \gamma_i D^\alpha \hat{\gamma}_i = \gamma_i |x_i| \end{cases} \qquad (8\text{-}14)$$

将式（8-13）和式（8-14）代入式（8-12），有

$$J = x_1 \Delta f_1(\boldsymbol{x}) + x_1 d_1(t) + x_1 \phi_1 [u_1(t)] + x_2 \Delta f_2(\boldsymbol{x}) + x_2 d_2(t) + x_2 \phi_2 [u_2(t)] +$$
$$x_3 \Delta f_3(\boldsymbol{x}) + x_3 d_3(t) + x_3 \phi_3 [u_3(t)] + x_4 \Delta f_4(\boldsymbol{x}) + x_4 d_4(t) + x_4 \phi_4 [u_4(t)] + \qquad (8\text{-}15)$$
$$\sum_{i=1}^{4} \left(\hat{\boldsymbol{\theta}}_i^{\mathrm{T}} D^\alpha \hat{\boldsymbol{\theta}}_i + \frac{1}{\mu_i} \hat{\beta}_i D^\alpha \hat{\beta}_i + \frac{1}{\eta_i} \hat{\gamma}_i D^\alpha \hat{\gamma}_i \right) - \sum_{i=1}^{4} \left(\beta_i |x_i| + \gamma_i |x_i| \right)$$

根据假设 2，可得

$$J \leqslant \beta_1 |x_1| + \gamma_1 |x_1| + x_1 \phi_1 [u_1(t)] + \beta_2 |x_2| + \gamma_2 |x_2| + x_2 \phi_2 [u_2(t)] + \beta_3 |x_3| +$$
$$\gamma_3 |x_3| + x_3 \phi_3 [u_3(t)] + \beta_4 |x_4| + \gamma_4 |x_4| + x_4 \phi_4 [u_4(t)] +$$
$$\sum_{i=1}^{4} \left(\hat{\boldsymbol{\theta}}_i^{\mathrm{T}} D^\alpha \hat{\boldsymbol{\theta}}_i + \frac{1}{\mu_i} \hat{\beta}_i D^\alpha \hat{\beta}_i + \frac{1}{\eta_i} \hat{\gamma}_i D^\alpha \hat{\gamma}_i \right) - \sum_{i=1}^{4} \left(\beta_i |x_i| + \gamma_i |x_i| \right)$$
$$= x_1 \phi_1 [u_1(t)] + x_2 \phi_2 [u_2(t)] + x_3 \phi_3 [u_3(t)] + x_4 \phi_4 [u_4(t)] +$$
$$\sum_{i=1}^{4} \left(\hat{\boldsymbol{\theta}}_i^{\mathrm{T}} D^\alpha \hat{\boldsymbol{\theta}}_i + \frac{1}{\mu_i} \hat{\beta}_i D^\alpha \hat{\beta}_i + \frac{1}{\eta_i} \hat{\gamma}_i D^\alpha \hat{\gamma}_i \right)$$
$$\leqslant x_1 \phi_1 [u_1(t)] + x_2 \phi_2 [u_2(t)] + x_3 \phi_3 [u_3(t)] + x_4 \phi_4 [u_4(t)] + |\hat{a}_1| |x_1^2| + \qquad (8\text{-}16)$$
$$\left| \frac{\hat{a}_1}{\hat{M}} \right| |x_1^3| + |\hat{a}_2| |x_1(x_2 + x_3)| + |\hat{d}_3| |x_1 x_4| + |\hat{b}_1| |x_2^2| + |\hat{b}_2| |x_2 x_3| + |\hat{b}_3 \hat{N}| |x_1 x_2| +$$
$$|\hat{b}_3| |x_1 x_2(x_1 - x_3)| + |\hat{c}_1 \hat{c}_2| |x_3^3| + |\hat{c}_1 \hat{c}_3| |x_3^2| + |\hat{d}_1| |x_1 x_4| + |\hat{d}_2| |x_4^2| +$$
$$|\hat{\beta}_1| |x_1| + |\hat{\gamma}_1| |x_1| + |\hat{\beta}_2| |x_2| + |\hat{\gamma}_2| |x_2| + |\hat{\beta}_3| |x_3| + |\hat{\gamma}_3| |x_3| + |\hat{\beta}_4| |x_4| + |\hat{\gamma}_4| |x_4|$$
$$= x_1 \phi_1 [u_1(t)] + x_2 \phi_2 [u_2(t)] + x_3 \phi_3 [u_3(t)] + x_4 \phi_4 [u_4(t)] + |\hat{\boldsymbol{\theta}}_1|^{\mathrm{T}} |\boldsymbol{f}_1(\boldsymbol{x})| |x_1| +$$
$$|\hat{\boldsymbol{\theta}}_2|^{\mathrm{T}} |\boldsymbol{f}_2(\boldsymbol{x})| |x_2| + |\hat{\boldsymbol{\theta}}_3|^{\mathrm{T}} |\boldsymbol{f}_3(\boldsymbol{x})| |x_3| + |\hat{\boldsymbol{\theta}}_4|^{\mathrm{T}} |\boldsymbol{f}_4(\boldsymbol{x})| |x_4| + |\hat{\beta}_1| |x_1| + |\hat{\gamma}_1| |x_1| +$$
$$|\hat{\beta}_2| |x_2| + |\hat{\gamma}_2| |x_2| + |\hat{\beta}_3| |x_3| + |\hat{\gamma}_3| |x_3| + |\hat{\beta}_4| |x_4| + |\hat{\gamma}_4| |x_4|$$

当 $x_i > 0$ 时，根据式（8-3）、式（8-4）和式（8-6），有 $u_i(t) < u_{-i}$，且有

$$[u_i(t) - u_{-i}]\phi[u_i(t)] = -\delta_i \xi_i \,\mathrm{sgn}(x_i)\phi[u_i(t)]$$

$$\geqslant \rho_{-i}\delta_i^2 \xi_i^2 \,\mathrm{sgn}^2(x_i) \quad\quad (8\text{-}17)$$

$$\geqslant \rho_i \delta_i^2 \xi_i^2 \,\mathrm{sgn}^2(x_i)$$

因为 $\delta_i = \rho_i^{-1}$，$\xi_i > 0$，根据式（8-17），可知

$$-\mathrm{sgn}(x_i)\phi[u_i(t)] \geqslant \xi_i \,\mathrm{sgn}^2(x_i) \quad\quad (8\text{-}18)$$

式两边乘以 $|x_i|$，根据 $\mathrm{sgn}^2(x_i) = 1$，$|x_i|\mathrm{sgn}(x_i) = x_i$，有

$$x_i \phi[u_i(t)] \leqslant -\xi_i |x_i| \quad\quad (8\text{-}19)$$

当 $x_i < 0$ 时，通过类似的操作得到，式（8-19）仍然成立，将式（8-19）代入式（8-16），可得

$$J \leqslant -\xi_1|x_1| - \xi_2|x_2| - \xi_3|x_3| - \xi_4|x_4| + \left|\hat{\boldsymbol{\theta}}_1\right|^{\mathrm{T}}|\boldsymbol{f}_1(\boldsymbol{x})||x_1| + \left|\hat{\boldsymbol{\theta}}_2\right|^{\mathrm{T}}|\boldsymbol{f}_2(\boldsymbol{x})||x_2| +$$

$$\left|\hat{\boldsymbol{\theta}}_3\right|^{\mathrm{T}}|\boldsymbol{f}_3(\boldsymbol{x})||x_3| + \left|\hat{\boldsymbol{\theta}}_4\right|^{\mathrm{T}}|\boldsymbol{f}_4(\boldsymbol{x})||x_4| + |\hat{\beta}_1||x_1| + |\hat{\gamma}_1||x_1| + |\hat{\beta}_2||x_2| +$$

$$|\hat{\gamma}_2||x_2| + |\hat{\beta}_3||x_3| + |\hat{\gamma}_3||x_3| + |\hat{\beta}_4||x_4| + |\hat{\gamma}_4||x_4|$$

$$= -\left(\left|\hat{\boldsymbol{\theta}}_1\right||\boldsymbol{f}_1(\boldsymbol{x})| + |\hat{\beta}_1| + |\hat{\gamma}_1| + k_1\right)|x_1| - \left(\left|\hat{\boldsymbol{\theta}}_2\right||\boldsymbol{f}_2(\boldsymbol{x})| + |\hat{\beta}_2| + |\hat{\gamma}_2| + k_2\right)|x_2| -$$

$$\left(\left|\hat{\boldsymbol{\theta}}_3\right||\boldsymbol{f}_3(\boldsymbol{x})| + |\hat{\beta}_3| + |\hat{\gamma}_3| + k_3\right)|x_3| - \left(\left|\hat{\boldsymbol{\theta}}_4\right||\boldsymbol{f}_4(\boldsymbol{x})| + |\hat{\beta}_4| + |\hat{\gamma}_4| + k_4\right)|x_4| + \quad (8\text{-}20)$$

$$\left|\hat{\boldsymbol{\theta}}_1\right|^{\mathrm{T}}|\boldsymbol{f}_1(\boldsymbol{x})||x_1| + \left|\hat{\boldsymbol{\theta}}_2\right|^{\mathrm{T}}|\boldsymbol{f}_2(\boldsymbol{x})||x_2| + \left|\hat{\boldsymbol{\theta}}_3\right|^{\mathrm{T}}|\boldsymbol{f}_3(\boldsymbol{x})||x_3| + \left|\hat{\boldsymbol{\theta}}_4\right|^{\mathrm{T}}|\boldsymbol{f}_4(\boldsymbol{x})||x_4| +$$

$$|\hat{\beta}_1||x_1| + |\hat{\gamma}_1||x_1| + |\hat{\beta}_2||x_2| + |\hat{\gamma}_2||x_2| + |\hat{\beta}_3||x_3| + |\hat{\gamma}_3||x_3| + |\hat{\beta}_4||x_4| + |\hat{\gamma}_4||x_4|$$

$$= -k_1|x_1| - k_2|x_2| - k_3|x_3| - k_4|x_4|$$

$$\leqslant -k\|\boldsymbol{x}\| < 0$$

式中，$k = \min\{k_1, k_2, k_3, k_4\} > 0$，由引理可知，系统（8-2）是渐近稳定的。因此，本章提出的针对具有模型不确定项、外界扰动项及死区非线性输入的分数阶能源供需系统的自适应控制方案在理论上有效，分数阶 Lyapunov 稳定理论的应用在理论上验证了所提控制方案的可行性。

8.2.3　仿真

下面通过仿真实例验证所提控制方案的有效性和可行性。

对于受控系统（8-2），其模型不确定项和外界扰动项满足

$$\begin{cases} \Delta f_1(\boldsymbol{x}) + d_1(t) = 0.01\sin(2x_1) + 0.02\cos(2t) \\ \Delta f_2(\boldsymbol{x}) + d_2(t) = 0.02\sin(3x_2) - 0.02\cos(3t) \\ \Delta f_3(\boldsymbol{x}) + d_3(t) = -0.01\cos(4x_3) - 0.025\sin(4t) \\ \Delta f_4(\boldsymbol{x}) + d_4(t) = 0.025\sin(3x_4) + 0.015\sin(4t) \end{cases} \quad （8\text{-}21）$$

令 $\alpha = 0.95$，初始条件为 $\boldsymbol{x}(0) = [0.2, -0.1, 0.1, 0.2]^{\mathrm{T}}$。$k_1 = k_2 = k_3 = k_4 = 10$，$\mu_1 = \mu_2 = \mu_3 = \mu_4 = 2$，$\eta_1 = \eta_2 = \eta_3 = \eta_4 = 4$，所有未知参数估计值的初始条件都设置为 0.1，死区非线性函数的形式为

$$\phi_i[u_i(t)] = \begin{cases} [u_i(t) - 1.5]\{1 - 0.5\cos[u_i(t)]\}, & u_i(t) > 1.5 \\ 0, & -0.5 \leqslant u_i(t) \leqslant 1.5 \quad （8\text{-}22） \\ [u_i(t) + 0.5]\{0.7 - 0.5\sin[u_i(t)]\}, & u_i(t) < -0.5 \end{cases}$$

参数 $\rho_{+i} = 0.5$，$\rho_{-i} = 0.2$，$\rho_i = \min\{\rho_{-i}, \rho_{+i}\} = 0.2$，$\delta_i = 5$，$i = 1, 2, 3, 4$。根据式（8-6）可以设计控制器，系统在控制器（8-6）的作用下可实现自适应镇定。受控系统的状态轨迹如图 8-1 所示。

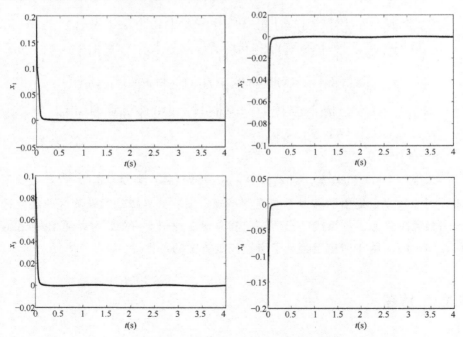

图 8-1　受控系统的状态轨迹

从图 8-1 中可以看出，系统（8-2）的状态轨迹渐近收敛到零。为验证未知参数自适应律的有效性，得到未知参数估计值的时间响应如图 8-2 所示。

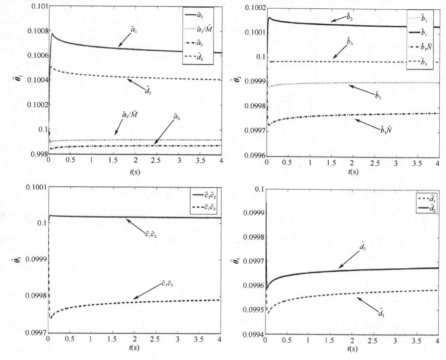

图 8-2　未知参数估计值的时间响应

从图 8-2 中可以看出，所有未知参数都能被辨识，渐近收敛到固定值，验证了所提控制方案的有效性。模型不确定项和外界扰动项未知上界估计值的时间响应分别如图 8-3 和图 8-4 所示。

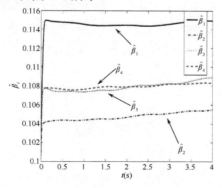

图 8-3　模型不确定项未知上界估计值的时间响应

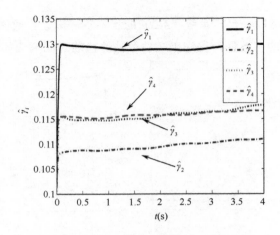

图 8-4　外界扰动项未知上界估计值的时间响应

从图 8-3 和图 8-4 中可以看出，模型不确定项和外界扰动项的未知上界在所设计的自适应律的作用下都能自动辨识到确定值，验证了所提控制方案的可行性。

8.3　本章小结

本章研究了分数阶能源供需系统的自适应镇定控制问题，为保证控制器的应用范围，本章在设计控制器的过程中，充分考虑模型不确定项和外界扰动项的影响。在实际建模过程中，系统参数不可能精确已知，因此，在分析和设计控制器的过程中充分考虑了未知参数的影响。本章提出的控制方案还考虑了死区非线性输入的影响。分数阶 Lyapunov 稳定理论的应用在理论上确保了所提控制方案的可行性，仿真结果进一步验证了所提控制方案的有效性和可行性。

参考文献

[1]　张雷，黄园淅. 改革开放以来中国能源供需格局演变[J]. 经济地理，2009, 29(2):177-184.

[2]　V. Gevorgian, M. Kaiser. Fuel distribution and consumption simulation in the republic of Armenia[J]. Simulation, 1998, 71(9):154-167.

[3]　S. C. Bhattacharyya, G. R. Timilsina. Modeling energy demand of developing countries: Are the specific features adequately captured?[J]. Energy Policy, 2010, 38(4):1979-1990.

[4]　S. Y. Dong. Energy demand projections based on an uncertain dynamic system modeling approach[J]. Energy Sources, 2000, 22(5):443-451.

[5]　M. Sun, L. X. Tian. An energy resources demand-supply system and its dynamicsal analysis[J]. Chaos Solitons and Fractals, 2007, 32(1):168-180.

[6]　M. Sun, X. F. Wang, Ying Chen, et al. Energy resource demand-supply system analysis and empirical research based on nonlinear approach[J]. Energy, 2011, 36(9):5460-5465.

[7]　J. B. Hu, Y. Han, L. D. Zhao. A novel stability theorem for fractional systems and its applying in synchronizing fractional chaotic system based on backstepping approach[J]. Acta Physica Sinica, 2009, 58:2235-2239.

[8]　C. L. Li, Y. N. Tong. Adaptive control and synchronization of a fractional-order chaotic system[J]. Pramana Journal of Physics, 2013, 80:583-592.

[9]　J. B. Hu, Y. Han, L. D. Zhao. Synchronizing fractional chaotic systems based on Lyapunov equation[J]. Acta Physica Sinica, 2008, 57:7522-7526.

[10]　G. Q. Si, Z. Y. Sun, H. Y. Zhang, Y. B. Zhang. Parameter estimation and topology identification of uncertain fractional order complex networks[J]. Communications in Nonlinear Science and Numerical Simulation, 2012, 17:5158-5171.

[11]　L. X. Yang, J. Jiang. Adaptive synchronization of drive-response fractional-order complex dynamical networks with uncertain parameters[J]. Communications in Nonlinear Science and Numerical Simulation, 2014, 17:1496-1506.

第 9 章

受饱和非线性输入影响的分数阶非线性系统的自适应镇定控制研究

9.1 概述

在物理结构和人为操作的限制及安全运行的要求下，大量的实际控制系统都存在执行器饱和的情况。为了准确描述各类带有约束的物理对象，建立的数学模型往往包含执行器饱和现象的非线性项，即使建立的模型中仍然带有线性部分，其也是非线性模型。完善的线性系统理论也难以直接分析带有执行器饱和的非线性系统。因此，研究带有执行器饱和的非线性系统控制理论十分迫切。

20 世纪 50 年代至 80 年代，饱和约束的研究重点大多在时间最优控制、预测控制等方面，且研究规模不大，也没有一套完整的理论框架。发生了几起灾难性事故后，执行器饱和现象才得到足够重视。执行器饱和则控制信号与输出信号之间产生偏差，使闭环系统的某些性能下降，甚至导致系统不稳定并引发一系列事故。这些事故使人们认识到研究带有执行器饱和的工程控制系统的重要性。因此，大量学者开始研究输入饱和约束。

目前，对带有执行器饱和的线性系统的研究已经形成了完整的理论框架，且不断提出新的理论方法。从单输入单输出饱和模型[1]，到时滞饱和系统，再到具有更多约束的多输入多输出系统[2-4]。文献[5]使用不变集估计饱和约束系统的吸引域，主要涉及 Lyapunov 函数的选取及饱和约束的处理；文献[6]提出了多辅助矩阵、凸包分区等方法，进一步估计和扩大饱和线性系统的吸引域。本章对文献[5]和文献[6]进行梳理、总结和归纳，在带有输入饱和约束的非线性系统的研究过程中，使用凸优化方法处理输入饱和约束，并估计连续的线性饱和系统的吸引域。

众所周知，扰动会影响控制系统的性能，因此，设计能够克服模型不确定项和外界扰动项影响的鲁棒控制器成为设计控制系统的关键，也是目前的研究热点。常用的扰动控制方法分为两种：一种是扰动抑制，主要包括随机控制理论、鲁棒控制理论等；另一种是扰动抵消补偿，主要包括内模控制、自抗扰控制、观测器控制等。然而，扰动的来源错综复杂，影响机理千差万别，不同类型的扰动进一步增大了非线性系统控制的难度，特别是非对称、不规则干扰的存在，严重影响了系统的稳定性、准确性和可靠性。因此，对非线性项进行模型描述，并实现对扰动项的估计和抑制，具有重要的实际意义。

为克服模型不确定项和外界扰动项对系统的影响，本章在考虑无法精确辨识全部系统参数的情况下，对受饱和非线性输入影响的分数阶非线性系统的自适应镇定控制进行研究，采用分数阶 Lyapunov 稳定理论对受控系统的稳定性进行分析，验证了所提控制方案的有效性和可行性。

9.2　分数阶非线性系统的自适应镇定控制

9.2.1　分数阶非线性系统的数学模型

本节主要研究受饱和非线性输入影响的分数阶非线性系统的自适应镇定控制，为克服系统未知参数和外界扰动项的影响，设计一种未知参数自适应律，使系统未知参数和外界扰动项未知上界得到有效辨识。受控系统的数学模型为

$$
\begin{cases}
D^{\alpha} x_1 = \boldsymbol{F}_1(\boldsymbol{x})\boldsymbol{\delta}_1 + f_1(\boldsymbol{x}) + \Delta f_1(\boldsymbol{x}) + d_1(t) + \mathrm{sat}[u_1(t)] \\
D^{\alpha} x_2 = \boldsymbol{F}_2(\boldsymbol{x})\boldsymbol{\delta}_2 + f_2(\boldsymbol{x}) + \Delta f_2(\boldsymbol{x}) + d_2(t) + \mathrm{sat}[u_2(t)] \\
\qquad\qquad\qquad\qquad \vdots \\
D^{\alpha} x_n = \boldsymbol{F}_n(\boldsymbol{x})\boldsymbol{\delta}_n + f_n(\boldsymbol{x}) + \Delta f_n(\boldsymbol{x}) + d_n(t) + \mathrm{sat}[u_3(t)]
\end{cases}
\tag{9-1}
$$

式中，$\alpha \in (0, 1)$ 为系统分数阶阶数，$\boldsymbol{x} = (x_1, x_2, \cdots, x_n)^{\mathrm{T}}$ 为系统状态矢量，$\boldsymbol{F}_i(\boldsymbol{x})$ 为系统结构行向量，$\boldsymbol{\delta}_i$ 为系统第 i 个方程中的未知参数列向量，$f_i(\boldsymbol{x})$ 为系统非线性部分描述函数，$\Delta f_i(\boldsymbol{x})$ 和 $d_i(t)$ 分别为系统未建模动态和外界

扰动项。$\mathrm{sat}[u_i(t)]$ 为饱和非线性输入，在详细介绍控制方案前，给出下列假设。

假设 1：饱和非线性函数定义为

$$\mathrm{sat}[u(t)] = \begin{cases} u_H, & u(t) > u^h \\ \theta u(t), & u^l \leqslant u(t) \leqslant u^h \\ u_L, & u(t) < u^l \end{cases} \tag{9-2}$$

式中，u_H，$u^h \in \mathbf{R}^+$ 且 u_L，$u^l \in \mathbf{R}^-$ 为饱和函数的边界，$\theta \in \mathbf{R}$ 为饱和函数线性段斜率。由式（9-2）得到，饱和非线性函数等价为

$$\mathrm{sat}[u(t)] = u(t) + \Delta u(t) \tag{9-3}$$

式中，$\Delta u(t)$ 为

$$\Delta u(t) = \begin{cases} u_H - u(t), & u(t) > u^h \\ (\theta - 1)u(t), & u^l \leqslant u(t) \leqslant u^h \\ u_L - u(t), & u(t) < u^l \end{cases} \tag{9-4}$$

典型饱和非线性函数如图 9-1 所示。

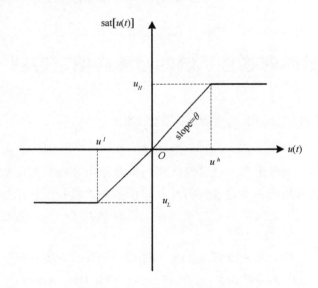

图 9-1　典型饱和非线性函数

假设 2：受控系统中的未建模动态和外界扰动项有界，且上界未知，即

$$\left| \Delta f_i(\boldsymbol{x}) + d_i(t) \right| \leqslant \gamma_i \tag{9-5}$$

式中，γ_i 为未知正数。

假设 3：饱和非线性函数中的不确定项有界且上界未知，即

$$|\Delta u_i(t)| \leqslant \phi_i \qquad (9\text{-}6)$$

式中，ϕ_i 为未知正数。

9.2.2　自适应镇定控制器设计

如果系统模型不确定项和外界扰动项的上界未知，则分数阶非线性系统（9-1）在下列控制器的作用下可实现自适应镇定

$$u_i(t) = -\left[\left| \boldsymbol{F}_i(\boldsymbol{x}) \right| \left| \hat{\boldsymbol{\delta}}_i \right| + |f_i(\boldsymbol{x})| + \hat{\phi}_i + \hat{\gamma}_i + k_i \right] \mathrm{sgn}(x_i) \qquad (9\text{-}7)$$

式中，$\hat{\boldsymbol{\delta}}_i$、$\hat{\phi}_i$ 和 $\hat{\gamma}_i$ 分别为系统参数 $\boldsymbol{\delta}_i$、ϕ_i 和 γ_i 的估计值，$k_i > 0$。$\mathrm{sgn}(\cdot)$ 为符号函数，为避免产生抖振，用 $\tanh(\cdot)$ 代替符号函数。为实现系统未知参数的有效辨识，提出下列自适应律

$$\begin{cases} D^\alpha \hat{\boldsymbol{\delta}}_i = \boldsymbol{F}_i^{\mathrm{T}}(\boldsymbol{x}) x_i \\ D^\alpha \hat{\phi}_i = \rho_i |x_i| \\ D^\alpha \hat{\gamma}_i = \eta_i |x_i| \end{cases} \qquad (9\text{-}8)$$

式中，ρ_i 和 η_i 为自适应增益。下面详细验证所提控制方案的可行性。

基于分数阶 Lyapunov 稳定理论，正定矩阵 $\boldsymbol{P}$ 为

$$\boldsymbol{P} = \mathrm{diag}\left(\boldsymbol{I}_m, \frac{1}{\rho_1}, \cdots, \frac{1}{\rho_n}, \frac{1}{\eta_1}, \cdots, \frac{1}{\eta_n} \right) \qquad (9\text{-}9)$$

式中，$\boldsymbol{I}_m$ 代表维数为 m 单位阵，估计参数向量 $(\hat{\boldsymbol{\delta}}_1^{\mathrm{T}}, \cdots, \hat{\boldsymbol{\delta}}_n^{\mathrm{T}})$ 维数为 $m-n$，记新状态变量 $\boldsymbol{X}^{\mathrm{T}} = (x_1, x_2, \cdots, x_n, \tilde{\boldsymbol{\delta}}_1^{\mathrm{T}}, \cdots, \tilde{\boldsymbol{\delta}}_n^{\mathrm{T}}, \tilde{\phi}_1, \cdots, \tilde{\phi}_n, \tilde{\gamma}_1, \cdots, \tilde{\gamma}_n)$，可建立分数阶非线性系统的判稳函数

$$J = \boldsymbol{X}^{\mathrm{T}} \boldsymbol{P} D^\alpha \boldsymbol{X} \qquad (9\text{-}10)$$

可推导得

$$J = x_1 D^\alpha x_1 + x_2 D^\alpha x_2 + \cdots + x_n D^\alpha x_n + \tilde{\delta}_1^{\mathrm{T}} D^\alpha \tilde{\delta}_1 + \cdots + \tilde{\delta}_n^{\mathrm{T}} D^\alpha \tilde{\delta}_n +$$

$$\frac{1}{\rho_1} \tilde{\phi}_1 D^\alpha \tilde{\phi}_1 + \cdots + \frac{1}{\rho_n} \tilde{\phi}_n D^\alpha \tilde{\phi}_n + \frac{1}{\eta_1} \tilde{\gamma}_1 D^\alpha \tilde{\gamma}_1 + \cdots + \frac{1}{\eta_n} \tilde{\gamma}_n D^\alpha \tilde{\gamma}_n$$

$$= x_1 \left\{ \boldsymbol{F}_1(\boldsymbol{x})\delta_1 + f_1(\boldsymbol{x}) + \Delta f_1(\boldsymbol{x}) + d_1(t) + \mathrm{sat}\left[u_1(t)\right] \right\} + \cdots +$$

$$x_n \left\{ \boldsymbol{F}_n(\boldsymbol{x})\delta_n + f_n(\boldsymbol{x}) + \Delta f_n(\boldsymbol{x}) + d_n(t) + \mathrm{sat}\left[u_n(t)\right] \right\} +$$

$$\tilde{\delta}_1^{\mathrm{T}} D^\alpha \tilde{\delta}_1 + \cdots + \tilde{\delta}_n^{\mathrm{T}} D^\alpha \tilde{\delta}_n + \frac{1}{\rho_1} \tilde{\phi}_1 D^\alpha \tilde{\phi}_1 + \cdots + \frac{1}{\rho_n} \tilde{\phi}_n D^\alpha \tilde{\phi}_n + \qquad (9\text{-}11)$$

$$\frac{1}{\eta_1} \tilde{\gamma}_1 D^\alpha \tilde{\gamma}_1 + \cdots + \frac{1}{\eta_n} \tilde{\gamma}_n D^\alpha \tilde{\gamma}_n$$

$$= x_1 \boldsymbol{F}_1(\boldsymbol{x})\delta_1 + x_1 f_1(\boldsymbol{x}) + x_1 \Delta f_1(\boldsymbol{x}) + x_1 d_1(t) + x_1 u_1(t) +$$

$$x_1 \Delta u_1(t) + \cdots + x_n \boldsymbol{F}_n(\boldsymbol{x})\delta_n + x_n f_n(\boldsymbol{x}) + x_n \Delta f_n(\boldsymbol{x}) + x_n d_n(t) +$$

$$x_n u_n(t) + x_n \Delta u_n(t) + \sum_{i=1}^{n} \tilde{\delta}_i^{\mathrm{T}} D^\alpha \tilde{\delta}_i + \sum_{i=1}^{n} \frac{1}{\rho_i} \tilde{\phi}_i D^\alpha \tilde{\phi}_i + \sum_{i=1}^{n} \frac{1}{\eta_i} \tilde{\gamma}_i D^\alpha \tilde{\gamma}_i$$

$$\leqslant x_1 \boldsymbol{F}_1(\boldsymbol{x})\delta_1 + |x_1| \left| f_1(\boldsymbol{x}) \right| + |x_1| \left[\left| \Delta f_1(\boldsymbol{x}) + d_1(t) \right| \right] + x_1 u_1(t) +$$

$$|x_1| \left| \Delta u_1(t) \right| + \cdots + x_n \boldsymbol{F}_n(\boldsymbol{x})\delta_n + |x_n| \left| f_n(\boldsymbol{x}) \right| + |x_n| \left[\left| \Delta f_n(\boldsymbol{x}) + d_n(t) \right| \right] +$$

$$x_n u_n(t) + |x_n| \left| \Delta u_n(t) \right| + \sum_{i=1}^{n} \tilde{\delta}_i^{\mathrm{T}} D^\alpha \tilde{\delta}_i + \sum_{i=1}^{n} \frac{1}{\rho_i} \tilde{\phi}_i D^\alpha \tilde{\phi}_i + \sum_{i=1}^{n} \frac{1}{\eta_i} \tilde{\gamma}_i D^\alpha \tilde{\gamma}_i$$

根据式（9-8）中第一个方程，有

$$\sum_{i=1}^{n} \tilde{\delta}_i^{\mathrm{T}} D^\alpha \tilde{\delta}_i = \sum_{i=1}^{n} (\hat{\delta}_i - \delta_i)^{\mathrm{T}} D^\alpha \hat{\delta}_i = \sum_{i=1}^{n} \hat{\delta}_i^{\mathrm{T}} \boldsymbol{F}_i^{\mathrm{T}}(\boldsymbol{x}) x_i - \sum_{i=1}^{n} \delta_i^{\mathrm{T}} \boldsymbol{F}_i^{\mathrm{T}}(\boldsymbol{x}) x_i \qquad (9\text{-}12)$$

$$= \sum_{i=1}^{n} x_i \boldsymbol{F}_i(\boldsymbol{x}) \hat{\delta}_i - \sum_{i=1}^{n} x_i \boldsymbol{F}_i(\boldsymbol{x}) \delta_i$$

将式（9-12）代入式（9-11），并根据式（9-5）、式（9-6）和式（9-8），可得

$$J \leqslant |x_1| \left| f_1(\boldsymbol{x}) \right| + |x_1| \left[\left| \Delta f_1(\boldsymbol{x}) + d_1(t) \right| \right] + x_1 u_1(t) + |x_1| \left| \Delta u_1(t) \right| + \cdots + |x_n| \left| f_n(\boldsymbol{x}) \right| +$$

$$|x_n| \left[\left| \Delta f_n(\boldsymbol{x}) + d_n(t) \right| \right] + x_n u_n(t) + |x_n| \left| \Delta u_n(t) \right| + \sum_{i=1}^{n} x_i \boldsymbol{F}_i(\boldsymbol{x}) \hat{\delta}_i +$$

$$\sum_{i=1}^{n} \frac{1}{\rho_i} \tilde{\phi}_i D^\alpha \tilde{\phi}_i + \sum_{i=1}^{n} \frac{1}{\eta_i} \tilde{\gamma}_i D^\alpha \tilde{\gamma}_i \qquad (9\text{-}13)$$

$$\leqslant |x_1| \left| f_1(\boldsymbol{x}) \right| + \gamma_1 |x_1| + x_1 u_1(t) + \phi_1 |x_1| + \cdots + |x_n| \left| f_n(\boldsymbol{x}) \right| + \gamma_n |x_n| +$$

$$x_n u_n(t) + \phi_n |x_n| + \sum_{i=1}^{n} x_i \boldsymbol{F}_i(\boldsymbol{x}) \hat{\delta}_i + \sum_{i=1}^{n} \left(\hat{\phi}_i - \phi_i \right) |x_i| + \sum_{i=1}^{n} \left(\hat{\gamma}_i - \gamma_i \right) |x_i|$$

$$= |x_1| \left| f_1(\boldsymbol{x}) \right| + x_1 u_1(t) + \cdots + |x_n| \left| f_n(\boldsymbol{x}) \right| + x_n u_n(t) + \sum_{i=1}^{n} x_i \boldsymbol{F}_i(\boldsymbol{x}) \hat{\delta}_i + \sum_{i=1}^{n} \hat{\phi}_i |x_i| + \sum_{i=1}^{n} \hat{\gamma}_i |x_i|$$

将式（9-7）代入式（9-13），可得

$$J \leqslant |x_1||f_1(x)| - x_1\left[|F_1(x)||\hat{\delta}_1| + |f_1(x)| + \hat{\phi}_1 + \hat{\gamma}_1 + k_1\right]\text{sgn}(x_1) + \cdots + |x_n||f_n(x)| -$$

$$x_n\left[|F_n(x)||\hat{\delta}_n| + |f_n(x)| + \hat{\phi}_n + \hat{\gamma}_n + k_n\right]\text{sgn}(x_n) + \tag{9-14}$$

$$\sum_{i=1}^{n} x_i F_i(x)\hat{\delta}_i + \sum_{i=1}^{n} \hat{\phi}_i|x_i| + \sum_{i=1}^{n} \hat{\gamma}_i|x_i|$$

因为 $x_i\,\text{sgn}(x_i) = |x_i|$，所以

$$J \leqslant -k_1|x_1| - k_2|x_2| - \cdots - k_n|x_n| \leqslant -k\|x\| < 0 \tag{9-15}$$

式中，$k = \min\{k_i\} > 0$（$i = 1, 2, \cdots, n$）。根据分数阶 Lyapunov 稳定理论的结论可知，受控系统是渐近稳定的，从理论上验证了所提控制方案的有效性和可行性。

9.2.3　仿真

下面通过仿真实例验证所提控制方案的有效性和可行性。

以分数阶 Chen 系统为对象，考虑未知参数、模型不确定项和饱和非线性输入的影响，将系统描述为

$$\begin{cases} D^\alpha x_1 = a(x_2 - x_1) + \Delta f_1(x) + d_1(t) + \text{sat}[u_1(t)] \\ D^\alpha x_2 = bx_1 + cx_2 - x_1 x_3 + \Delta f_2(x) + d_2(t) + \text{sat}[u_2(t)] \\ D^\alpha x_3 = -dx_3 + x_1 x_2 + \Delta f_3(x) + d_3(t) + \text{sat}[u_3(t)] \end{cases} \tag{9-16}$$

令 $\alpha = 0.92$，$k_1 = k_2 = k_3 = 5$，$\rho_1 = \rho_2 = \rho_3 = 2$，$\eta_1 = \eta_2 = \eta_3 = 4$，在本仿真实例中，$F_1(x) = x_2 - x_1$，$F_2(x) = -x_3$，$\delta_1 = a$，$\delta_2 = (b, c)^\text{T}$，$\delta_3 = d$，初始条件为 $x(0) = (5, 8, -4)^\text{T}$，$\hat{\delta}_1(0) = 0$，$\hat{\delta}_2(0) = (0, 0)^\text{T}$，$\hat{\delta}_3(0) = 0$，$\hat{\phi}_1(0) = \hat{\phi}_2(0) = \hat{\phi}_3(0) = 0$，$\hat{\gamma}_1(0) = \hat{\gamma}_2(0) = \hat{\gamma}_3(0) = 0$，模型不确定项和外界扰动项为

$$\begin{cases} \Delta f_1(x) + d_1(t) = 0.025\cos(2t)x_1 + 0.015\sin(t) \\ \Delta f_2(x) + d_2(t) = -0.02\cos(6t)x_2 + 0.01\sin(2t) \\ \Delta f_3(x) + d_3(t) = 0.015\cos(3t)x_3 + 0.02\sin(3t) \end{cases} \tag{9-17}$$

饱和非线性函数为

$$\text{sat}[u_1(t)] = \begin{cases} 5, & u_1(t) \geqslant 1 \\ 5u_1(t), & -1 \leqslant u_1(t) \leqslant 1 \\ -5, & u_1(t) \leqslant -1 \end{cases} \quad （9\text{-}18）$$

$$\text{sat}[u_2(t)] = \begin{cases} 8, & u_2(t) \geqslant 2 \\ 4u_2(t), & -2 \leqslant u_2(t) \leqslant 2 \\ -8, & u_2(t) \leqslant -2 \end{cases} \quad （9\text{-}19）$$

$$\text{sat}[u_3(t)] = \begin{cases} 6, & u_3(t) \geqslant 1.5 \\ 4u_3(t), & -1.5 \leqslant u_3(t) \leqslant 1.5 \\ -6, & u_3(t) \leqslant -1.5 \end{cases} \quad （9\text{-}20）$$

激活控制器时，受控系统的期望状态轨迹收敛曲线如图 9-2 所示。

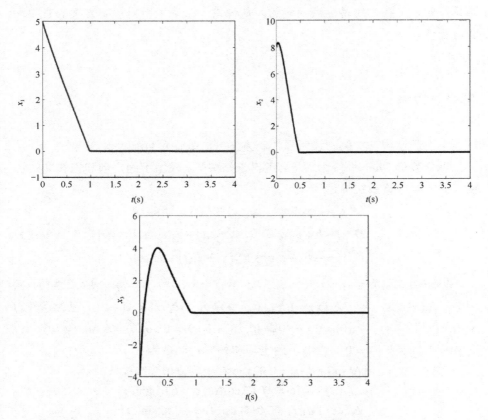

图 9-2 受控系统的期望状态轨迹收敛曲线

　　从图中可以看出，在控制器（9-7）的作用下，受控系统（9-1）渐近镇定，其状态轨迹渐近收敛到零，验证了所提控制方案的有效性。

　　系统未知参数估计值的时间响应如图 9-3 所示。

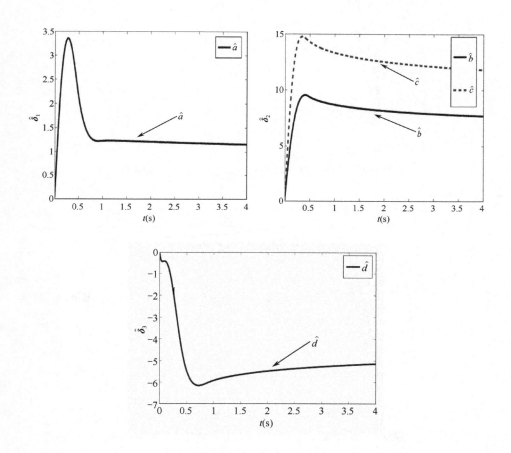

图 9-3　系统未知参数估计值的时间响应

　　从图 9-3 中可以看出，所有未知参数都渐近收敛到固定值，表明在所提自适应律的作用下，所有系统未知参数都能得到有效辨识。

　　系统不确定项和系统输入不确定项未知上界估计值的时间响应分别如图 9-4 和图 9-5 所示。

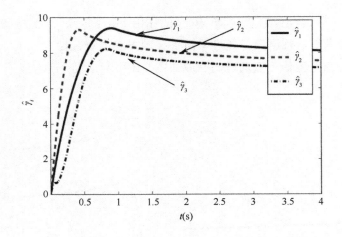

图 9-4　系统不确定项未知上界估计值的时间响应

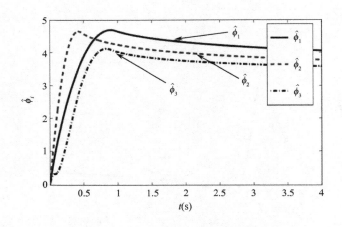

图 9-5　系统输入不确定项未知上界估计值的时间响应

　　从图 9-4 和图 9-5 中可以看出，所有系统不确定项未知上界都能得到有效辨识，表明系统能克服模型不确定项、外界扰动项和输入不确定项的影响，具有较强的鲁棒性。为进一步验证控制输入的效果，得到控制输入的时间响应如图 9-6 所示，表明所提控制方案能完全消除饱和非线性输入的影响。

　　仿真结果充分验证了所提控制方案的可行性，鲁棒控制器可以很好地消除饱和非线性输入带来的不利影响。

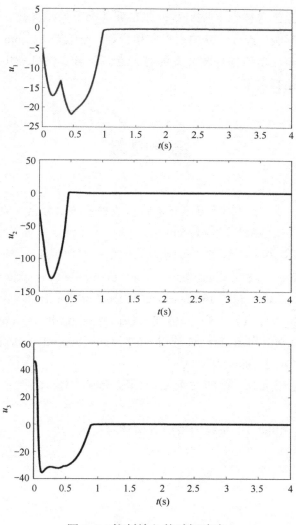

图 9-6　控制输入的时间响应

9.3　本章小结

本章总结了饱和非线性输入给系统带来的不利影响和已有控制方案，研究了受饱和非线性输入影响的分数阶非线性系统的自适应镇定控制。为使受控系统具有较强的鲁棒性，控制器设计充分考虑了未知参数、未建模动态和外界扰动项的影响，具有较高的工程应用价值，分数阶 Lyapunov 稳定理论的应用在理论上验证了所提控制方案的可行性，仿真实例进一步验证了所提控制方案的优良控制效果。

参考文献

[1]   魏爱荣, 赵克友. 执行器饱和单输入线性系统的分析和设计[J]. 山东大学学报（工学版）, 2004, 6:66-69.

[2]   王乃洲. 饱和非线性系统控制[D]. 广东：华南理工大学, 2014.

[3]   H. J. Yang, P. Shi. Analysis and design for delta operator systems with actuator saturation[J]. International Journal of Control, 2014, 875:427-493.

[4]   G. F. Song, J. Z. Li, Z. Li, Y. M. Bo. Quantised feedback control for bilinear systems with actuator saturation[J]. International Journal of Systems Science, 2015, 468:246-271.

[5]   林宗利, 李元龙. 饱和约束系统的吸引域估计[J]. 控制与决策, 2018, 33(5):824-834.

[6]   李元龙. 饱和约束系统的吸引域估计与扩展[D]. 上海：上海交通大学, 2015.

第 10 章

基于新型滑模控制技术的不确定分数阶非线性系统的鲁棒自适应镇定控制研究

10.1 概述

在实际系统的运行过程中，设备摩擦、测量误差、未建模动态、设备故障等导致分数阶非线性系统不仅难以建立完整、精确的数学模型，还难以获得较为理想的系统控制品质。不确定分数阶非线性系统主要有滑模控制、自适应控制和鲁棒控制 3 种控制方式。滑模控制技术具有稳定性较强、不需要精确模型和响应速度快等优点，是实现分数阶非线性控制的首选。滑模控制技术的应用一般包括滑模面设计和滑模控制器设计。滑模面设计的目标是使系统的状态轨迹在到达滑模面时，能够沿滑模面运行到原点。滑模控制器设计的目标是使系统的状态轨迹到达滑模面。滑模控制技术应用简单、可操作性强，在物理上容易实现。

滑模控制的非线性表现为控制的不连续性，可以对其进行设计且与对象参数及扰动无关，这种控制方案对于不确定性系统来说具有较强的鲁棒性[1]。虽然滑模控制具有许多优点，但其特性导致系统的状态轨迹在到达滑模面时，难以沿滑模面向平衡点运动，而是在滑模面两侧做往复运动，使系统的控制力矩出现抖振[2]。目前，滑模控制中产生的抖振主要来自以下方面[3]。

（1）空间和时间的滞后。当系统的状态轨迹接近滑模面时，开关器件滞后导致原本精准的控制出现偏移，当系统的状态轨迹到达滑模面时，控制不能及时切换，产生抖振。

（2）离散时间系统。离散时间系统是不连续系统，其控制不够精准，使系统不能准确到达滑模面，而是在滑模面附近做往复运动，产生抖振。

（3）系统惯性。惯性是物理系统的固有属性，当系统的状态轨迹到达滑模面时，其速度不能瞬时降为零，产生抖振。

滑模控制必须克服抖振的影响，严重的抖振可能会影响系统的稳定性。为了解决抖振问题，传统的一阶滑模控制器通常用饱和函数或双曲正切函数代替符号函数，即边界层法。Mobayen 等针对时变不确定性系统，采用 PID 技术设计了一种新型滑模控制器，通过引入饱和函数削弱抖振的影响[4]，但是也带来了系统状态轨迹无法在给定时间内到达滑模面的问题，降低了滑模控制器的精度。实际上，采用边界层法时，系统的滑模态并没有驻留在滑模面上，而是在停留在滑模面内。因此，滑模控制不能发挥强鲁棒性和对匹配干扰的不变性等优势。国内学者高为炳教授提出的修改趋近律方法也可以克服滑模抖振[5]，可以通过调节趋近律参数使系统控制获得较好的动态性能，削弱抖振的影响。

文献[6]提出采用高阶滑模控制解决控制器抖振问题。与一阶滑模控制相比，高阶滑模控制能够显著提高控制精度并保留对匹配干扰的不变性和强鲁棒性。将高阶滑模控制技术与自适应思想结合，可以得到系统未知参数的估计值，从而在线调节控制器增益，提高系统的控制性能。目前，二阶滑模控制方案吸引了众多学者的注意。例如，李鹏基于齐次理论，提出有限时间自适应二阶滑模控制器设计方案并将其用于机器人控制，物理实现简单且易操作[7]；Mondal 根据机器人动力学模型设计了二阶终端滑模控制器，可以通过积分克服导数中不连续项的不利影响[8]，基于滑模变量设计的参数自适应律可以实现不确定项上界的在线估计，增强控制效果；冉德超将二阶滑模自适应控制技术应用于航天器有限时间控制，实现了高阶滑模控制技术的工程应用[9]；刘海龙设计了二阶滑模协同控制器，实现了无人机协同编队作业[10]。

本章主要研究具有模型不确定项和外界扰动项的分数阶非线性系统的鲁棒自适应镇定控制，可以使用新型滑模控制技术将 n 维系统的镇定问题转化为降维系统的镇定问题，换言之，在所提控制方案的作用下，如果降维系统是稳定的，则原 n 维系统也是稳定的。基于二阶滑模控制技术，本章设计了鲁棒控制律，可以很好地抑制传统滑模控制器的抖振，具有较好的控制效果。

10.2　分数阶方程求解方法

预测校正算法是求解分数阶微分方程的常用方法,其由 Diethelm 提出[11]。分数阶微分方程为

$$D^{\alpha} X = F(t, X) , \quad 0 \leqslant t \leqslant T , \quad X(0) = X_0 \tag{10-1}$$

式（10-1）与 Volterra 积分方程等价

$$X(t) = X_0 + \frac{1}{\Gamma(\alpha)} \int_0^t \frac{F(\tau, X)}{(t-\tau)^{1-\alpha}} \mathrm{d}\tau \tag{10-2}$$

在数值计算过程中，选择节点 $t_j (j = 0, 1, 2, \cdots, n+1)$ 构造权值函数 $(t_{n+1} - \tau)^{\alpha-1}$，即

$$\int_0^{t_{n+1}} (t_{n+1} - \tau)^{\alpha-1} G(\tau) \mathrm{d}\tau \approx \int_0^{t_{n+1}} (t_{n+1} - \tau)^{\alpha-1} \tilde{G}_{n+1}(\tau) \mathrm{d}\tau \tag{10-3}$$

式中，$\tilde{G}_{n+1}$ 为 G 和节点 t_j 的分段线性差值函数，基于正交理论，式（10-3）等号右边的积分可以描述为

$$\int_0^{t_{n+1}} (t_{n+1} - \tau)^{\alpha-1} \tilde{G}_{n+1}(\tau) \mathrm{d}\tau = \frac{h^{\alpha}}{\alpha(\alpha+1)} \sum_{j=0}^{n+1} a_{j, n+1} G(t_j) \tag{10-4}$$

式中

$$a_{j,n+1} = \begin{cases} n^{\alpha+1} - (n-\alpha)(n+1)^{\alpha+1}, & j = 0 \\ (n-j+2)^{\alpha+1} + (n-j)^{\alpha+1} - 2(n-j+1)^{\alpha+1}, & 1 \leqslant j \leqslant n \\ 1, & j = n+1 \end{cases} \tag{10-5}$$

令 $h = T/N$，$t_n = nh$（$n = 0, 1, \cdots, N$）。$X_h(t_n)$ 是 $x(t_n)$ 的近似值，如果能够计算出 $X_h(t_j)$，则 $X_h(t_{n+1})$ 也能通过式（10-6）计算得到。

$$X_h(t_{n+1}) = \begin{cases} X_0 + \dfrac{h^{\alpha}}{\Gamma(\alpha+2)} \left\{ F[t_1, X_h^p(t_1)] + \alpha F[t_0, X_h(t_0)] \right\}, & n = 0 \\ X_0 + \dfrac{h^{\alpha}}{\Gamma(\alpha+2)} \left\{ F[t_{n+1}, X_h^p(t_{n+1})] + \sum_{j=0}^{n} a_{j, n+1} F[t_j, X_h(t_j)] \right\}, & n > 0 \end{cases} \tag{10-6}$$

可以使用预测公式计算 $X_h^p(t_1)$ 和 $X_h^p(t_{n+1})$ 的值,下列数值近似公式可以应用于相关近似计算。

$$\int_0^{t_{n+1}} (t_{n+1}-\tau)^{\alpha-1} G(\tau) \mathrm{d}\tau \approx \sum_{j=0}^{n} b_{j,n+1} G(t_j) \qquad (10\text{-}7)$$

式中

$$b_{j,n+1} = \begin{cases} b_{0,1} = \dfrac{h^\alpha}{\alpha}, & n=0 \\[3mm] \dfrac{h^\alpha}{\alpha}[(n+1-j)^\alpha - (n-j)^\alpha], & n>0 \end{cases} \qquad (10\text{-}8)$$

为近似式（10-2）中的变量，给出下列预测公式

$$X_h^p(t_{n+1}) = \begin{cases} X_0 + \dfrac{h^\alpha}{\Gamma(\alpha+1)} F[t_0, X_h(t_0)], & n=0 \\[3mm] X_0 + \dfrac{h^\alpha}{\Gamma(\alpha+1)} \left\{ \sum_{j=0}^{n} \left[(n+1-j)^\alpha - (n-j)^\alpha \right] F\left[t_j, X_h(t_j) \right] \right\}, & n>0 \end{cases} \qquad (10\text{-}9)$$

式（10-9）中的误差为

$$e = \max_{j=0,1,2,\cdots,N} \left| X(t_j) - X_h(t_j) \right| = O\!\left(h^{\min\{2,1+\alpha\}} \right) \qquad (10\text{-}10)$$

通过上述计算，可以得到分数阶微分方程的数值解，为后续分数阶系统的仿真验证提供了理论基础。

10.3　不确定分数阶非线性系统的鲁棒自适应镇定控制

10.3.1　数学描述

引理 1：系统 $D^\alpha \boldsymbol{x}(t) = \boldsymbol{A}\boldsymbol{x}(t)$ 渐近稳定的充要条件为 $\left| \arg[\mathrm{spec}(\boldsymbol{A})] \right| > \alpha\pi/2$，当矩阵满足此条件时，系统的每个状态都渐近收敛到 0。

引理 2：如果 $\alpha < 2$，β 为任意实数，μ 满足 $\alpha\pi/2 < \mu < \min\{\pi, \alpha\pi\}$，K 为正实常数，则

$$\left| E_{\alpha,\beta}(z) \right| \leqslant \frac{\mathrm{K}}{1+|z|}, \quad \mu \leqslant |\arg(z)| \leqslant \pi, \quad |z| > 0 \qquad (10\text{-}11)$$

引理 3：考虑 Mittag-Leffler 函数，其拉普拉斯变换满足

$$L\left\{t^{\beta-1}E_{\alpha,\beta}(-\lambda t^{\alpha})\right\}=\frac{s^{\alpha-\beta}}{s^{\alpha}+\lambda}, \quad R(s)>|\lambda|^{\frac{1}{\alpha}} \qquad （10-12）$$

式中，t 和 s 分别为时域和复数域变量。

考虑 n 维不确定分数阶链式系统

$$\begin{cases} D^{\alpha}x_1 = x_2 \\ D^{\alpha}x_2 = x_3 \\ \quad\vdots \\ D^{\alpha}x_n = f(\boldsymbol{x})+\Delta f(\boldsymbol{x})+d(t)+u(t) \end{cases} \qquad （10-13）$$

式中，$\alpha \in (0,1)$ 为系统分数阶阶次，$\boldsymbol{x}(t)=[x_1, x_2, \cdots, x_n]^{\mathrm{T}}$ 为系统状态矢量，$f(\boldsymbol{x})$ 为系统关于状态矢量的非线性函数，$\Delta f(\boldsymbol{x})$ 和 $d(t)$ 分别为系统模型不确定项和外界扰动项，$u(t)$ 为控制输入。

假设 1：模型不确定项 $\Delta f(\boldsymbol{x})$ 和外界扰动项 $d(t)$ 可微，且其一阶导数有界，则存在已知正数 δ，满足

$$\left|\frac{\mathrm{d}}{\mathrm{d}t}[\Delta f(\boldsymbol{x})+d(t)]\right| \leqslant \delta \qquad （10-14）$$

为了设计抗抖振的二阶滑模控制器，式（10-14）给出了对模型不确定项和外界扰动项的一阶导数上界假设，在传统的一阶滑模控制器中，该假设不是必需的，因此，可以将假设 1 看作二阶滑模控制技术应用过程中的标准假设。

本章的任务是设计一个抗抖振的二阶滑模控制器，以实现系统（10-13）的镇定控制。

10.3.2　滑模控制器设计

建立一个简单线性滑模面，将 n 维系统的控制问题转化为降维系统的镇定问题，该滑模面的具体形式为

$$\psi = x_n + \sum_{i=1}^{n-1} c_i x_i \qquad （10-15）$$

式中，$c_i(i=1, 2, \cdots, n-1)$ 为滑模面参数。系统运行到滑模态时，有下列等式成立

$$\begin{cases} \psi = 0 \\ \dot{\psi} = 0 \end{cases} \qquad （10-16）$$

根据式（10-15），可得

$$x_n = -\sum_{i=1}^{n-1} c_i x_i \qquad (10\text{-}17)$$

根据式（10-17），可以将系统（10-13）转化为 n-1 维系统

$$\begin{cases} D^\alpha x_1 = x_2 \\ D^\alpha x_2 = x_3 \\ \qquad \vdots \\ D^\alpha x_{n-1} = -\sum_{i=1}^{n-1} c_i x_i \end{cases} \qquad (10\text{-}18)$$

其矩阵形式为

$$D^\alpha \overline{x} = \begin{pmatrix} 0 & 1 & 0 & \cdots & 0 \\ 0 & 0 & 1 & \cdots & 0 \\ \vdots & \vdots & \vdots & & \vdots \\ -c_1 & -c_2 & -c_3 & \cdots & -c_{n-1} \end{pmatrix} \overline{x} = A\overline{x} \qquad (10\text{-}19)$$

式中，$\overline{x} = [x_1, x_2, \cdots, x_{n-1}]^T$，显然系统（10-19）比系统（10-13）的维数少。为使系统（10-19）稳定，根据引理 1，滑模参数 c_i 必须使式（10-19）中系统矩阵 A 的特征值有负实部，如果系统（10-19）渐近稳定，则由式（10-17）可以推导得到 x_n 渐近稳定，即系统（10-13）渐近镇定。因此，在滑模控制变量 ψ 的作用下，n 维系统的控制问题转化为降维系统的镇定问题。

为减小抖振的影响，采用二阶滑模控制技术设计控制律，为得到期望动态（10-17），构建动态分数阶积分型滑模面

$$\sigma = D^{\alpha-1}|\psi| + \eta_1 D^{\alpha-1}\psi + \eta_2 \int_0^t [\psi + \mathrm{sgn}(\psi)]\mathrm{d}\tau \qquad (10\text{-}20)$$

式中，$\eta_1 > 1$，$\eta_2 > 0$，在二阶滑模控制器的作用下，滑模变量 σ 将在有限时间内收敛到 0。式（10-20）两边对时间求一阶导数，可得

$$\dot{\sigma} = D^\alpha|\psi| + \eta_1 D^\alpha\psi + \eta_2[\psi + \mathrm{sgn}(\psi)] \qquad (10\text{-}21)$$

当 σ 运行在滑模态时，有

$$\begin{cases} \sigma = 0 \\ \dot{\sigma} = 0 \end{cases} \qquad (10\text{-}22)$$

根据式（10-22）可以得到系统期望滑模态为

$$D^\alpha\psi = -\frac{\eta_2[\psi + \mathrm{sgn}(\psi)]}{\mathrm{sgn}(\psi) + \eta_1} \qquad (10\text{-}23)$$

根据假设 1，考虑式（10-13）、式（10-15）和式（10-29），如果设计的二阶滑模控制器具有下列形式，则 σ 在有限时间内收敛到 0。

$$
\begin{cases}
u(t) = -f(\boldsymbol{x}) - \sum_{i=1}^{n-1} c_i x_{i+1} - [\operatorname{sgn}(\psi) + \eta_1]^{-1} \left\{ \eta_2 [x_n + \sum_{i=1}^{n-1} c_i x_i + \operatorname{sgn}(\psi)] + \right. \\
\qquad \left. k_1 |\sigma|^{\frac{1}{2}} \operatorname{sgn}(\sigma) + k_2 \sigma - z \right\} \\
\dot{z} = -k_3 \operatorname{sgn}(\sigma) - k_4 \sigma
\end{cases}
\tag{10-24}
$$

式中，k_1、k_2、k_3、k_4 为控制器参数，其满足下列条件

$$
\begin{cases}
k_1 > 0 \\
k_2 > 2\sqrt{\bar{\delta}} \\
k_3 > \bar{\delta} \\
k_4 > k_2^2 \dfrac{k_1^2 + \dfrac{5}{2}\left(\dfrac{1}{4}k_1^2 - \bar{\delta} + k_1 k_3\right)}{\dfrac{1}{4}k_1^2 - \bar{\delta} + k_1 k_3}
\end{cases}
\tag{10-25}
$$

式中，$\bar{\delta} = (1 + \eta_1)\delta$。下面验证所设计的二阶滑模控制器的有效性和可行性。

对式（10-20）求一阶导数，可得

$$
\begin{aligned}
\dot{\sigma} &= \frac{\mathrm{d}}{\mathrm{d}t}\left\{ D^{\alpha-1} |\psi| + \eta_1 D^{\alpha-1}\psi + \eta_2 \int_0^t [\psi + \operatorname{sgn}(\psi)]\mathrm{d}\tau \right\} \\
&= D^{\alpha} |\psi| + \eta_1 D^{\alpha}\psi + \eta_2 [\psi + \operatorname{sgn}(\psi)] \\
&= [\operatorname{sgn}(\psi) + \eta_1] D^{\alpha}\psi + \eta_2 [\psi + \operatorname{sgn}(\psi)]
\end{aligned}
\tag{10-26}
$$

将式（10-15）代入式（10-26），根据式（10-13），可得

$$
\begin{aligned}
\dot{\sigma} &= [\operatorname{sgn}(\psi) + \eta_1](D^{\alpha} x_n + \sum_{i=1}^{n-1} c_i x_{i+1}) + \eta_2 [x_n + \sum_{i=1}^{n-1} c_i x_i + \operatorname{sgn}(\psi)] \\
&= [\operatorname{sgn}(\psi) + \eta_1][f(\boldsymbol{x}) + \Delta f(\boldsymbol{x}) + d(t) + u(t) + \sum_{i=1}^{n-1} c_i x_{i+1}] + \\
&\quad \eta_2 [x_n + \sum_{i=1}^{n-1} c_i x_i + \operatorname{sgn}(\psi)]
\end{aligned}
\tag{10-27}
$$

将式（10-24）代入式（10-27），可得

$$
\begin{cases}
\dot{\sigma} = -k_1 |\sigma|^{\frac{1}{2}} - k_2 \sigma + z + \varphi(t) \\
\dot{z} = -k_3 \operatorname{sgn}(\sigma) - k_4 \sigma
\end{cases}
\tag{10-28}
$$

式中，$\varphi(t) = [\operatorname{sgn}(\psi) + \eta_1][\Delta f(\boldsymbol{x}) + d(t)]$，根据假设 1，有

$$\left|\frac{\mathrm{d}}{\mathrm{d}t}\varphi(t)\right|\leqslant(1+\eta_1)\left|\frac{\mathrm{d}}{\mathrm{d}t}[\Delta f(\boldsymbol{x})+d(t)]\right|\leqslant(1+\eta_1)\delta=\overline{\delta} \qquad (10\text{-}29)$$

令 $\rho=z+\varphi(t)$ ，则式（10-28）变为

$$\begin{cases} \dot{\sigma}=-k_1|\sigma|^{\frac{1}{2}}\operatorname{sgn}(\sigma)-k_2\sigma+\rho \\ \dot{\rho}=-k_3\operatorname{sgn}(\sigma)-k_4\sigma+\dfrac{\mathrm{d}}{\mathrm{d}t}\varphi(t) \end{cases} \qquad (10\text{-}30)$$

为分析式（10-30）描述的系统的稳定性，选择 Lyapunov 函数为

$$V_1(t)=2k_3|\sigma|+k_4\sigma^2+\frac{1}{2}\rho^2+\frac{1}{2}\Big[k_1|\sigma|^{\frac{1}{2}}\operatorname{sgn}(\sigma)+k_2\sigma-\rho\Big]^2 \quad (10\text{-}31)$$

可以将式（10-31）改写为二次型形式 $V_1(t)=\boldsymbol{\xi}^{\mathrm{T}}\boldsymbol{P}\boldsymbol{\xi}$ ，其中

$$\begin{cases} \boldsymbol{\xi}=[|\sigma|^{\frac{1}{2}}\operatorname{sgn}(\sigma) \quad \sigma \quad \rho]^{\mathrm{T}} \\ \boldsymbol{P}=\dfrac{1}{2}\begin{pmatrix} 4k_3+k_1^2 & k_1k_2 & -k_1 \\ k_1k_2 & 2k_4+k_2^3 & -k_2 \\ -k_1 & -k_2 & 2 \end{pmatrix} \end{cases} \qquad (10\text{-}32)$$

显然，当 $k_3>0$ 时， $V_1(t)$ 正定且径向无界，满足

$$\lambda_{\min}(\boldsymbol{P})\|\boldsymbol{\xi}\|_2^2\leqslant V_1(t)\leqslant\lambda_{\max}(\boldsymbol{P})\|\boldsymbol{\xi}\|_2^2 \qquad (10\text{-}33)$$

式中，$\|\boldsymbol{\xi}\|_2^2=|\sigma|+\sigma^2+\rho^2$ 为向量 $\boldsymbol{\xi}$ 的二范数， $\lambda_{\min}(\boldsymbol{P})$ 和 $\lambda_{\max}(\boldsymbol{P})$ 分别为矩阵 $\boldsymbol{P}$ 的最小特征值和最大特征值。对 $V_1(t)$ 求一阶导数，并根据式（10-30）进行简单推导，可得

$$\dot{V}_1(t)=-(k_2k_3+2k_1^2k_2)|\sigma|-(k_2k_4+k_2^3)\sigma^2+2k_2^2\sigma\rho-k_2\rho^2-\frac{1}{|\sigma|^{\frac{1}{2}}}$$

$$\Bigg[\left(k_1k_3+\frac{k_1^3}{2}\right)|\sigma|-k_1^2|\sigma|^{\frac{1}{2}}\operatorname{sgn}(\sigma)\rho+\left(k_1k_4+\frac{5k_1k_2^2}{2}\right)\sigma^2- \quad (10\text{-}34)$$

$$3k_1k_2\sigma\rho+\frac{k_1}{2}\rho^2\Bigg]+[-k_1|\sigma|^{\frac{1}{2}}\operatorname{sgn}(\sigma)-k_2\sigma+2\rho]\frac{\mathrm{d}}{\mathrm{d}t}\varphi(t)$$

化简得

$$\dot{V}_1(t)=-\frac{1}{|\sigma|^{\frac{1}{2}}}\boldsymbol{\xi}^{\mathrm{T}}\boldsymbol{Q}_1\boldsymbol{\xi}-\boldsymbol{\xi}^{\mathrm{T}}\boldsymbol{Q}_2\boldsymbol{\xi}+\boldsymbol{w}^{\mathrm{T}}\frac{\mathrm{d}}{\mathrm{d}t}\varphi(t)\boldsymbol{\xi} \qquad (10\text{-}35)$$

式中， $\boldsymbol{w}^{\mathrm{T}}=[-k_1,\ -k_2,\ 2]^{\mathrm{T}}$ ，且

$$\begin{cases} \boldsymbol{Q}_1 = \begin{pmatrix} k_1k_3 + \dfrac{1}{2}k_1^3 & 0 & -\dfrac{1}{2}k_1^2 \\[2mm] 0 & k_1k_4 + \dfrac{5}{2}k_1k_2^2 & -\dfrac{3k_1k_2}{2} \\[2mm] -\dfrac{1}{2}k_1^2 & -\dfrac{3k_1k_2}{2} & \dfrac{1}{2}k_1 \end{pmatrix} \\[12mm] \boldsymbol{Q}_2 = \begin{pmatrix} k_2k_3 + 2k_1^2k_2 & 0 & 0 \\[2mm] 0 & k_2k_4 + k_2^3 & -k_2^2 \\[2mm] 0 & -k_2^2 & k_2 \end{pmatrix} \end{cases} \quad （10\text{-}36）$$

根据式（10-29）和参考文献[12]，式（10-35）可描述为

$$\dot{V}_1(t) \leqslant -\frac{1}{|\sigma|^{\frac{1}{2}}}\boldsymbol{\xi}^{\mathrm{T}}\tilde{\boldsymbol{Q}}_1\boldsymbol{\xi} - \boldsymbol{\xi}^{\mathrm{T}}\tilde{\boldsymbol{Q}}_2\boldsymbol{\xi} \quad （10\text{-}37）$$

式中

$$\begin{cases} \tilde{\boldsymbol{Q}}_1 = \begin{pmatrix} k_1k_3 + \dfrac{1}{2}k_1^3 - k_1\bar{\delta} & 0 & -\dfrac{1}{2}k_1^2 - \bar{\delta} \\[2mm] 0 & k_1k_4 + \dfrac{5}{2}k_1k_2^2 & -\dfrac{3k_1k_2}{2} \\[2mm] -\dfrac{1}{2}k_1^2 - \bar{\delta} & -\dfrac{3k_1k_2}{2} & \dfrac{1}{2}k_1 \end{pmatrix} \\[14mm] \tilde{\boldsymbol{Q}}_2 = \begin{pmatrix} k_2k_3 + 2k_1^2k_2 - k_2\bar{\delta} & 0 & 0 \\[2mm] 0 & k_2k_4 + k_2^3 & -k_2^2 \\[2mm] 0 & -k_2^2 & k_2 \end{pmatrix} \end{cases} \quad （10\text{-}38）$$

显然，如果 $\tilde{\boldsymbol{Q}}_1 > 0$ 且 $\tilde{\boldsymbol{Q}}_2 > 0$，则 $\dot{V}_1(t)$ 负定。根据推导结果可知，如果控制参数 $k_i (i = 1, 2, 3, 4)$ 满足式（10-2），则 $\tilde{\boldsymbol{Q}}_1 > 0$ 且 $\tilde{\boldsymbol{Q}}_2 > 0$。

因为

$$\lambda_{\min}(\tilde{\boldsymbol{Q}}_i)\|\boldsymbol{\xi}\|_2^2 \leqslant \boldsymbol{\xi}^{\mathrm{T}}\tilde{\boldsymbol{Q}}_i\boldsymbol{\xi} \leqslant \lambda_{\max}(\tilde{\boldsymbol{Q}}_i)\|\boldsymbol{\xi}\|_2^2 \quad （10\text{-}39）$$

所以

$$\dot{V}_1(t) \leqslant -\frac{1}{|\sigma|^{\frac{1}{2}}}\lambda_{\min}(\tilde{\boldsymbol{Q}}_1)\|\boldsymbol{\xi}\|_2^2 - \lambda_{\max}(\tilde{\boldsymbol{Q}}_2)\|\boldsymbol{\xi}\|_2^2 \quad （10\text{-}40）$$

由于

$$\begin{cases} \|\boldsymbol{\xi}\|_2^2 = |\sigma| + \sigma^2 + \rho \\[2mm] \lambda_{\min}(\boldsymbol{P})\|\boldsymbol{\xi}\|_2^2 \leqslant V_1(t) \leqslant \lambda_{\max}(\boldsymbol{P})\|\boldsymbol{\xi}\|_2^2 \end{cases} \quad （10\text{-}41）$$

因此，根据推导结果，可得

$$
\begin{cases}
|\sigma|^{\frac{1}{2}} \leqslant \|\boldsymbol{\xi}\|_2 \leqslant \dfrac{\sqrt{V_1(t)}}{\sqrt{\lambda_{\min}(\boldsymbol{P})}} \\[3mm]
\dfrac{V_1(t)}{\lambda_{\max}(\boldsymbol{P})} \leqslant \|\boldsymbol{\xi}\|_2^2 \leqslant \dfrac{V_1(t)}{\lambda_{\min}(\boldsymbol{P})}
\end{cases}
\tag{10-42}
$$

进一步推导，可得

$$
\dot{V}_1(t) \leqslant -\frac{\sqrt{\lambda_{\min}(\boldsymbol{P})}}{\sqrt{V_1(t)}} \lambda_{\min}(\tilde{\boldsymbol{Q}}_1) \frac{V_1(t)}{\lambda_{\max}(\boldsymbol{P})} - \lambda_{\min}(\tilde{\boldsymbol{Q}}_2) \frac{V_1(t)}{\lambda_{\max}(\boldsymbol{P})} \tag{10-43}
$$

$$
= -\mu_1 V_1^{\frac{1}{2}}(t) - \mu_2 V_1(t) \leqslant -\mu_1 V_1^{\frac{1}{2}}(t)
$$

根据有限时间稳定理论，很容易得到 $V_1(t)$ 和 σ 在有限时间 $T_1 = 2V_1^{\frac{1}{2}}(0)\big/\mu_1$ 内收敛到 0，从理论上验证了所提控制方案的有效性和可行性。

当 $t \geqslant T_1$ 时，有 $\sigma \equiv 0$，可得到滑模态（10-23）。下面验证期望滑模态的渐近稳定性。

考虑滑模态（10-23），该系统稳定且其状态轨迹渐近收敛到 0。为验证结论的正确性，选择 Lyapunov 函数为

$$
V_2(t) = |\psi| \tag{10-44}
$$

式（10-44）两边对时间求 α 阶导数，可得

$$
D^\alpha V_2(t) = D^\alpha |\psi| \tag{10-45}
$$

当 $\psi = 0$ 时，$D^\alpha |\psi| = 0$；当 $\psi > 0$ 时，根据分数阶导数定义，有

$$
D^\alpha |\psi| = \frac{1}{\Gamma(1-\alpha)} \int_0^t \frac{|\psi|'}{(t-\tau)^\alpha} \mathrm{d}\tau = \frac{1}{\Gamma(1-\alpha)} \int_0^t \frac{\psi'}{(t-\tau)^\alpha} \mathrm{d}\tau = D^\alpha \psi \tag{10-46}
$$

同理，当 $\psi < 0$ 时，有

$$
D^\alpha |\psi| = \frac{1}{\Gamma(1-\alpha)} \int_0^t \frac{|\psi|'}{(t-\tau)^\alpha} \mathrm{d}\tau = -\frac{1}{\Gamma(1-\alpha)} \int_0^t \frac{\psi'}{(t-\tau)^\alpha} \mathrm{d}\tau = -D^\alpha \psi \tag{10-47}
$$

因此，可得

$$
D^\alpha V_2(t) = D^\alpha |\psi| = \mathrm{sgn}(\psi) D^\alpha \psi \tag{10-48}
$$

将式（10-23）代入式（10-48），可得

$$
D^\alpha V_2(t) = \mathrm{sgn}(\psi) \left\{ -\frac{\eta_2[\psi + \mathrm{sgn}(\psi)]}{\mathrm{sgn}(\psi) + \eta_1} \right\} = \frac{-\eta_2}{\mathrm{sgn}(\psi) + \eta_1} [|\psi| + \mathrm{sgn}^2(\psi)] \tag{10-49}
$$

$$
\leqslant -\lambda |\psi| = -\lambda V_2(t)
$$

式中，$\lambda = \eta_2/(1+\eta_1)$，由式（10-49）可知，可以找到一个非负函数 $M(t)$，

使得

$$D^\alpha V_2(t) + \lambda V_2(t) + M(t) = 0 \qquad (10\text{-}50)$$

对式（10-50）进行拉普拉斯变换，可得

$$s^\alpha V_2(s) - s^{\alpha-1} V_2(0) + M(s) = 0 \qquad (10\text{-}51)$$

式中，$V_2(s) = L\{V_2(t)\}$，$M(s) = L\{M(t)\}$，则有

$$V_2(s) = \frac{s^{\alpha-1} V_2(0) - M(s)}{s^\alpha + \lambda} \qquad (10\text{-}52)$$

对式（10-52）进行拉普拉斯反变换，可得

$$V_2(t) = V_2(0) E_\alpha(-\lambda t^\alpha) - M(t)\left[t^{\alpha-1} E_{\alpha,\alpha}(-\lambda t^\alpha) \right] \qquad (10\text{-}53)$$

因为 t^α 和 $E_{\alpha,\alpha}(-\lambda t^\alpha)$ 非负，所以

$$V_2(t) \leqslant V_2(0) E_\alpha(-\lambda t^\alpha) \qquad (10\text{-}54)$$

由引理 2 可得

$$|\psi| \leqslant |\psi(0)| \frac{K}{1 + |\lambda t^\alpha|} \qquad (10\text{-}55)$$

式中，K 为正常数。显然，当 $t \to \infty$ 时，$\psi \to 0$，因此，滑模态（10-23）渐近稳定。当 $\psi \equiv 0$ 时，可以得到降维系统（10-19），因此，n 维系统的镇定问题转化为降维系统的镇定问题。

为进一步验证所提控制方案对某类分数阶系统的可应用性，下面给出详细控制步骤。将下列不确定分数阶系统作为被控对象

$$\begin{cases} D^\alpha \boldsymbol{X} = \boldsymbol{f}_1(\boldsymbol{X}, y) \\ D^\alpha y = f_2(\boldsymbol{X}, y) + \Delta f(\boldsymbol{X}, y) + d(t) + u(t) \end{cases} \qquad (10\text{-}56)$$

式中，$\alpha \in (0,1)$，$\boldsymbol{X} \in \boldsymbol{R}^2$，$y \in \mathbf{R}$ 为状态矢量，$\boldsymbol{f}_1(\boldsymbol{X}, y)$ 和 $f_2(\boldsymbol{X}, y)$ 为非线性函数，$\Delta f(\boldsymbol{X}, y)$ 和 $d(t)$ 分别为模型不确定项和外界扰动项，$u(t)$ 为控制输入。该系统的非线性项、不确定项和外界扰动项满足下列假设。

假设 2：非线性函数 $\boldsymbol{f}_1(\boldsymbol{X}, y)$ 在 $y = 0$ 的邻域内是光滑的，且子系统 $D^\alpha \boldsymbol{X} = \boldsymbol{f}_1(\boldsymbol{X}, 0)$ 在原点是渐近稳定的。

假设 3：模型不确定项 $\Delta f(\boldsymbol{X}, y)$ 和外界扰动项 $d(t)$ 可微，且其一阶导数有界，即存在已知正数 γ，满足

$$\left| \frac{\mathrm{d}}{\mathrm{d}t}[\Delta f(\boldsymbol{X}, y) + d(t)] \right| \leqslant \gamma \qquad (10\text{-}57)$$

满足式（10-56）的系统很常见，大部分典型的分数阶系统都满足，如分数阶 Lu 系统、分数阶 Genesio-Tesi 系统、分数阶 Chen 系统等。式（10-13）

的分数阶链式结构为式（10-56）的特殊情况。为研究式（10-56）的镇定问题，建立滑模面

$$\psi = y + cI^{\alpha}y \qquad (10-58)$$

式中，$c > 0$，I^{α} 为 α 阶分数阶积分算子。设计滑模变量 σ，其形式见式（10-20），通过前面的类似推导，可以得到控制律为

$$
\begin{cases}
u(t) = -f_2(\boldsymbol{X}, y) - cy - \\
\qquad \left[\operatorname{sgn}(\psi) + \eta_1\right]^{-1}\left\{\eta_2\left[y + cI^{\alpha}y + \operatorname{sgn}(\psi)\right] + k_1|\sigma|^{\frac{1}{2}}\operatorname{sgn}(\sigma) + k_2\sigma - z\right\} \\
\dot{z} = -k_3\operatorname{sgn}(\sigma) - k_4\sigma
\end{cases} \qquad (10-59)
$$

二阶滑模控制器为

$$
\begin{cases}
\dot{\sigma} = -k_1|\sigma|^{\frac{1}{2}}\operatorname{sgn}(\sigma) - k_2\sigma + \rho \\
\dot{\rho} = -k_3\operatorname{sgn}(\sigma) - k_4\sigma + \dfrac{\mathrm{d}}{\mathrm{d}t}\varepsilon(t)
\end{cases} \qquad (10-60)
$$

式中

$$\left|\frac{\mathrm{d}}{\mathrm{d}t}\varepsilon(t)\right| \leqslant (1 + \eta_1)\left|\frac{\mathrm{d}}{\mathrm{d}t}[\Delta f(\boldsymbol{X}, y) + \mathrm{d}(t)]\right| = \overline{\gamma} \qquad (10-61)$$

通过前面的类似推导，可知 σ 和 ψ 收敛到 0。同理，当 $\psi \equiv 0$ 时，可得

$$y = -cI^{\alpha}y \qquad (10-62)$$

式（10-62）两边对时间求 α 阶导数，可得

$$D^{\alpha}y = -cy \qquad (10-63)$$

由于 $c > 0$，由引理 1 可知，y 渐近收敛到 0，根据假设 2 可以推导得到子系统 $D^{\alpha}\boldsymbol{X} = \boldsymbol{f}_1(\boldsymbol{X}, 0)$ 渐近稳定。因此，在控制器（10-59）的作用下，可以得到期望滑模态（10-63），三维系统的镇定问题等价转化为单状态变量 y 的镇定问题。

10.3.3　仿真

下面通过仿真实例验证所提控制方案的有效性和可行性。考虑具有下列形式的不确定分数阶 Arneodo 系统

$$
\begin{cases}
D^{\alpha}x_1 = x_2 \\
D^{\alpha}x_2 = x_3 \\
D^{\alpha}x_3 = 5.5x_1 - 3.5x_2 - 0.4x_3 - x_1^3 + \Delta f(\boldsymbol{x}) + d(t) + u(t)
\end{cases} \qquad (10-64)
$$

系统不确定项为

$$\Delta f(\boldsymbol{x}) + d(t) = 0.025\cos(2t) - 0.1\sin(t) \tag{10-65}$$

当初始条件为 $\boldsymbol{x}(0) = [3, 1, 1]^\mathrm{T}$，分数阶阶数 $\alpha = 0.98$ 时，系统（10-64）表现出混沌特性。分数阶 Arneodo 系统的混沌吸引子如图 10-1 所示。

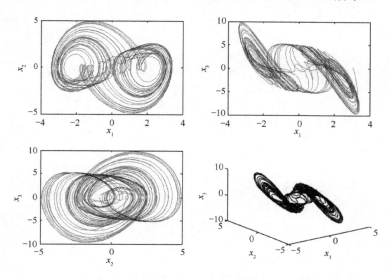

图 10-1　分数阶 Arneodo 系统的混沌吸引子

为观察控制器（10-24）的控制效果，给出激活控制器前分数阶 Arneodo 系统的状态轨迹，如图 10-2 所示。

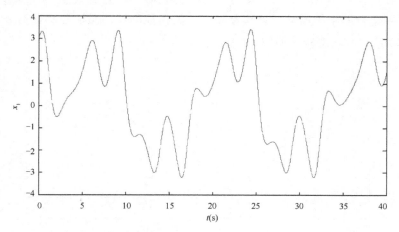

图 10-2　激活控制器前分数阶 Arneodo 系统的状态轨迹

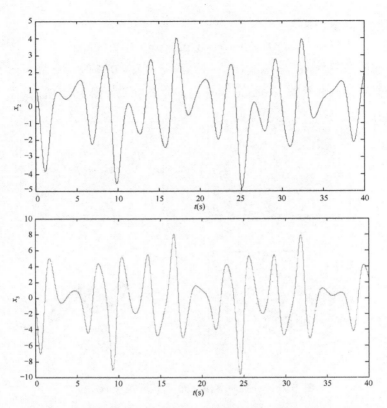

图 10-2　激活控制器前分数阶 Arneodo 系统的状态轨迹（续）

选择控制参数 $c_1 = c_2 = 5$，$\eta_1 = 1.5$，$\eta_2 = 8$，$k_1 = 1$，$k_2 = 3$，$k_3 = 2$，$k_4 = 35$，可以得到适合的滑模面 ψ、σ 和鲁棒二阶滑模控制器。激活控制器后分数阶 Arneodo 系统的状态轨迹如图 10-3 所示。

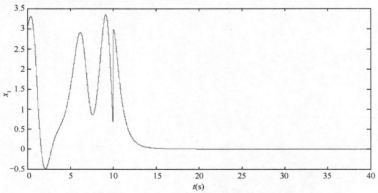

图 10-3　激活控制器后分数阶 Arneodo 系统的状态轨迹

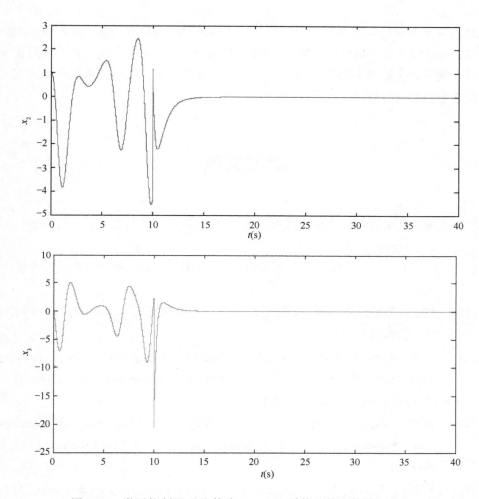

图 10-3　激活控制器后分数阶 Arneodo 系统的状态轨迹（续）

　　从图中可以看出，在控制器的作用下，系统的状态轨迹渐近收敛到 0，验证了所提控制方案的有效性和可行性。

10.4　本章小结

　　本章基于新型滑模控制技术实现了不确定分数阶非线性系统的鲁棒自适应镇定控制。设计了具有简单形式的滑模面，可以将 n 维系统的镇定问题转化为降维系统的镇定问题。因此，基于二阶滑模控制技术和有限时间控制理论，可以设计鲁棒抗抖振控制器。传统和分数阶 Lyapunov 稳定理论分别用于证明滑模趋近阶段和收敛阶段的稳定性。仿真结果充分验证了所提控制方案的有效性和可行性。

参考文献

[1]   傅春，谢剑英. 模糊滑模控制研究综述[J]. 信息与控制, 2001, 30(5): 434-440.

[2]   李祎丰. 非线性机器人的二阶滑模控制[D]. 西安：西安电子科技大学, 2019.

[3]   阎俏, 孙莹, 李可军. 变结构控制理论中抖振问题的研究[J]. 继电器, 2001, 29(5):17-19.

[4]   S. Mobayen. An adaptive chattering-free PID sliding model control based on dynamic sliding manifolds for a class of uncertain nonlinear system[J]. Nonlinear Dynamics, 2015, 82:53-60.

[5]   W. B. Gao, J. C. Hung. Variable structure control of nonlinear systems: a new approach[J]. IEEE Transactions on Industrial Electronics, 1993, 40(1):45-55.

[6]   Y. Feng, F. Han, X. Yu. Chattering free full-order sliding-mode control[J]. Automatica, 2014, 50(4):1310-1314.

[7]   李鹏. 传统和高阶滑模控制研究及其应用[D]. 长沙：国防科学技术大学, 2011.

[8]   S. Mondal, C. Mahanta. Adaptive second order terminal sliding robotic manipulators[J]. Journal of the Franklin Institute, 2014, 351(4):235-2377.

[9]   冉德超, 倪庆, 绳涛. 基于自适应二阶终端滑模的航天器有限时间姿态机动算法[J]. 国防科技大学学报, 2017, 39(1):6-10.

[10]   刘海龙, 史小平, 张杰, 等. 逼近非合作目标的自适应二阶终端滑模控制[J]. 系统工程与电子技术, 2016, 38(10):2353-2360.

[11]　K. Diethelm, N. Ford. A predictor-corrector approach for the numerical solution of fractional differential equations[J]. Nonlinear Dynamics, 2002, 29:3-22.

[12]　J. A. Moreno, M. Osorio. A Lyapunov approach to second-order sliding mode controller and observers[C]. Proceeding of 47th IEEE Conference on Decision and Control, Mexico, 2008.

第 11 章

分数阶复混沌系统的自适应
复杂投影同步控制研究

11.1 概述

非线性科学是一门涉及自然界和科学技术领域的交叉学科，是当前的研究热点，混沌是其研究的重要内容[1]。在非线性动力系统中，混沌是其特有的运动形式。生活中存在许多混沌现象，如大气湍流、烟雾、水面油膜、经济跌涨及水蒸气的运动等。人们在物理、化学、生物、医疗、社会、科技等领域也发现了混沌现象。混沌是一种看似无序实则有规律可循的运动状态，与"杂乱无章"大相径庭，混沌现象是发生在确定性系统中的貌似随机的不规则运动[2]。混沌运动的动力学特性及运动规律使其在工程技术领域的研究价值和应用前景不可估量。

近年来，计算机的普及推动了混沌学的应用，其在自然科学和社会科学等领域的深入研究和广泛应用有巨大的潜在价值，逐渐成为非线性科学领域的研究热点。混沌学与众多学科结合，产生了混沌医学、混沌图像处理、保密通信及混沌加密[3]等新兴学科。目前，对混沌的研究在许多领域取得了进展，混沌在化学、激光、电子设备、神经网络等领域[4]应用广泛。使其与工程应用结合并推动社会发展已成为非线性动力学的研究热点，具有重要的理论意义和工程应用价值。

在深入研究混沌理论的过程中，研究人员发现混沌分形现象与分数阶微积分理论有密切联系，而且许多动力系统都有分数阶特性[5]。大部分数学模型采用整数阶微分方程描述，相关理论完善，数值求解工具成熟。因此，通常采用整数逼近法分析分数阶动力系统[6]。然而，常规整数阶微分方程对复杂系统和现象的模型描述存在很大的局限性，需要引入经验参数和背离实际的假设条件。外界条件发生微小变化时，模型可能也会发生变化，需要重新建模，且建模后的系统不能准确反映真实的性能。另外，非线性模型求解在理论上和数值上颇为复杂。分数阶微积分比整数阶微积分更具普遍意义，用其微分方程刻画具有记忆和遗传性质的材料更适合[7]，对复杂系统的建模更简单、描述更准确，是复杂力学及物理过程建模的重要工具。

　　分数阶混沌系统模型复杂且混沌信号具有不可预测性、高度复杂性和易于实现等特点，特别适用于数据通信和混沌加密等安全领域。混沌加密是一种动态加密方法，适用于静态加密和实时信号处理，且处理速度与密钥长度无关，使破译难度增大，具有较强的保密性。因此，分数阶混沌系统在保密通信、信息加密、数据加密、信号检测等领域有更高的实用价值及广阔的应用前景。分数阶混沌系统的同步研究不断促进其在工程领域的应用。近年来，计算机技术的快速发展带动了分数阶微积分在工程领域的应用[8]。

　　混沌同步是混沌研究的重要方向，其目标是使两个混沌系统的混沌状态以某种函数形式完全重构。荷兰物理学家惠更斯在两个并排钟摆的振荡过程中发现了同步现象[9]。在自然界，同步现象无处不在，如生物心脏起搏、人体节律动作的神经网络、萤火虫的同步发光与同步熄灭、蟋蟀齐鸣等。对同步现象的早期研究建立在周期性运动的基础上，20 世纪 90 年代，Pecora 和 Carroll 通过设计合理的控制器，使具有相同结构的混沌系统实现同步，并通过电路实验进行了验证，该实验的成功大大推进了混沌同步的研究。自此，混沌同步研究受到各界科学家的广泛关注，且不断提出新的同步方式。目前比较成熟的混沌同步类型有滞后同步、完全同步、投影同步、广义同步、相同步等[10]。

　　1999 年，Mainieri 与 Rehacek 通过研究部分线性混沌系统发现了投影同步。虽然投影同步的发现时间最晚，但其可以任意设置两个系统间的比例因子，在保密通信中有广阔的应用前景。因此，近年来投影同步的发展速度很快，国内外有大量相关研究成果。复杂投影同步可以使驱动系统和响应系统的状态变量按照规定的尺度函数实现同步。投影同步是一种很有代表性的同步方式，当尺度函数为 1 时可以实现完全同步，当尺度函数为-1 时可以实现反同步，当尺度函数为其他不为零的常数时可以实现投影同步。将其应用于保密通信中可以提高通信的安全性，使试图窃取信息的人难以得逞。利用投影同步实现保密通信具有重要意义[11]。

本章研究分数阶复混沌系统的自适应复杂投影同步控制。目前，部分学者进行了分数阶混沌系统同步研究。例如，Aghababa 通过有限时间控制理论实现了混沌系统的有限时间同步；Lu 设计非线性观测器，可以实现混沌系统的同步控制；Chen 研究了分数阶混沌神经网络的同步控制问题。上述研究均基于分数阶实变量混沌系统，分数阶复混沌系统的同步控制研究较少。分数阶复混沌系统可以广泛描述实际物理现象，如粒子数反转[12]、失谐激光系统[13]、流体热对流[14]等。目前，一些学者提出了控制方案，可以实现整数阶复混沌系统的同步控制[15-20]，分数阶复混沌系统的同步控制研究具有重要意义。

近年来，分数阶复混沌系统的动态特性吸引了大量学者的注意。例如，Luo 研究了分数阶复 Lorenz 系统和分数阶复 Chen 系统的动态特性[21,22]，Liu 研究了分数阶复 T 系统的控制和同步问题[23]。然而，目前对分数阶复变量混沌系统的研究均假设系统参数全部已知。众所周知，在对系统建模时，会受工具和外界环境的影响，系统参数不可能精确已知。在不确定参数的情况下，很多同步控制方案不能完全实现同步。因此，在系统的同步控制研究中，考虑未知参数的影响十分重要。

本章研究两个结构不同的具有未知参数和外界扰动项的分数阶复混沌系统的复杂投影同步控制问题，将文献[24]的理论结果推广到分数阶复混沌系统中。因为整数阶非线性系统的稳定理论不能直接应用于分数阶系统，所以本章通过分数阶系统稳定理论验证所提控制方案的可行性。

本章在文献[24]的基础上，考虑了外界扰动项的影响，具有很高的实际应用价值和重要的理论意义，为分数阶混沌系统的同步研究提供了很好的参考。

11.2 分数阶复混沌系统的自适应复杂投影同步控制

11.2.1 分数阶复混沌系统

分数阶复混沌系统的一般形式为

$$D^\alpha x = F(x)\psi + f(x) \qquad (11\text{-}1)$$

式中，$\alpha \in (0,1)$ 为系统分数阶阶次，$x = (x_1, x_2, \cdots, x_n)^T$ 为系统复状态矢量，且 $x = x^r + jx^i$，$x^r = (u_1, u_3, \cdots, u_{2n-1})^T$，$x^i = (u_2, u_4, \cdots, u_{2n})^T$，$j = \sqrt{-1}$，上标 r 和

i 分别表示复状态变量的实部和虚部。$F(x) \in C^{n \times m}$ 为复矩阵，其元素为复状态变量的函数，$\psi \in R^m$（或 C^m）为系统未知参数矢量，$f = (f_1, f_2, \cdots, f_n)^T$ 为系统的非线性函数部分。

式（11-1）是分数阶复混沌系统的一般形式，本章以分数阶复 Lorenz 系统和分数阶复 Chen 系统为例进行分析，这两个系统可以用式（11-1）统一描述。

将分数阶复 Lorenz 系统作为主系统，其形式为

$$
\begin{cases}
D^\alpha x_1 = a_1(x_2 - x_1) \\
D^\alpha x_2 = a_2 x_1 - x_2 - x_1 x_3 \\
D^\alpha x_3 = \dfrac{1}{2}(\bar{x}_1 x_2 + x_1 \bar{x}_2) - a_3 x_3
\end{cases}
\tag{11-2}
$$

将分数阶复 Chen 系统作为从系统，其形式为

$$
\begin{cases}
D^\alpha y_1 = b_1(y_2 - y_1) \\
D^\alpha y_2 = (b_2 - b_1)y_1 - y_1 y_3 + b_2 y_2 \\
D^\alpha y_3 = \dfrac{1}{2}(\bar{y}_1 y_2 + y_1 \bar{y}_2) - b_3 y_3
\end{cases}
\tag{11-3}
$$

$x_1 = u_{1m} + ju_{2m}$ 和 $x_2 = u_{3m} + ju_{4m}$ 为系统（11-2）的复状态变量，$x_3 = u_{5m}$ 为系统（11-2）的实状态变量。$y_1 = u_{1s} + ju_{2s}$ 和 $y_2 = u_{3s} + ju_{4s}$ 为系统（11-3）的复状态变量，$y_3 = u_{5s}$ 为系统（11-3）的实状态变量，下标 m 和 s 分别表示主系统和从系统。

对系统（11-2）和系统（11-3）中的实部和虚部进行分解，可以得到两个五维系统

$$
\begin{cases}
D^\alpha u_{1m} = a_1(u_{3m} - u_{1m}) \\
D^\alpha u_{2m} = a_1(u_{4m} - u_{2m}) \\
D^\alpha u_{3m} = a_2 u_{1m} - u_{3m} - u_{1m} u_{5m} \\
D^\alpha u_{4m} = a_2 u_{2m} - u_{4m} - u_{2m} u_{5m} \\
D^\alpha u_{5m} = u_{1m} u_{3m} + u_{2m} u_{4m} - a_3 u_{5m}
\end{cases}
\tag{11-4}
$$

$$
\begin{cases}
D^\alpha u_{1s} = b_1(u_{3s} - u_{1s}) \\
D^\alpha u_{2s} = b_1(u_{4s} - u_{2s}) \\
D^\alpha u_{3s} = (b_2 - b_1)u_{1s} - u_{1s} u_{5s} + b_2 u_{3s} \\
D^\alpha u_{4s} = (b_2 - b_1)u_{2s} - u_{2s} u_{5s} + b_2 u_{4s} \\
D^\alpha u_{5s} = u_{1s} u_{3s} + u_{2s} u_{4s} - b_3 u_{5s}
\end{cases}
\tag{11-5}
$$

由文献[21]和文献[22]中的理论分析结果可知，当 $a_1 = 10$，$a_2 = 28$，$a_3 = 8/3$，$b_1 = 35$，$b_2 = 28$，$b_3 = 3$，$\alpha = 0.998$ 时，系统（11-4）和系统（11-5）表现出混沌特性，系统（11-4）和系统（11-5）的混沌吸引子如图 11-1 所示。

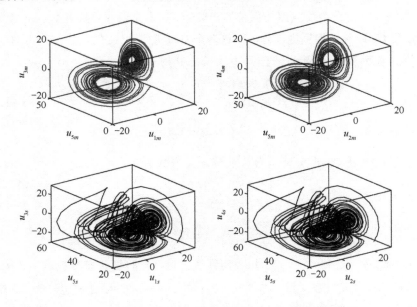

图 11-1　系统（11-4）和系统（11-5）的混沌吸引子

11.2.2　鲁棒自适应控制器设计

根据分数阶复混沌系统的一般形式（11-1）得到，具有未知参数的主系统描述为

$$D^\alpha x = D^\alpha x^r + jD^\alpha x^i = F(x)\psi + f(x) \qquad (11\text{-}6)$$

具有未知参数和外界扰动项的从系统描述为

$$D^\alpha y = D^\alpha y^r + jD^\alpha y^i = G(y)\delta + g(y) + d(t) + W(t) \qquad (11\text{-}7)$$

式中，$\psi \in R^l$ 和 $\delta \in R^g$ 分别为主系统和从系统的未知参数矢量，$d(t) = [d_1(t), d_2(t), \cdots, d_n(t)]^T \in R^n$ 为外界扰动项，$W(t) = [w_1(t), w_2(t), \cdots, w_n(t)]^T$，$w_k(t) = w_k^r + jw_k^i$（$k = 1, 2, \cdots, n$）为设计的鲁棒自适应控制器。

定义：考虑主系统（11-6）和从系统（11-7），复杂投影同步误差为

$$e = e^{\mathrm{r}} + \mathrm{j} e^{\mathrm{i}} = y - Hx = y^{\mathrm{r}} - H^{\mathrm{r}} x^{\mathrm{r}} + H^{\mathrm{i}} x^{\mathrm{i}} + \mathrm{j}(y^{\mathrm{i}} - H^{\mathrm{r}} x^{\mathrm{i}} - H^{\mathrm{i}} x^{\mathrm{r}}) \qquad (11\text{-}8)$$

式中，$H = \mathrm{diag}(h_1, h_2, \cdots, h_n) \in C^{n \times n}$ 为复矩阵，$h_k = h_k^{\mathrm{r}} + \mathrm{j} h_k^{\mathrm{i}}$（$k = 1, 2, \cdots, n$），$e^{\mathrm{r}} = (e_{u_1}, e_{u_2}, \cdots, e_{u_{2n-1}})^{\mathrm{T}} \in R^n$，$e^{\mathrm{i}} = (e_{u_2}, e_{u_4}, \cdots, e_{u_{2n}})^{\mathrm{T}} \in R^n$。如果当 $t \to \infty$ 时，$e \to 0$，即 $\lim\limits_{t \to \infty} \|e^{\mathrm{r}}\| = \lim\limits_{t \to \infty} \|y^{\mathrm{r}} - H^{\mathrm{r}} x^{\mathrm{r}} + H^{\mathrm{i}} x^{\mathrm{i}}\| = 0$ 且 $\lim\limits_{t \to \infty} \|e^{\mathrm{i}}\| = \lim\limits_{t \to \infty} \|y^{\mathrm{i}} - H^{\mathrm{r}} x^{\mathrm{i}} - H^{\mathrm{i}} x^{\mathrm{r}}\| = 0$，则主系统（11-6）和从系统（11-7）实现复杂投影同步。

显然，当 $H \in R^{n \times n}$ 时，复杂投影同步转化为修正投影同步；当 $h_1 = h_2 = \cdots = h_n = 1$ 时，复杂投影同步转化为完全同步；当 $h_1 = h_2 = \cdots = h_n = -1$ 时，复杂投影同步转化为反相同步。

为了使所提控制方案更加合理有效，给出必要的假设。

假设：一般来说，可以认为外界扰动项 $d_k(t) \in \mathbf{R}$ 有界，即存在正数 φ_k，满足

$$|d_k(t)| \leqslant \varphi_k, \quad k = 1, 2, \cdots, n \qquad (11\text{-}9)$$

下面给出鲁棒自适应控制器的具体形式，并验证其有效性和可行性。

考虑主系统（11-6）和从系统（11-7），其在下列控制器和未知参数自适应律的作用下，可实现复杂投影同步。

$$\begin{cases} w_k(t) = w_k^{\mathrm{r}}(t) + \mathrm{j} w_k^{\mathrm{i}}(t) \\ w_k^{\mathrm{r}}(t) = -G_k^{\mathrm{r}}(y) \hat{\delta} + \left[h_k^{\mathrm{r}} F_k^{\mathrm{r}}(x) - h_k^{\mathrm{i}} F_k^{\mathrm{i}}(x) \right] \hat{\psi} - \\ \quad g_k^{\mathrm{r}}(y) + h_k^{\mathrm{r}} f_k^{\mathrm{r}}(x) - h_k^{\mathrm{i}} f_k^{\mathrm{i}}(x) - \xi_k \, \mathrm{sgn}(e_{u_{2k-1}}) \\ w_k^{\mathrm{i}}(t) = -G_k^{\mathrm{i}}(y) \hat{\delta} + \left[h_k^{\mathrm{r}} F_k^{\mathrm{i}}(x) + h_k^{\mathrm{i}} F_k^{\mathrm{r}}(x) \right] \hat{\psi} - \\ \quad g_k^{\mathrm{i}}(y) + h_k^{\mathrm{r}} f_k^{\mathrm{i}}(x) + h_k^{\mathrm{i}} f_k^{\mathrm{r}}(x) - \eta_k \, \mathrm{sgn}(e_{u_{2k}}) \end{cases} \qquad (11\text{-}10)$$

式中，G_k^{r}、G_k^{i}、F_k^{r}、F_k^{i}、g_k^{r}、g_k^{i}、f_k^{r}、f_k^{i} 分别为 G^{r}、G^{i}、F^{r}、F^{i}、g^{r}、g^{i}、f^{r}、f^{i} 的第 k 个行向量。h_k^r、h_k^i 为给定值，ξ_k 和 η_k 为控制增益，其可由下列自适应律辨识

$$\begin{cases} D^{\alpha} \xi_k = \beta_k |e_{u_{2k-1}}| \\ D^{\alpha} \eta_k = \sigma_k |e_{u_{2k}}| \end{cases} \qquad (11\text{-}11)$$

式中，β_k 和 σ_k 为给定值。

未知参数自适应律为

$$\begin{cases} D^{\alpha} \hat{\psi} = -\left[H^{\mathrm{r}} F^{\mathrm{r}}(x) - H^{\mathrm{i}} F^{\mathrm{i}}(x) \right]^{\mathrm{T}} e^{\mathrm{r}} - \left[H^{\mathrm{r}} F^{\mathrm{i}}(x) + H^{\mathrm{i}} F^{\mathrm{r}}(x) \right]^{\mathrm{T}} e^{\mathrm{i}} \\ D^{\alpha} \hat{\delta} = \left[G^{\mathrm{r}}(y) \right]^{\mathrm{T}} e^{\mathrm{r}} + \left[G^{\mathrm{i}}(y) \right]^{\mathrm{T}} e^{\mathrm{i}} \end{cases} \qquad (11\text{-}12)$$

下面从理论上验证所提控制方案的有效性和可行性。

根据复杂投影同步定义，可以得到同步误差的形式为

$$
\begin{aligned}
D^\alpha \boldsymbol{e} &= D^\alpha \boldsymbol{e}^{\mathrm{r}} + \mathrm{j}D^\alpha \boldsymbol{e}^{\mathrm{i}} = D^\alpha (\boldsymbol{y} - \boldsymbol{Hx}) = D^\alpha \boldsymbol{y} - \boldsymbol{H}D^\alpha \boldsymbol{x} \\
&= \boldsymbol{G}(\boldsymbol{y})\boldsymbol{\delta} + \boldsymbol{g}(\boldsymbol{y}) + \boldsymbol{d}(t) + \boldsymbol{W}(t) - \boldsymbol{H}\big[\boldsymbol{F}(\boldsymbol{x})\boldsymbol{\psi} + \boldsymbol{f}(\boldsymbol{x})\big] \\
&= \boldsymbol{G}^{\mathrm{r}}(\boldsymbol{y})\boldsymbol{\delta} + \boldsymbol{g}^{\mathrm{r}}(\boldsymbol{y}) + \boldsymbol{d}(t) + \boldsymbol{W}^{\mathrm{r}}(t) + \mathrm{j}\big[\boldsymbol{G}^{\mathrm{i}}(\boldsymbol{y})\boldsymbol{\delta} + \boldsymbol{g}^{\mathrm{i}}(\boldsymbol{y}) + \boldsymbol{W}^{\mathrm{i}}(t)\big] - \\
&\quad (\boldsymbol{H}^{\mathrm{r}} + \mathrm{j}\boldsymbol{H}^{\mathrm{i}})\big\{\boldsymbol{F}^{\mathrm{r}}(\boldsymbol{x})\boldsymbol{\psi} + \boldsymbol{f}^{\mathrm{r}}(\boldsymbol{x}) + \mathrm{j}\big[\boldsymbol{F}^{\mathrm{i}}(\boldsymbol{x})\boldsymbol{\psi} + \boldsymbol{f}^{\mathrm{i}}(\boldsymbol{x})\big]\big\} \\
&= \boldsymbol{G}^{\mathrm{r}}(\boldsymbol{y})\boldsymbol{\delta} + \boldsymbol{g}^{\mathrm{r}}(\boldsymbol{y}) + \boldsymbol{d}(t) + \boldsymbol{W}^{\mathrm{r}}(t) - \boldsymbol{H}^{\mathrm{r}}\big[\boldsymbol{F}^{\mathrm{r}}(\boldsymbol{x})\boldsymbol{\psi} + \boldsymbol{f}^{\mathrm{r}}(\boldsymbol{x})\big] + \\
&\quad \boldsymbol{H}^{\mathrm{i}}\big[\boldsymbol{F}^{\mathrm{i}}(\boldsymbol{x})\boldsymbol{\psi} + \boldsymbol{f}^{\mathrm{i}}(\boldsymbol{x})\big] + \mathrm{j}\big\{\boldsymbol{G}^{\mathrm{i}}(\boldsymbol{y})\boldsymbol{\delta} + \boldsymbol{g}^{\mathrm{i}}(\boldsymbol{y}) + \boldsymbol{W}^{\mathrm{i}}(t) - \\
&\quad \boldsymbol{H}^{\mathrm{r}}\big[\boldsymbol{F}^{\mathrm{i}}(\boldsymbol{x})\boldsymbol{\psi} + \boldsymbol{f}^{\mathrm{i}}(\boldsymbol{x})\big] - \boldsymbol{H}^{\mathrm{i}}\big[\boldsymbol{F}^{\mathrm{r}}(\boldsymbol{x})\boldsymbol{\psi} + \boldsymbol{f}^{\mathrm{r}}(\boldsymbol{x})\big]\big\}
\end{aligned} \tag{11-13}
$$

对式（11-13）的实部和虚部进行分解，可转化为

$$
\begin{cases}
D^\alpha e_{u_{2k-1}} = \boldsymbol{G}_k^{\mathrm{r}}(\boldsymbol{y})\boldsymbol{\delta} + g_k^{\mathrm{r}}(\boldsymbol{y}) + d_k(t) + w_k^{\mathrm{r}}(t) - \\
\qquad\qquad h_k^{\mathrm{r}}\big[\boldsymbol{F}_k^{\mathrm{r}}(\boldsymbol{x})\boldsymbol{\psi} + f_k^{\mathrm{r}}(\boldsymbol{x})\big] + h_k^{\mathrm{i}}\big[\boldsymbol{F}_k^{\mathrm{i}}(\boldsymbol{x})\boldsymbol{\psi} + f_k^{\mathrm{i}}(\boldsymbol{x})\big] \\
D^\alpha e_{u_{2k}} = \boldsymbol{G}_k^{\mathrm{i}}(\boldsymbol{y})\boldsymbol{\delta} + g_k^{\mathrm{i}}(\boldsymbol{y}) + w_k^{\mathrm{i}}(t) - \\
\qquad\qquad h_k^{\mathrm{r}}\big[\boldsymbol{F}_k^{\mathrm{i}}(\boldsymbol{x})\boldsymbol{\psi} + f_k^{\mathrm{i}}(\boldsymbol{x})\big] - h_k^{\mathrm{i}}\big[\boldsymbol{F}_k^{\mathrm{r}}(\boldsymbol{x})\boldsymbol{\psi} + f_k^{\mathrm{r}}(\boldsymbol{x})\big]
\end{cases} \tag{11-14}
$$

式中，$k = 1, 2, \cdots, n$，$\boldsymbol{H} = \mathrm{diag}(h_1, h_2, \cdots, h_n)$，$h_k = h_k^{\mathrm{r}} + \mathrm{j}h_k^{\mathrm{i}}$。$\tilde{\boldsymbol{\psi}} = \hat{\boldsymbol{\psi}} - \boldsymbol{\psi}$ 和 $\tilde{\boldsymbol{\delta}} = \hat{\boldsymbol{\delta}} - \boldsymbol{\delta}$ 为估计误差，$\hat{\boldsymbol{\psi}}$ 和 $\hat{\boldsymbol{\delta}}$ 为未知系统参数矢量 $\boldsymbol{\psi}$ 和 $\boldsymbol{\delta}$ 的估计值，$\boldsymbol{X}^{\mathrm{T}} = (\boldsymbol{E}^{\mathrm{T}}, \tilde{\boldsymbol{\psi}}^{\mathrm{T}}, \tilde{\boldsymbol{\delta}}^{\mathrm{T}}, \tilde{\boldsymbol{\xi}}^{\mathrm{T}}, \tilde{\boldsymbol{\eta}}^{\mathrm{T}}) \in \boldsymbol{R}^{1\times(4n+l+\vartheta)}$ 为新状态矢量，其各项元素为

$$
\begin{cases}
\boldsymbol{E}^{\mathrm{T}} = \big[(\boldsymbol{e}^{\mathrm{r}})^{\mathrm{T}}, (\boldsymbol{e}^{\mathrm{i}})^{\mathrm{T}}\big] \in \boldsymbol{R}^{1\times 2n} \\
\tilde{\boldsymbol{\psi}}^{\mathrm{T}} \in \boldsymbol{R}^{1\times l} \\
\tilde{\boldsymbol{\delta}}^{\mathrm{T}} \in \boldsymbol{R}^{1\times\vartheta} \\
\tilde{\boldsymbol{\xi}}^{\mathrm{T}} = (\tilde{\xi}_1, \tilde{\xi}_2, \cdots, \tilde{\xi}_n) \in \boldsymbol{R}^{1\times n} \\
\tilde{\boldsymbol{\eta}}^{\mathrm{T}} = (\tilde{\eta}_1, \tilde{\eta}_2, \cdots, \tilde{\eta}_n) \in \boldsymbol{R}^{1\times n}
\end{cases} \tag{11-15}
$$

式中，$(\boldsymbol{e}^{\mathrm{r}})^{\mathrm{T}} = (e_{u_1}, e_{u_3}, \cdots, e_{u_{2n-1}}) \in \boldsymbol{R}^{1\times n}$，$(\boldsymbol{e}^{\mathrm{i}})^{\mathrm{T}} = (e_{u_2}, e_{u_4}, \cdots, e_{u_{2n}}) \in \boldsymbol{R}^{1\times n}$，$\tilde{\xi}_k = \xi_k - \xi_k^*$，$\xi_k^* \geqslant \varphi_k + 1$，$\tilde{\eta}_k = \eta_k - \eta_k^*$，$\eta_k^* \geqslant 1$。

选择正定矩阵为

$$
\boldsymbol{P} = \mathrm{diag}\left(\boldsymbol{I}_{2n+l+\vartheta}, \frac{1}{\beta_1}, \frac{1}{\beta_2}, \cdots, \frac{1}{\beta_n}, \frac{1}{\sigma_1}, \frac{1}{\sigma_2}, \cdots, \frac{1}{\sigma_n}\right) \tag{11-16}
$$

可构建下列函数，分析闭环系统的稳定性

$$J = X^{\mathrm{T}} P D^{\alpha} X$$

$$= (e^{\mathrm{r}})^{\mathrm{T}} D^{\alpha} e^{\mathrm{r}} + (e^{\mathrm{i}})^{\mathrm{T}} D^{\alpha} e^{\mathrm{i}} + \tilde{\psi}^{\mathrm{T}} D^{\alpha} \tilde{\psi} + \tilde{\delta}^{\mathrm{T}} D^{\alpha} \tilde{\delta} +$$

$$\sum_{k=1}^{n} \frac{1}{\beta_k} \tilde{\xi}_k D^{\alpha} \tilde{\xi}_k + \sum_{k=1}^{n} \frac{1}{\sigma_k} \tilde{\eta}_k D^{\alpha} \tilde{\eta}_k \qquad (11\text{-}17)$$

$$= \sum_{k=1}^{n} e_{u_{2k-1}} D^{\alpha} e_{u_{2k-1}} + \sum_{k=1}^{n} e_{u_{2k}} D^{\alpha} e_{u_{2k}} + \tilde{\psi}^{\mathrm{T}} D^{\alpha} \hat{\psi} +$$

$$\tilde{\delta}^{\mathrm{T}} D^{\alpha} \hat{\delta} + \sum_{k=1}^{n} \frac{1}{\beta_k} \tilde{\xi}_k D^{\alpha} \xi_k + \sum_{k=1}^{n} \frac{1}{\sigma_k} \tilde{\eta}_k D^{\alpha} \eta_k$$

将式（11-14）代入式（11-17），可得

$$J = \sum_{k=1}^{n} e_{u_{2k-1}} \left\{ G_k^{\mathrm{r}}(y)\delta + g_k^{\mathrm{r}}(y) + d_k(t) + w_k^{\mathrm{r}}(t) - h_k^{\mathrm{r}} \left[F_k^{\mathrm{r}}(x)\psi + f_k^{\mathrm{r}}(x) \right] + \right.$$

$$\left. h_k^{\mathrm{i}} \left[F_k^{\mathrm{i}}(x)\psi + f_k^{\mathrm{i}}(x) \right] \right\} + \sum_{k=1}^{n} e_{u_{2k}} \left\{ G_k^{\mathrm{i}}(y)\delta + g_k^{\mathrm{i}}(y) + w_k^{\mathrm{i}}(t) - \right.$$

$$\left. h_k^{\mathrm{i}} \left[F_k^{\mathrm{i}}(x)\psi + f_k^{\mathrm{i}}(x) \right] - h_k^{\mathrm{i}} \left[F_k^{\mathrm{r}}(x)\psi + f_k^{\mathrm{r}}(x) \right] \right\} + \qquad (11\text{-}18)$$

$$\tilde{\psi}^{\mathrm{T}} D^{\alpha} \hat{\psi} + \tilde{\delta}^{\mathrm{T}} D^{\alpha} \hat{\delta} + \sum_{k=1}^{n} \frac{1}{\beta_k} \tilde{\xi}_k D^{\alpha} \xi_k + \sum_{k=1}^{n} \frac{1}{\sigma_k} \tilde{\eta}_k D^{\alpha} \eta_k$$

将控制律（11-10）代入式（11-18），可得

$$J = \sum_{k=1}^{n} e_{u_{2k-1}} \left\{ G_k^{\mathrm{r}}(y)(\delta - \hat{\delta}) + d_k(t) - \left[h_k^{\mathrm{r}} F_k^{\mathrm{r}}(x) - h_k^{\mathrm{i}} F_k^{\mathrm{i}}(x) \right] (\psi - \hat{\psi}) - \right.$$

$$\left. \xi_k \operatorname{sgn}(e_{u_{2k-1}}) \right\} + \sum_{k=1}^{n} e_{u_{2k}} \left\{ G_k^{\mathrm{i}}(y)(\delta - \hat{\delta}) - \left[h_k^{\mathrm{r}} F_k^{\mathrm{i}}(x) + h_k^{\mathrm{i}} F_k^{\mathrm{r}}(x) \right] (\psi - \hat{\psi}) - \right.$$

$$\left. \eta_k \operatorname{sgn}(e_{u_{2k}}) \right\} + \tilde{\psi}^{\mathrm{T}} D^{\alpha} \hat{\psi} + \tilde{\delta}^{\mathrm{T}} D^{\alpha} \hat{\delta} + \sum_{k=1}^{n} \frac{1}{\beta_k} (\xi_k - \xi_k^*) D^{\alpha} \xi_k + \qquad (11\text{-}19)$$

$$\sum_{k=1}^{n} \frac{1}{\sigma_k} (\eta_k - \eta_k^*) D^{\alpha} \eta_k$$

基于未知参数自适应律（11-12），可推导得

$$\sum_{k=1}^{n} e_{u_{2k-1}} G_k^{\mathrm{r}}(y)(\delta - \hat{\delta}) + \sum_{k=1}^{n} e_{u_{2k}} G_k^{\mathrm{i}}(y)(\delta - \hat{\delta})$$

$$= (e^{\mathrm{r}})^{\mathrm{T}} \left[G^{\mathrm{r}}(y)(\delta - \hat{\delta}) \right] + (e^{\mathrm{i}})^{\mathrm{T}} \left[G^{\mathrm{i}}(y)(\delta - \hat{\delta}) \right]$$

$$= (\delta - \hat{\delta})^{\mathrm{T}} \left[G^{\mathrm{r}}(y) \right]^{\mathrm{T}} e^{\mathrm{r}} + (\delta - \hat{\delta})^{\mathrm{T}} \left[G^{\mathrm{i}}(y) \right]^{\mathrm{T}} e^{\mathrm{i}} \qquad (11\text{-}20)$$

$$= - \tilde{\delta}^{\mathrm{T}} D^{\alpha} \hat{\delta}$$

且有

$$\sum_{k=1}^{n} e_{u_{2k-1}} \left\{ -\left[h_k^{\mathrm{r}} \boldsymbol{F}_k^{\mathrm{r}}(\boldsymbol{x}) - h_k^{\mathrm{i}} \boldsymbol{F}_k^{\mathrm{i}}(\boldsymbol{x}) \right] (\boldsymbol{\psi} - \hat{\boldsymbol{\psi}}) \right\} +$$

$$\sum_{k=1}^{n} e_{u_{2k}} \left\{ -\left[h_k^{\mathrm{r}} \boldsymbol{F}_k^{\mathrm{i}}(\boldsymbol{x}) + h_k^{\mathrm{i}} \boldsymbol{F}_k^{\mathrm{r}}(\boldsymbol{x}) \right] (\boldsymbol{\psi} - \hat{\boldsymbol{\psi}}) \right\}$$

$$= (\boldsymbol{e}^{\mathrm{r}})^{\mathrm{T}} \left\{ -\left[\boldsymbol{H}^{\mathrm{r}} \boldsymbol{F}^{\mathrm{r}}(\boldsymbol{x}) - \boldsymbol{H}^{\mathrm{i}} \boldsymbol{F}^{\mathrm{i}}(\boldsymbol{x}) \right] (\boldsymbol{\psi} - \hat{\boldsymbol{\psi}}) \right\} +$$

$$(\boldsymbol{e}^{\mathrm{i}})^{\mathrm{T}} \left\{ -\left[\boldsymbol{H}^{\mathrm{r}} \boldsymbol{F}^{\mathrm{i}}(\boldsymbol{x}) + \boldsymbol{H}^{\mathrm{i}} \boldsymbol{F}^{\mathrm{r}}(\boldsymbol{x}) \right] (\boldsymbol{\psi} - \hat{\boldsymbol{\psi}}) \right\} \qquad (11\text{-}21)$$

$$= (\boldsymbol{\psi} - \hat{\boldsymbol{\psi}})^{\mathrm{T}} \left\{ -\left[\boldsymbol{H}^{\mathrm{r}} \boldsymbol{F}^{\mathrm{r}}(\boldsymbol{x}) - \boldsymbol{H}^{\mathrm{i}} \boldsymbol{F}^{\mathrm{i}}(\boldsymbol{x}) \right] \right\}^{\mathrm{T}} \boldsymbol{e}^{\mathrm{r}} +$$

$$(\boldsymbol{\psi} - \hat{\boldsymbol{\psi}})^{\mathrm{T}} \left\{ -\left[\boldsymbol{H}^{\mathrm{r}} \boldsymbol{F}^{\mathrm{i}}(\boldsymbol{x}) + \boldsymbol{H}^{\mathrm{i}} \boldsymbol{F}^{\mathrm{r}}(\boldsymbol{x}) \right] \right\}^{\mathrm{T}} \boldsymbol{e}^{\mathrm{i}}$$

$$= (\boldsymbol{\psi} - \hat{\boldsymbol{\psi}})^{\mathrm{T}} \left[-\left[\boldsymbol{H}^{\mathrm{r}} \boldsymbol{F}^{\mathrm{r}}(\boldsymbol{x}) - \boldsymbol{H}^{\mathrm{i}} \boldsymbol{F}^{\mathrm{i}}(\boldsymbol{x}) \right]^{\mathrm{T}} \boldsymbol{e}^{\mathrm{r}} - \left[\boldsymbol{H}^{\mathrm{r}} \boldsymbol{F}^{\mathrm{i}}(\boldsymbol{x}) + \boldsymbol{H}^{\mathrm{i}} \boldsymbol{F}^{\mathrm{r}}(\boldsymbol{x}) \right]^{\mathrm{T}} \boldsymbol{e}^{\mathrm{i}} \right]$$

$$= -\tilde{\boldsymbol{\psi}}^{\mathrm{T}} D^{\alpha} \hat{\boldsymbol{\psi}}$$

将未知参数自适应律（11-12）代入式（11-18），可得

$$J = \sum_{k=1}^{n} e_{u_{2k-1}} \left[d_k(t) - \xi_k \operatorname{sgn}(e_{u_{2k-1}}) \right] + \sum_{k=1}^{n} e_{u_{2k}} \left[-\eta_k \operatorname{sgn}(e_{u_{2k}}) \right] +$$

$$\sum_{k=1}^{n} \frac{1}{\beta_k} (\xi_k - \xi_k^*) D^{\alpha} \xi_k + \sum_{k=1}^{n} \frac{1}{\sigma_k} (\eta_k - \eta_k^*) D^{\alpha} \eta_k \qquad (11\text{-}22)$$

$$\leqslant \sum_{k=1}^{n} |d_k(t)| |e_{u_{2k-1}}| - \sum_{k=1}^{n} \xi_k |e_{u_{2k-1}}| - \sum_{k=1}^{n} \eta_k |e_{u_{2k}}| +$$

$$\sum_{k=1}^{n} \frac{1}{\beta_k} (\xi_k - \xi_k^*) D^{\alpha} \xi_k + \sum_{k=1}^{n} \frac{1}{\sigma_k} (\eta_k - \eta_k^*) D^{\alpha} \eta_k$$

将式（11-11）代入式（11-22），有

$$J \leqslant \sum_{k=1}^{n} \varphi_k |e_{u_{2k-1}}| - \sum_{k=1}^{n} \xi_k |e_{u_{2k-1}}| - \sum_{k=1}^{n} \eta_k |e_{u_{2k}}| +$$

$$\sum_{k=1}^{n} (\xi_k - \xi_k^*) |e_{u_{2k-1}}| + \sum_{k=1}^{n} (\eta_k - \eta_k^*) |e_{u_{2k}}| \qquad (11\text{-}23)$$

$$= \sum_{k=1}^{n} (\varphi_k - \xi_k^*) |e_{u_{2k-1}}| - \sum_{k=1}^{n} \eta_k^* |e_{u_{2k}}|$$

由于 $\xi_k^* \geqslant \varphi_k + 1$，$\eta_k^* \geqslant 1$，可得

$$
\begin{aligned}
J &\leqslant \sum_{k=1}^{n}(\varphi_k - \varphi_k - 1)\left|e_{u_{2k-1}}\right| - \sum_{k=1}^{n}\left|e_{u_{2k}}\right| \\
&= -\sum_{k=1}^{n}\left|e_{u_{2k-1}}\right| - \sum_{k=1}^{n}\left|e_{u_{2k}}\right| = -\left(\left\|\boldsymbol{e}^{\mathrm{r}}\right\| + \left\|\boldsymbol{e}^{\mathrm{i}}\right\|\right) < 0
\end{aligned}
\tag{11-24}
$$

由于 $J<0$，由分数阶系统稳定理论可知，误差系统（11-14）渐近稳定。因此主系统（11-6）和从系统（11-7）可以同步到一个复矩阵，从理论上验证了所提控制方案的有效性和可行性。

文献[15]和文献[24]的研究结果是本章所提控制方案的特殊情况。在实际应用中，反馈控制增益期望值应尽可能小，然而，在文献[15]和文献[24]中，不管初始值为多少，控制增益都是固定值。因此，选择的控制增益比实际值大，在物理实现上意味着资源的浪费。所提控制方案采用自适应控制器克服上述缺陷，控制增益 ξ_k 和 η_k 自动辨识到合适值，可以控制成本。

如果 $\boldsymbol{\psi}$ 和 $\boldsymbol{\delta}$ 是两个未知复变量系统参数矢量，则其可以改写为 $\boldsymbol{\psi} = \boldsymbol{\psi}^{\mathrm{r}} + \mathrm{j}\boldsymbol{\psi}^{\mathrm{i}}$ 和 $\boldsymbol{\delta} = \boldsymbol{\delta}^{\mathrm{r}} + \mathrm{j}\boldsymbol{\delta}^{\mathrm{i}}$，则主系统（11-6）和从系统（11-7）的形式变为

$$
D^{\alpha}\boldsymbol{x} = D^{\alpha}\boldsymbol{x}^{\mathrm{r}} + \mathrm{j}D^{\alpha}\boldsymbol{x}^{\mathrm{i}} = \boldsymbol{F}(\boldsymbol{x})(\boldsymbol{\psi}^{\mathrm{r}} + \mathrm{j}\boldsymbol{\psi}^{\mathrm{i}}) + \boldsymbol{f}(\boldsymbol{x})
\tag{11-25}
$$

$$
D^{\alpha}\boldsymbol{y} = D^{\alpha}\boldsymbol{y}^{\mathrm{r}} + \mathrm{j}D^{\alpha}\boldsymbol{y}^{\mathrm{i}} = \boldsymbol{G}(\boldsymbol{y})(\boldsymbol{\delta}^{\mathrm{r}} + \mathrm{j}\boldsymbol{\delta}^{\mathrm{i}}) + \boldsymbol{g}(\boldsymbol{y}) + \boldsymbol{d}(t) + \boldsymbol{W}(t)
\tag{11-26}
$$

根据复杂投影同步定义，可以得到复杂投影同步误差为

$$
\begin{aligned}
D^{\alpha}\boldsymbol{e} &= D^{\alpha}\boldsymbol{e}^{\mathrm{r}} + \mathrm{j}D^{\alpha}\boldsymbol{e}^{\mathrm{i}} \\
&= D^{\alpha}\boldsymbol{y}^{\mathrm{r}} - \boldsymbol{H}^{\mathrm{r}}D^{\alpha}\boldsymbol{x}^{\mathrm{r}} + \boldsymbol{H}^{\mathrm{i}}D^{\alpha}\boldsymbol{x}^{\mathrm{i}} + \mathrm{j}(D^{\alpha}\boldsymbol{y}^{\mathrm{i}} - \boldsymbol{H}^{\mathrm{r}}D^{\alpha}\boldsymbol{x}^{\mathrm{i}} - \boldsymbol{H}^{\mathrm{i}}D^{\alpha}\boldsymbol{x}^{\mathrm{r}}) \\
&= \boldsymbol{G}^{\mathrm{r}}(\boldsymbol{y})\boldsymbol{\delta}^{\mathrm{r}} - \boldsymbol{G}^{\mathrm{i}}(\boldsymbol{y})\boldsymbol{\delta}^{\mathrm{i}} + \boldsymbol{g}^{\mathrm{r}}(\boldsymbol{y}) + \boldsymbol{d}(t) + \boldsymbol{W}^{\mathrm{r}}(t) - \\
&\quad \boldsymbol{H}^{\mathrm{r}}\left[\boldsymbol{F}^{\mathrm{r}}(\boldsymbol{x})\boldsymbol{\psi}^{\mathrm{r}} - \boldsymbol{F}^{\mathrm{i}}(\boldsymbol{x})\boldsymbol{\psi}^{\mathrm{i}} + \boldsymbol{f}^{\mathrm{r}}(\boldsymbol{x})\right] + \\
&\quad \boldsymbol{H}^{\mathrm{i}}\left[\boldsymbol{F}^{\mathrm{r}}(\boldsymbol{x})\boldsymbol{\psi}^{\mathrm{i}} + \boldsymbol{F}^{\mathrm{i}}(\boldsymbol{x})\boldsymbol{\psi}^{\mathrm{r}} + \boldsymbol{f}^{\mathrm{i}}(\boldsymbol{x})\right] + \\
&\quad \mathrm{j}\left\{\boldsymbol{G}^{\mathrm{r}}(\boldsymbol{y})\boldsymbol{\delta}^{\mathrm{i}} + \boldsymbol{G}^{\mathrm{i}}(\boldsymbol{y})\boldsymbol{\delta}^{\mathrm{r}} + \boldsymbol{g}^{\mathrm{i}}(\boldsymbol{y}) + \boldsymbol{W}^{\mathrm{i}}(t) - \right. \\
&\quad \boldsymbol{H}^{\mathrm{r}}\left[\boldsymbol{F}^{\mathrm{r}}(\boldsymbol{x})\boldsymbol{\psi}^{\mathrm{i}} + \boldsymbol{F}^{\mathrm{i}}(\boldsymbol{x})\boldsymbol{\psi}^{\mathrm{r}} + \boldsymbol{f}^{\mathrm{i}}(\boldsymbol{x})\right] - \\
&\quad \left. \boldsymbol{H}^{\mathrm{i}}\left[\boldsymbol{F}^{\mathrm{r}}(\boldsymbol{x})\boldsymbol{\psi}^{\mathrm{r}} - \boldsymbol{F}^{\mathrm{i}}(\boldsymbol{x})\boldsymbol{\psi}^{\mathrm{i}} + \boldsymbol{f}^{\mathrm{r}}(\boldsymbol{x})\right]\right\}
\end{aligned}
\tag{11-27}
$$

对复杂投影同步误差的实部和虚部进行分解，可以得到误差系统为

$$
\begin{cases}
D^\alpha e_{u_{2k-1}} = \boldsymbol{G}_k^{\mathrm{r}}(\boldsymbol{y})\boldsymbol{\delta}^{\mathrm{r}} - \boldsymbol{G}_k^{\mathrm{i}}(\boldsymbol{y})\boldsymbol{\delta}^{\mathrm{i}} + g_k^{\mathrm{r}}(\boldsymbol{y}) + d_k(t) + w_k^{\mathrm{r}}(t) - \\
\qquad\qquad h_k^{\mathrm{r}}\Big[\boldsymbol{F}_k^{\mathrm{r}}(\boldsymbol{x})\boldsymbol{\psi}^{\mathrm{r}} - \boldsymbol{F}_k^{\mathrm{i}}(\boldsymbol{x})\boldsymbol{\psi}^{\mathrm{i}} + f_k^{\mathrm{r}}(\boldsymbol{x}) \Big] + \\
\qquad\qquad h_k^{\mathrm{i}}\Big[\boldsymbol{F}_k^{\mathrm{r}}(\boldsymbol{x})\boldsymbol{\psi}^{\mathrm{i}} + \boldsymbol{F}_k^{\mathrm{i}}(\boldsymbol{x})\boldsymbol{\psi}^{\mathrm{r}} + f_k^{\mathrm{i}}(\boldsymbol{x}) \Big] \\
D^\alpha e_{u_{2k}} = \boldsymbol{G}_k^{\mathrm{r}}(\boldsymbol{y})\boldsymbol{\delta}^{\mathrm{i}} + \boldsymbol{G}_k^{\mathrm{i}}(\boldsymbol{y})\boldsymbol{\delta}^{\mathrm{r}} + g_k^{\mathrm{i}}(\boldsymbol{y}) + w_k^{\mathrm{i}}(t) - \\
\qquad\qquad h_k^{\mathrm{r}}\Big[\boldsymbol{F}_k^{\mathrm{r}}(\boldsymbol{x})\boldsymbol{\psi}^{\mathrm{i}} + \boldsymbol{F}_k^{\mathrm{i}}(\boldsymbol{x})\boldsymbol{\psi}^{\mathrm{r}} + f_k^{\mathrm{i}}(\boldsymbol{x}) \Big] - \\
\qquad\qquad h_k^{\mathrm{i}}\Big[\boldsymbol{F}_k^{\mathrm{r}}(\boldsymbol{x})\boldsymbol{\psi}^{\mathrm{r}} - \boldsymbol{F}_k^{\mathrm{i}}(\boldsymbol{x})\boldsymbol{\psi}^{\mathrm{i}} + f_k^{\mathrm{r}}(\boldsymbol{x}) \Big]
\end{cases}
\tag{11-28}
$$

为实现误差系统（11-28）的镇定控制，给出下列控制方案。

具有未知参数的主系统（11-25）和从系统（11-26）在下列自适应控制器和未知参数自适应律的作用下，可实现复杂投影同步。

$$
\begin{cases}
w_k(t) = w_k^{\mathrm{r}}(t) + \mathrm{j}w_k^{\mathrm{i}}(t) \\
w_k^{\mathrm{r}}(t) = -\boldsymbol{G}_k^{\mathrm{r}}(\boldsymbol{y})\hat{\boldsymbol{\delta}}^{\mathrm{r}} + \boldsymbol{G}_k^{\mathrm{i}}(\boldsymbol{y})\hat{\boldsymbol{\delta}}^{\mathrm{i}} + \Big[h_k^{\mathrm{r}}\boldsymbol{F}_k^{\mathrm{r}}(\boldsymbol{x}) - h_k^{\mathrm{i}}\boldsymbol{F}_k^{\mathrm{i}}(\boldsymbol{x}) \Big]\hat{\boldsymbol{\psi}}^{\mathrm{r}} - \\
\qquad\qquad \Big[h_k^{\mathrm{r}}\boldsymbol{F}_k^{\mathrm{i}}(\boldsymbol{x}) + h_k^{\mathrm{i}}\boldsymbol{F}_k^{\mathrm{r}}(\boldsymbol{x}) \Big]\hat{\boldsymbol{\psi}}^{\mathrm{i}} - g_k^{\mathrm{r}}(\boldsymbol{y}) + h_k^{\mathrm{r}}f_k^{\mathrm{r}}(\boldsymbol{x}) - \\
\qquad\qquad h_k^{\mathrm{i}}f_k^{\mathrm{i}}(\boldsymbol{x}) - \xi_k\,\mathrm{sgn}(e_{u_{2k-1}}) \\
w_k^{\mathrm{i}}(t) = -\boldsymbol{G}_k^{\mathrm{r}}(\boldsymbol{y})\hat{\boldsymbol{\delta}}^{\mathrm{i}} - \boldsymbol{G}_k^{\mathrm{i}}(\boldsymbol{y})\hat{\boldsymbol{\delta}}^{\mathrm{r}} + \Big[h_k^{\mathrm{r}}\boldsymbol{F}_k^{\mathrm{i}}(\boldsymbol{x}) + h_k^{\mathrm{i}}\boldsymbol{F}_k^{\mathrm{r}}(\boldsymbol{x}) \Big]\hat{\boldsymbol{\psi}}^{\mathrm{r}} + \\
\qquad\qquad \Big[h_k^{\mathrm{r}}\boldsymbol{F}_k^{\mathrm{r}}(\boldsymbol{x}) - h_k^{\mathrm{i}}\boldsymbol{F}_k^{\mathrm{i}}(\boldsymbol{x}) \Big]\hat{\boldsymbol{\psi}}^{\mathrm{i}} - g_k^{\mathrm{i}}(\boldsymbol{y}) + h_k^{\mathrm{r}}f_k^{\mathrm{i}}(\boldsymbol{x}) + \\
\qquad\qquad h_k^{\mathrm{i}}f_k^{\mathrm{r}}(\boldsymbol{x}) - \eta_k\,\mathrm{sgn}(e_{u_{2k}})
\end{cases}
\tag{11-29}
$$

式中，ξ_k 和 η_k 为控制增益，可通过下列自适应律辨识

$$
\begin{cases}
D^\alpha \xi_k = \beta_k\left| e_{u_{2k-1}} \right|, & \beta_k > 0 \\
D^\alpha \eta_k = \sigma_k\left| e_{u_{2k}} \right|, & \sigma_k > 0
\end{cases}
\tag{11-30}
$$

系统未知参数矢量的自适应估计律为

$$
\begin{cases}
D^\alpha \hat{\boldsymbol{\psi}}^{\mathrm{r}} = -\Big[\boldsymbol{H}^{\mathrm{r}}\boldsymbol{F}^{\mathrm{r}}(\boldsymbol{x}) - \boldsymbol{H}^{\mathrm{i}}\boldsymbol{F}^{\mathrm{i}}(\boldsymbol{x}) \Big]^{\mathrm{T}}\boldsymbol{e}^{\mathrm{r}} - \Big[\boldsymbol{H}^{\mathrm{r}}\boldsymbol{F}^{\mathrm{i}}(\boldsymbol{x}) + \boldsymbol{H}^{\mathrm{i}}\boldsymbol{F}^{\mathrm{r}}(\boldsymbol{x}) \Big]^{\mathrm{T}}\boldsymbol{e}^{\mathrm{i}} \\
D^\alpha \hat{\boldsymbol{\psi}}^{\mathrm{i}} = \Big[\boldsymbol{H}^{\mathrm{r}}\boldsymbol{F}^{\mathrm{i}}(\boldsymbol{x}) + \boldsymbol{H}^{\mathrm{i}}\boldsymbol{F}^{\mathrm{r}}(\boldsymbol{x}) \Big]^{\mathrm{T}}\boldsymbol{e}^{\mathrm{r}} - \Big[\boldsymbol{H}^{\mathrm{r}}\boldsymbol{F}^{\mathrm{r}}(\boldsymbol{x}) - \boldsymbol{H}^{\mathrm{i}}\boldsymbol{F}^{\mathrm{i}}(\boldsymbol{x}) \Big]^{\mathrm{T}}\boldsymbol{e}^{\mathrm{i}} \\
D^\alpha \hat{\boldsymbol{\delta}}^{\mathrm{r}} = \Big[\boldsymbol{G}^{\mathrm{r}}(\boldsymbol{y}) \Big]^{\mathrm{T}}\boldsymbol{e}^{\mathrm{r}} + \Big[\boldsymbol{G}^{\mathrm{i}}(\boldsymbol{y}) \Big]^{\mathrm{T}}\boldsymbol{e}^{\mathrm{i}} \\
D^\alpha \hat{\boldsymbol{\delta}}^{\mathrm{i}} = \Big[-\boldsymbol{G}^{\mathrm{i}}(\boldsymbol{y}) \Big]^{\mathrm{T}}\boldsymbol{e}^{\mathrm{r}} + \Big[\boldsymbol{G}^{\mathrm{r}}(\boldsymbol{y}) \Big]^{\mathrm{T}}\boldsymbol{e}^{\mathrm{i}}
\end{cases}
\tag{11-31}
$$

该控制方案的验证过程与前面的验证过程类似，这里不再赘述。

文献[25-27]的研究结果是本章所提控制方案的特殊情况。因此，本章所提控制方案在实现两个整数阶复混沌系统的复杂投影同步控制方面也是可行的。

11.2.3　仿真

将分数阶复 Lorenz 系统作为主系统，将分数阶复 Chen 系统作为从系统，根据主系统（11-6）和从系统（11-7）的一般形式，可以得到

$$
\left\{
\begin{aligned}
\boldsymbol{F}(\boldsymbol{x}) &= \begin{pmatrix} x_2 - x_1 & 0 & 0 \\ 0 & x_1 & 0 \\ 0 & 0 & -x_3 \end{pmatrix} = \begin{pmatrix} u_{3m} - u_{1m} & 0 & 0 \\ 0 & u_{1m} & 0 \\ 0 & 0 & -u_{5m} \end{pmatrix} + \mathrm{j} \begin{pmatrix} u_{4m} - u_{2m} & 0 & 0 \\ 0 & u_{2m} & 0 \\ 0 & 0 & 0 \end{pmatrix} \\
&= \boldsymbol{F}^{\mathrm{r}}(\boldsymbol{x}) + \mathrm{j}\boldsymbol{F}^{\mathrm{i}}(\boldsymbol{x}) \\
\boldsymbol{G}(\boldsymbol{y}) &= \begin{pmatrix} y_2 - y_1 & 0 & 0 \\ -y_1 & y_1 + y_2 & 0 \\ 0 & 0 & -y_3 \end{pmatrix} = \begin{pmatrix} u_{3s} - u_{1s} & 0 & 0 \\ -u_{1s} & u_{1s} + u_{3s} & 0 \\ 0 & 0 & -u_{5s} \end{pmatrix} + \mathrm{j} \begin{pmatrix} u_{4s} - u_{2s} & 0 & 0 \\ -u_{2s} & u_{2s} + u_{4s} & 0 \\ 0 & 0 & 0 \end{pmatrix} \\
&= \boldsymbol{G}^{\mathrm{r}}(\boldsymbol{y}) + \mathrm{j}\boldsymbol{G}^{\mathrm{i}}(\boldsymbol{y}) \\
\boldsymbol{f}(\boldsymbol{x}) &= \begin{pmatrix} 0 \\ -x_2 - x_1 x_3 \\ (\bar{x}_1 x_2 + x_1 \bar{x}_2)/2 \end{pmatrix} = \begin{pmatrix} 0 \\ -u_{3m} - u_{1m} u_{5m} \\ u_{1m} u_{3m} + u_{2m} u_{4m} \end{pmatrix} + \mathrm{j} \begin{pmatrix} 0 \\ -u_{4m} - u_{2m} u_{5m} \\ 0 \end{pmatrix} = \boldsymbol{f}^{\mathrm{r}}(\boldsymbol{x}) + \mathrm{j}\boldsymbol{f}^{\mathrm{i}}(\boldsymbol{x}) \\
\boldsymbol{g}(\boldsymbol{y}) &= \begin{pmatrix} 0 \\ -y_1 y_3 \\ (\bar{y}_1 y_2 + y_1 \bar{y}_2)/2 \end{pmatrix} = \begin{pmatrix} 0 \\ -u_{1s} u_{5s} \\ u_{1s} u_{3s} + u_{2s} u_{4s} \end{pmatrix} + \mathrm{j} \begin{pmatrix} 0 \\ -u_{2s} u_{5s} \\ 0 \end{pmatrix} = \boldsymbol{g}^{\mathrm{r}}(\boldsymbol{y}) + \mathrm{j}\boldsymbol{g}^{\mathrm{i}}(\boldsymbol{y}) \\
\boldsymbol{\psi} &= \begin{pmatrix} a_1 \\ a_2 \\ a_3 \end{pmatrix}, \quad \boldsymbol{\delta} = \begin{pmatrix} b_1 \\ b_2 \\ b_3 \end{pmatrix}
\end{aligned}
\right.
\tag{11-32}
$$

在本仿真实例中，$d_k(t) = 0.5\cos(t)$ 为从系统中的外界扰动项，复杂投影矩阵为 $\boldsymbol{H} = \mathrm{diag}(h_1, h_2, h_3)$，$h_1 = h_1^{\mathrm{r}} + \mathrm{j}h_1^{\mathrm{i}}$ 和 $h_2 = h_2^{\mathrm{r}} + \mathrm{j}h_2^{\mathrm{i}}$ 为复数，h_3 为实数。

基于自适应控制器（11-10），可以得到本仿真实例中的控制器形式为

$$
\begin{cases}
w_1^r = -\hat{b}_1(u_{3s} - u_{1s}) + \hat{a}_1\left[h_1^r(u_{3m} - u_{1m}) - h_1^i(u_{4m} - u_{2m})\right] - \xi_1 \operatorname{sgn}(e_{u_1}) \\
w_1^i = -\hat{b}_1(u_{4s} - u_{2s}) + \hat{a}_1\left[h_1^r(u_{4m} - u_{2m}) + h_1^i(u_{3m} - u_{1m})\right] - \eta_1 \operatorname{sgn}(e_{u_2}) \\
w_2^r = \hat{b}_1 u_{1s} - \hat{b}_2(u_{1s} + u_{3s}) + \hat{a}_2(h_2^r u_{1m} - h_2^i u_{2m}) + u_{1s}u_{5s} + \\
\qquad h_2^r(-u_{3m} - u_{1m}u_{5m}) - h_2^i(-u_{4m} - u_{2m}u_{5m}) - \xi_2 \operatorname{sgn}(e_{u_3}) \\
w_2^i = \hat{b}_1 u_{2s} - \hat{b}_2(u_{2s} + u_{4s}) + \hat{a}_2(h_2^r u_{2m} + h_2^i u_{1m}) + u_{2s}u_{5s} + \\
\qquad h_2^r(-u_{4m} - u_{2m}u_{5m}) + h_2^i(-u_{3m} - u_{1m}u_{5m}) - \eta_2 \operatorname{sgn}(e_{u_4}) \\
w_3^r = \hat{b}_3 u_{5s} - \hat{a}_3 h_3 u_{5m} - (u_{1s}u_{3s} + u_{2s}u_{4s}) + h_3(u_{1m}u_{3m} + u_{2m}u_{4m}) - \xi_3 \operatorname{sgn}(e_{u_5}) \\
w_3^i = 0
\end{cases}
\tag{11-33}
$$

式中

$$
\begin{cases}
D^\alpha \xi_1 = \beta_1 \left|e_{u_1}\right| \\
D^\alpha \xi_2 = \beta_2 \left|e_{u_3}\right| \\
D^\alpha \xi_3 = \beta_3 \left|e_{u_5}\right| \\
D^\alpha \eta_1 = \sigma_1 \left|e_{u_2}\right| \\
D^\alpha \eta_2 = \sigma_2 \left|e_{u_4}\right| \\
D^\alpha \eta_3 = 0
\end{cases}
\tag{11-34}
$$

基于式（11-12），可以得到本仿真实例中系统未知参数的自适应律为

$$
\begin{cases}
D^\alpha \hat{a}_1 = -[h_1^r(u_{3m} - u_{1m}) - h_1^i(u_{4m} - u_{2m})]e_{u_1} - \\
\qquad [h_1^r(u_{4m} - u_{2m}) + h_1^i(u_{3m} - u_{1m})]e_{u_2} \\
D^\alpha \hat{a}_2 = -(h_2^r u_{1m} - h_2^i u_{2m})e_{u_3} - (h_2^r u_{2m} + h_2^i u_{1m})e_{u_4} \\
D^\alpha \hat{a}_3 = h_3 u_{5m} e_{u_5} \\
D^\alpha \hat{b}_1 = (u_{3s} - u_{1s})e_{u_1} - u_{1s}e_{u_3} + (u_{4s} - u_{2s})e_{u_2} - u_{2s}e_{u_4} \\
D^\alpha \hat{b}_2 = (u_{1s} + u_{3s})e_{u_3} + (u_{2s} + u_{4s})e_{u_4} \\
D^\alpha \hat{b}_3 = -u_{5s}e_{u_5}
\end{cases}
\tag{11-35}
$$

令 $\alpha = 0.998$，$\boldsymbol{H} = \operatorname{diag}(1, \mathrm{j}, -1)$，未知参数 $(a_1, a_2, a_3)^\mathrm{T} = (10, 28, 8/3)^\mathrm{T}$，$(b_1, b_2, b_3)^\mathrm{T} = (35, 28, 3)^\mathrm{T}$，初始条件随机选择为 $\boldsymbol{x}(0) = (1 - \mathrm{j}, -2 + 2\mathrm{j}, 3)^\mathrm{T}$，$\boldsymbol{y}(0) = (1 + \mathrm{j}, 1 + \mathrm{j}, 1)^\mathrm{T}$，$\hat{\boldsymbol{\psi}}(0) = (0, 0, 0)^\mathrm{T}$，$\hat{\boldsymbol{\delta}}(0) = (0, 0, 0)^\mathrm{T}$，$\boldsymbol{\xi}(0) = (0, 0, 0)^\mathrm{T}$，$\boldsymbol{\eta}(0) = (0, 0, 0)^\mathrm{T}$，$\beta_1 = \beta_2 = \beta_3 = \sigma_1 = \sigma_2 = 0.5$。复杂投影同步误差的状态轨迹如图 11-2 所示。

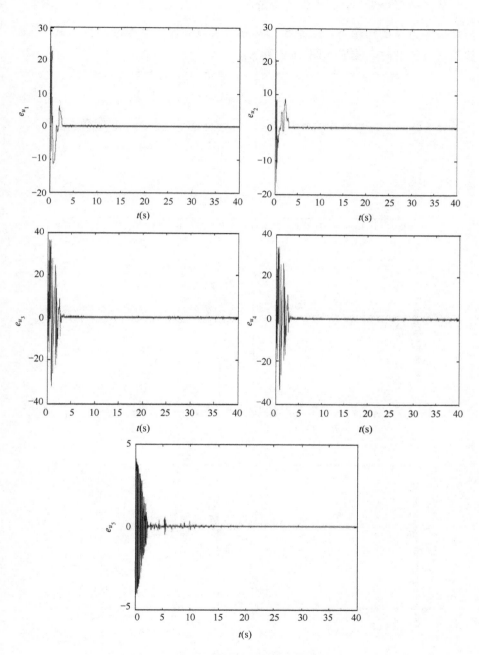

图 11-2　复杂投影同步误差的状态轨迹

从图中可以看出，同步误差变量 e_{u_i} ($i = 1, 2, 3, 4, 5$) 渐近收敛到 0，表明在所提控制方案的作用下，主系统和从系统可以实现复杂投影同步。系统未知参数估计值的时间响应如图 11-3 所示。

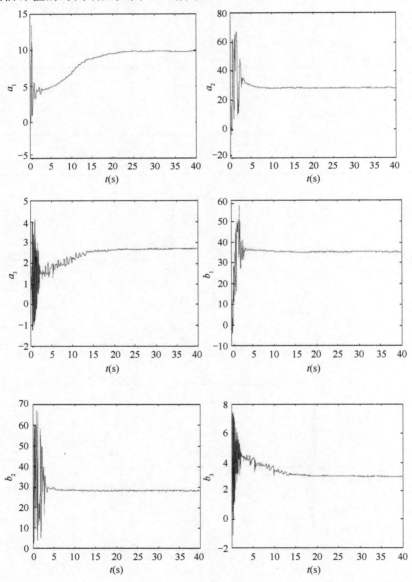

图 11-3　未知参数估计值的时间响应

可以计算主系统和从系统的模值误差和相位误差，对任意复数 $x = x^{\mathrm{r}} + jx^{\mathrm{i}}$，模值误差 ρ_x 和相位误差 θ_x 为

$$\begin{cases} \rho_x = \sqrt{(x^{\mathrm{r}})^2 + (x^{\mathrm{i}})^2} \\ \theta_x = \begin{cases} \arctan\left(\dfrac{x^{\mathrm{i}}}{x^{\mathrm{r}}}\right), & x^{\mathrm{r}} > 0, \ x^{\mathrm{i}} \geqslant 0 \\ 2\pi + \arctan\left(\dfrac{x^{\mathrm{i}}}{x^{\mathrm{r}}}\right), & x^{\mathrm{r}} > 0, \ x^{\mathrm{i}} < 0 \\ \pi + \arctan\left(\dfrac{x^{\mathrm{i}}}{x^{\mathrm{r}}}\right), & x^{\mathrm{r}} < 0 \\ \pi - \arctan\left(\dfrac{x^{\mathrm{i}}}{x^{\mathrm{r}}}\right), & x^{\mathrm{r}} = 0 \end{cases} \end{cases} \quad （11\text{-}36）$$

主系统和从系统的模值误差和相位误差的时间响应如图 11-4 所示。

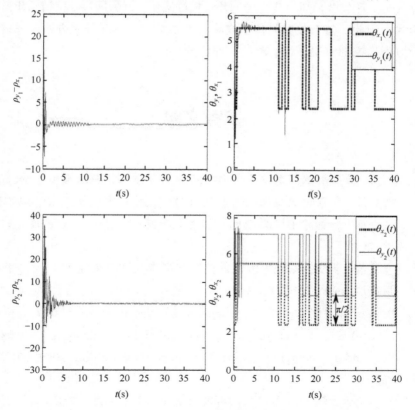

图 11-4　主系统和从系统的模值误差和相位误差的时间响应

仿真结果充分证明了在所提控制方案的作用下，两个结构不同的分数阶复混沌系统实现了复杂投影同步，主系统和从系统中的未知参数均得到了有效辨识。

在仿真中，复杂同步矩阵 **H** 的选择不影响理论结果的正确性。

11.3　本章小结

本章给出了两个结构不同的分数阶复混沌系统的自适应复杂投影同步控制方案，考虑了主系统和从系统的参数为未知实数和未知复数的情况。为使所提控制方案更具有实际意义，还考虑了外界扰动项对从系统的影响。值得注意的是，复杂投影同步是完全同步、相位同步、投影同步、反相同步等的一般形式，因此，复杂投影同步研究具有重要意义。本章采用分数阶系统稳定理论对所提控制方案进行了验证，理论分析严谨。

参考文献

[1]　丁锐. 分数阶混沌系统的控制与同步[D]. 重庆：重庆邮电大学, 2013.

[2]　贺毅杰. 分数阶混沌系统同步控制[D]. 大连：大连理工大学, 2001.

[3]　孟令博. 分数阶混沌系统的同步控制方法研究[D]. 南京：南京理工大学, 2010.

[4]　方锦清. 非线性系统中混沌的控制与同步及其应用前景（一）[J]. 物理学进展, 1996, 1(16):1-16.

[5]　B. Yin, X. C. Pu. J. F. Wang, et al. A self-adaptive synchronization controller for Liu chaotic systems[J]. Journal of Chongqing University of Post and Telecommunications: Natural Science Edition, 2009, 21(2):235-238.

[6]　屈宁. 基于微分几何理论的混沌投影同步研究[D]. 大连：辽宁师范大学, 2014.

[7]　王莎. 分数阶混沌系统及其同步研究[D]. 北京：北京交通大学, 2010.

[8]　么双双. 参数未知的分数阶混沌系统自适应修正投影同步[D]. 沈阳：东北大学, 2019.

[9]　R. Luo, S. Deng, Z. G. Wei. Modified projective synchronization between two different hyperchaotic systems with unknown and uncertain parameters[J]. Physica Scripta, 2010, 81:1-5.

[10]　邢伟男. 分数阶混沌系统函数投影同步理论研究[D]. 哈尔滨：哈尔滨理工大学, 2016.

[11]　姚潍. 混沌系统函数投影同步保密通信方法研究[D]. 哈尔滨：哈尔滨理工大学, 2015.

[12]　G. M. Mahmoud, M. A. Arkashif, A. A. Farghaly. Chaotic and hyperchaotic attractors of a complex nonlinear system[J]. Journal of Physics A: Mathematical and Theoretical, 2008, 41:055104.

[13]　E. Roldab, G. J. Devalcarcel, R. Vilaseca. Single-mode-laser phase dynamics[J]. Physical Review A, 1993, 48:591-598.

[14]　V. Y. Toronov, V. L. Derbov. Boundedness of attractors in the complex Lorenz model[J]. Physical Review E, 1997, 55:3689-3692.

[15]　G. M. Mahamoud, E. E. Mahmoud. Complex modified projective synchronization of two chaotic complex nonlinear systems[J]. Nonlinear Dynamics, 2013, 73:2231-2240.

[16]　G. M. Mahamoud, E. E. Mahmoud. Phase and antiphase synchronization of two identical hyperchaotic complex nonlinear systems[J]. Nonlinear Dynamics, 2010, 61:141-152.

[17]　Q. Wei, X. Y. Wang, X. P. Hu. Feedback chaotic synchronization of a complex chaotic system with disturbances[J]. Journal of Vibration and Control, 2015, 21(15):734-735.

[18]　X. Y. Wang, N. Wei. Modified function projective lag synchronization of hyperchaotic complex systems with parameter perturbations and external disturbances[J]. Journal of Vibration and Control, 2015, 21(16):3266-3280.

[19]　X. B. Zhou, M. R. Jiang, X. M. Cai. Synchronization of a novel hyperchaotic complex-variable system based on finite-time stability theory[J]. Entropy,

2013, 15:4334-4344.

[20] X. J. Wu, J. K. Wang. Adaptive generalized function projective synchronization of uncertain chaotic complex systems[J]. Nonlinear Dynamics, 2013, 73:1455-1467.

[21] C. Luo, X. Y. Wang. Chaos in the fractional-order complex Lorenz system and its synchronization[J]. Nonlinear Dynamics, 2013, 71:241-257.

[22] C. Luo, X. Y. Wang. Chaos generated from the fractional-order complex Chen system and its application to digital secure communication[J]. International Journal of Modern Physics C, 2013, 24:1350025.

[23] X. J. Liu, L. Hong, L. X. Yang. Fractional-order complex T system: bifurcation, chaos control, and synchronization[J]. Nonlinear Dynamics, 2014, 75:589-602.

[24] K. Abualnaja, E. Mahmoud. Analytical and numerical study of the projective synchronization of the chaotic complex nonlinear systems with uncertain parameters and its applications in secure communication[J]. Mathematical Problems in Engineering, 2014:1-10.

[25] F. F. Zhang, S. T. Liu, W. Y. Yu. Modified projective synchronization with complex scaling factors of uncertain real chaos and complex chaos[J]. Chinese Physics B, 2013, 22:120505.

[26] P. Liu, S. T. Liu. Robust adaptive full state hybrid synchronization of chaotic complex systems with unknown parameters and external disturbances[J]. Nonlinear Dynamics, 2012, 70:585-599.

[27] S. T. Liu, P. Liu. Adaptive anti-synchronization of chaotic complex nonlinear systems with unknown parameters[J]. Nonlinear Analysis: Real World Applications, 2011, 12:3046-3055.

基于改进反馈方法的分数阶混沌系统的自适应同步控制研究

12.1 概述

混沌理论描述了非线性动力系统中的不稳定非周期动态行为，并涉及混沌动力系统在科学、工程领域的应用研究。如果某动力系统满足 3 个属性：有界性、无限复发性和对初始条件敏感性，则可以将其称为"混沌"。300 多年前，一些学者发现了三维混沌系统的经典范式，如 Lorenz 系统、Rossler 系统、ACT 系统、Sprott 系统、Chen 系统、Lu 系统、Cai 系统、Tigan 系统等[1]。随着混沌系统研究的深入，整数阶非线性动力学模型无法有效描述混沌系统的复杂特征和动态行为，许多学者开始将分数阶微积分理论引入混沌系统研究，并取得了许多重要成果。在描述复杂的混沌系统甚至超混沌系统时，分数阶模型表达的物理意义更清晰，动态行为描述更准确。因此，将分数阶微积分理论与混沌系统结合，可以更好地建立非线性动力系统的数学模型。

分数阶数学模型的提出激发了许多学者的研究热情，目前，分数阶系统的自适应控制研究是分数阶系统研究的热门方向。1958 年，Whitaker 教授在设计飞机的运动控制模型时，用一种偏差（即预期特征与实际特征的差）来修正控制器参数，使飞行状态稳定，可持续保持在最理想的状态，这就是最初的自适应控制；1966 年，Butchart 和 Parks 提出利用 Lyapunov 稳定理论设计自适应调节方法，初步确定了自适应控制在控制领域的地位。

1950—1975 年，自适应理论虽然受到关注但发展缓慢，其原因在于，前人设计的自适应改进算法在实际应用过程中，存在一定的不足。这种不足使得设计的自适应控制系统在很大程度上依赖外界条件，设计的自适应控制器在控制系统中达不到理想效果。1975 年以后，随着微电子技术和计算机技术的发展，尤其是分数阶微积分理论的逐步完善，自适应控制研究重新受到关注。分数阶微积分在原有微积分理论的基础上，增加了阶次的可变性，为控制系统的研究提供了便利，成为分数阶科学中最受欢迎的领域之一。

反馈技术在工程领域应用较多，利用反馈技术可以实现混沌系统的多重控制，混沌同步问题可以看作混沌控制问题的扩展（使被控混沌系统轨道按目标混沌系统轨道运行）。将被控系统称为响应系统或从系统，将目标系统称为驱动系统或主系统。利用驱动系统和响应系统之间的误差信号施加反馈控制，使响应系统跟踪驱动系统的状态轨迹，从而实现同步。混沌反馈同步方法在 1993 年德国学者提出的连续变量反馈微扰控制方法的基础上逐渐发展起来[2]。反馈同步分为参数反馈和状态反馈，参数反馈指利用反馈的误差信号调整系统参数，由于混沌系统对参数有极端敏感性，通过调整参数就可以使两个混沌系统同步；状态反馈指将反馈的信号直接加在响应系统的状态变量上，不改变系统参数。目前，研究较多的是状态反馈同步，其可以是线性的，也可以是非线性的。

随着新的混沌系统的发现和同步形式的提出，许多学者研究了具有各种形式的反馈同步方法。蒋国平等学者通过线性反馈方法实现了混沌系统的广义同步[3]；王绍青等学者[4]通过变量反馈方法实现了超混沌系统同步；马西奎等学者研究了连续混沌系统的非线性反馈同步[5]；费树岷等学者实现了 Genesio-Tesi 和 Coullet 混沌系统的非线性反馈同步[6]；陶朝海等学者研究了统一混沌系统的状态反馈和速度反馈同步[7]。

本章考虑在分数阶系统建模过程中系统参数不能精确已知的实际情况，采用改进反馈控制方法实现两个分数阶混沌系统的自适应同步控制，同步控制过程中充分考虑不相称分数阶系统，即系统方程中分数阶阶数不是固定值，这种情况在实际建模中很容易出现，在以往的分数阶系统研究中，大部分讨论系统分数阶阶次维持在某个固定值的情况。因此，本章的研究内容具有较高的实际应用价值，为后续的分数阶混沌系统的同步控制研究提供了参考。

12.2   分数阶混沌系统的自适应同步控制

12.2.1   分数阶混沌系统

在进行系统描述前，先给出几个重要引理，为后续控制方案的设计提供理论依据。

引理 1：分数阶线性系统 $D^\alpha \boldsymbol{x}(t) = \boldsymbol{A}\boldsymbol{x}(t)$ 渐近稳定的充要条件是 $\left|\arg\left[\operatorname{spec}(\boldsymbol{A})\right]\right| > \alpha\pi/2$，当系统实现渐近稳定时，其状态轨迹以速率 $t^{-\alpha}$ 收敛到原点。

引理 2：考虑分数阶系统

$$D^\alpha \boldsymbol{x}(t) = \boldsymbol{f}(t, \boldsymbol{x}) \tag{12-1}$$

假设 λ 为不稳定的特征值，则系统（12-1）渐近稳定的必要条件是

$$\tan\left(\frac{\alpha\pi}{2}\right) > \frac{|\operatorname{Im}(\lambda)|}{\operatorname{Re}(\lambda)} \Rightarrow \alpha > \frac{2}{\pi}\tan^{-1}\left[\frac{|\operatorname{Im}(\lambda)|}{\operatorname{Re}(\lambda)}\right] \tag{12-2}$$

引理 3：对于 Riemann-Liouville 积分算子 I^α，如果 $\alpha, \beta \geqslant 0$，且 $\gamma > -1$，则有

$$\begin{cases} I^\alpha I^\beta f(t) = I^{\alpha+\beta} f(t) \\ I^\alpha t^\gamma = \dfrac{\Gamma(\gamma+1)}{\Gamma(\alpha+\gamma+1)} t^{\alpha+\gamma} \end{cases} \tag{12-3}$$

引理 4：Riemann-Liouville 分数阶积分的拉普拉斯变换满足

$$L\left\{I^\alpha\left[f(t)\right]\right\} = s^{-\alpha} L\{f(t)\} \tag{12-4}$$

$f(t)$ 分数阶微分的拉普拉斯变换为

$$L\left\{D^\alpha\left[f(t)\right]\right\} = s^\alpha L\{f(t)\} - \sum_{k=0}^{m-1} f^{(k)}(0^+) s^{\alpha-1-k} \tag{12-5}$$

式中，$m-1<\alpha\leqslant m$。

下面介绍分数阶混沌系统的数学描述。考虑参数未知的分数阶混沌系统，其形式为

$$D^{\alpha}\boldsymbol{x}=\boldsymbol{F}(\boldsymbol{x})\boldsymbol{\theta}+\boldsymbol{f}(\boldsymbol{x}) \tag{12-6}$$

式中，$\boldsymbol{\alpha}=(\alpha_1,\ \alpha_2,\cdots,\ \alpha_n)^{\mathrm{T}}$，$0<\alpha_i\leqslant 1$，$\boldsymbol{x}=(x_1,\ x_2,\cdots,\ x_n)^{\mathrm{T}}\in\boldsymbol{R}^n$ 为系统状态矢量，$\boldsymbol{F}:\boldsymbol{R}^n\rightarrow\boldsymbol{R}^{n\times p}$ 为函数矩阵，$\boldsymbol{\theta}\in\boldsymbol{R}^p$ 为系统未知参数矢量，$\boldsymbol{f}:\boldsymbol{R}^n\rightarrow\boldsymbol{R}^n$ $\boldsymbol{f}:\boldsymbol{R}^n\rightarrow\boldsymbol{R}^n$ 为连续非线性函数矢量。

将系统（12-6）作为驱动系统，则带有控制器 $\boldsymbol{u}(t)\in\boldsymbol{R}^n$ 的响应系统为

$$D^{\beta}\boldsymbol{y}=\boldsymbol{G}(\boldsymbol{y})\boldsymbol{\delta}+\boldsymbol{g}(\boldsymbol{y})+\boldsymbol{u}(t) \tag{12-7}$$

式中，$\boldsymbol{\beta}=(\beta_1,\ \beta_2,\cdots,\ \beta_n)^{\mathrm{T}}$，$0<\beta_i\leqslant 1$ 且 $\alpha_i\geqslant\beta_i$，$\boldsymbol{y}=(y_1,\ y_2,\cdots,\ y_n)^{\mathrm{T}}\in\boldsymbol{R}^n$ 为系统状态矢量，$\boldsymbol{G}:\boldsymbol{R}^n\rightarrow\boldsymbol{R}^{n\times q}$ 为函数矩阵，$\boldsymbol{g}:\boldsymbol{R}^n\rightarrow\boldsymbol{R}^n$ 为连续非线性函数矢量，$\boldsymbol{\delta}\in\boldsymbol{R}^q$ 为系统未知参数矢量。

12.2.2　改进反馈控制器设计

下面设计合适的改进反馈控制器 $\boldsymbol{u}(t)$，以实现驱动系统（12-6）和响应系统（12-7）的自适应同步，即

$$\lim_{t\rightarrow\infty}\|\boldsymbol{y}-\boldsymbol{x}\|=0 \tag{12-8}$$

定义同步误差为 $\boldsymbol{e}=\boldsymbol{y}-\boldsymbol{x}$，令 $\hat{\boldsymbol{\theta}}$ 和 $\hat{\boldsymbol{\delta}}$ 为 $\boldsymbol{\theta}$ 和 $\boldsymbol{\delta}$ 的估计值，可以采用下列自适应律进行辨识

$$\begin{cases}\dot{\hat{\boldsymbol{\theta}}}=-\boldsymbol{F}^{\mathrm{T}}(\boldsymbol{x})\boldsymbol{e}\\\dot{\hat{\boldsymbol{\delta}}}=\boldsymbol{G}^{\mathrm{T}}(\boldsymbol{y})\boldsymbol{e}\end{cases} \tag{12-9}$$

改进反馈控制器设计为

$$\begin{aligned}\boldsymbol{u}(t)=&(I^{\alpha-\beta}-1)\boldsymbol{G}(\boldsymbol{y})\boldsymbol{\delta}-I^{\alpha-\beta}\boldsymbol{G}(\boldsymbol{y})\hat{\boldsymbol{\delta}}-\boldsymbol{g}(\boldsymbol{y})+I^{\alpha-\beta}\boldsymbol{F}(\boldsymbol{x})\hat{\boldsymbol{\theta}}+\\&I^{\alpha-\beta}\boldsymbol{F}(\boldsymbol{x})+\Lambda I^{\alpha-\beta}(\boldsymbol{y}-\boldsymbol{x})\end{aligned} \tag{12-10}$$

对式（12-6）、式（12-7）和式（12-10）进行拉普拉斯变换，令 $\boldsymbol{X}(s)=L\{\boldsymbol{x}(t)\}$，$\boldsymbol{Y}(s)=L\{\boldsymbol{y}(t)\}$，$\boldsymbol{E}(s)=L\{\boldsymbol{e}(t)\}$，$\boldsymbol{U}(s)=L\{\boldsymbol{u}(t)\}$，由引理 4 可得

$$\begin{cases} s^{\alpha} X(s) = s^{\alpha-1} x(0) + L\{F(x)\}\theta + L\{f(x)\} \\ s^{\beta} Y(s) = s^{\beta-1} y(0) + L\{G(y)\}\delta + L\{g(y)\} + U(s) \end{cases} \tag{12-11}$$

式中

$$\begin{aligned} U(s) = (s^{\beta-\alpha} - 1)L\{G(y)\}\delta - s^{\beta-\alpha}L\{G(y)\}\hat{\delta} - L\{g(y)\} + \\ s^{\beta-\alpha}L\{F(x)\}\hat{\theta} + s^{\beta-\alpha}L\{F(x)\} + \Lambda s^{\beta-\alpha}[Y(s) - X(s)] \end{aligned} \tag{12-12}$$

将式（12-12）代入式（12-11），式（12-11）第二个方程两边乘以 $s^{\alpha-\beta}$，可得

$$\begin{aligned} s^{\alpha} Y(s) = s^{\alpha-1} y(0) + s^{\alpha-\beta}L\{G(y)\}\delta + s^{\alpha-\beta}L\{g(y)\} + (1 - s^{\alpha-\beta})L\{G(y)\}\delta - \\ L\{G(y)\}\hat{\delta} - s^{\alpha-\beta}L\{g(y)\} + L\{F(x)\}\hat{\theta} + L\{f(x)\} + \Lambda[Y(s) - X(s)] \tag{12-13} \\ = s^{\alpha-1} y(0) + L\{F(x)\}\hat{\theta} - L\{G(y)\}(\hat{\delta} - \delta) + L\{f(x)\} + \Lambda[Y(s) - X(s)] \end{aligned}$$

式（12-13）减式（12-11）第一个方程，可得

$$s^{\alpha} E(s) = s^{\alpha-1} e(0) + L\{F(x)\}(\hat{\theta} - \theta) - L\{G(y)\}(\hat{\delta} - \delta) + \Lambda E(s) \tag{12-14}$$

对式（12-14）进行拉普拉斯反变换，得到具有下列形式的分数阶同步误差系统。显然，两个分数阶混沌系统的自适应同步问题转化为分数阶同步误差系统的自适应镇定问题。

$$D^{\alpha} e(t) = F(x)(\hat{\theta} - \theta) - G(y)(\hat{\delta} - \delta) + \Lambda e(t) \tag{12-15}$$

式中，$\Lambda = \text{diag}(\lambda_1, \lambda_2, \lambda_3)$。针对上述推导结果，给出下列备注。

备注 1：α_i 与 β_i 可能不同，表明所提控制方案能实现两个阶次不同的分数阶混沌系统的自适应同步。

备注 2：$\alpha_i \in (0,1]$ 且可能出现 $\alpha_1 = \alpha_2 = \cdots = \alpha_n$，$\beta_i \in (0,1]$ 且可能出现 $\beta_1 = \beta_2 = \cdots = \beta_n$，表明所提控制方案能实现相称分数阶混沌系统和非相称分数阶混沌系统的自适应同步。

备注 3：当 $\alpha_i = 1$，$\beta_i \in (0,1]$ 时，所提控制方案能实现整数阶混沌系统和分数阶混沌系统的自适应同步。

备注 4：因为驱动系统和响应系统中的非线性函数矢量 g 和 f 可以不同，所以所提控制方案可以实现两个结构不同的分数阶混沌系统的自适应同步。

为了验证所提控制方案的稳定性，推导分数阶系统稳定理论。考虑分数阶系统 $D^{\alpha} x = F(x) = A(x)x$，$x \in R^n$，$A(x) \in R^{n \times n}$，$\alpha \in (0,1]$，如果存在正定矩阵 $B^{\mathrm{T}} = B > 0$，使得 $\Pi = x^{\mathrm{T}} B D^{\alpha} x < 0$，则该系统是渐近稳定的。下面从理论上验证该结论的正确性。

当 $\alpha = 1$ 时，上述分数阶系统转化为整数阶系统，显然上述结论正确；当 $\alpha \in (0,1)$ 时，令 λ^* 为矩阵 $A(x)$ 的任意特征值，$\xi \in R^n$ 为相应特征值的非零特

征向量，则

$$A(x)\xi = \lambda^* \xi \qquad (12\text{-}16)$$

式（12-16）两边求共轭转置，可得

$$\xi^H A(x)^H = \overline{\lambda}^* \xi^H \qquad (12\text{-}17)$$

式（12-16）两边左乘 $\xi^H B$，式（12-17）两边右乘 $B\xi$，可得

$$\begin{cases} \xi^H BA(x)\xi = \lambda^* \xi^H B\xi \\ \xi^H A(x)^H B\xi = \overline{\lambda}^* \xi^H B\xi \end{cases} \qquad (12\text{-}18)$$

将式（12-18）中的两个等式相加，可得

$$\xi^H \left[BA(x) + A(x)^H B \right] \xi = (\lambda^* + \overline{\lambda}^*)\xi^H B\xi \qquad (12\text{-}19)$$

由于对于任意 $x \in R^n$，$\Pi = x^T BD^\alpha x = x^T BA(x)x < 0$ 成立，可以得到下列不等式

$$\lambda^* + \overline{\lambda}^* = \frac{\xi^T \left[BA(x) + A(x)^T B \right] \xi}{\xi^T B\xi} < 0 \qquad (12\text{-}20)$$

即

$$2\mathrm{Re}(\lambda^*) < 0 \qquad (12\text{-}21)$$

因此，$|\arg(\lambda^*)| > \pi/2 > \alpha\pi/2$，由引理 1 可知，分数阶系统 $D^\alpha x = F(x) = A(x)x$ 是渐近稳定的，验证了所提稳定理论的可行性。

如果对角矩阵 Λ 为负定对角阵，则驱动系统（12-6）和响应系统（12-7）在控制器（12-10）的作用下可实现同步，且系统中的未知参数可以得到完全辨识。下面验证所提控制方案的有效性。

定义增广误差向量为

$$E^T = (e^T, \ e_\theta^T, \ e_\delta^T) \qquad (12\text{-}22)$$

式中，$e = (e_1, e_2, \cdots, e_n)^T$，$e_\theta = \hat{\theta} - \theta$，$e_\delta = \hat{\delta} - \delta$，则函数 Π 为

$$\Pi = E^T BD^\gamma E \qquad (12\text{-}23)$$

其中 $\gamma = (\alpha_1, \alpha_2, \cdots, \alpha_n, 1, \cdots, 1)^T$，如果正定矩阵 B 为单位阵，则

$$\begin{aligned} \Pi &= e_1 D^{\alpha_1} e_1 + e_2 D^{\alpha_2} e_2 + \cdots + e_n D^{\alpha_n} e_n + e_\theta^T \dot{e}_\theta + e_\delta^T \dot{e}_\delta \\ &= e^T D^\alpha e + \dot{e}_\theta^T e_\theta + \dot{e}_\delta^T e_\delta \\ &= e^T [F(x)(\hat{\theta} - \theta) - G(y)(\hat{\delta} - \delta)] + e^T \Lambda e - e^T F(x)e_\theta + e^T G(y)e_\delta \qquad (12\text{-}24) \\ &= e^T F(x)e_\theta - e^T G(y)e_\delta + e^T \Lambda e - e^T F(x)e_\theta + e^T G(y)e_\delta \\ &= e^T \Lambda e < 0 \end{aligned}$$

由前面推导的分数阶系统稳定理论可知

$$
\begin{cases}
\lim\limits_{t\to+\infty}\|\boldsymbol{e}\|=\lim\limits_{t\to+\infty}\|\boldsymbol{y}-\boldsymbol{x}\|=0 \\
\lim\limits_{t\to+\infty}\|\boldsymbol{e}_\theta\|=\lim\limits_{t\to+\infty}\|\hat{\boldsymbol{\theta}}-\boldsymbol{\theta}\|=0 \\
\lim\limits_{t\to+\infty}\|\boldsymbol{e}_\delta\|=\lim\limits_{t\to+\infty}\|\hat{\boldsymbol{\delta}}-\boldsymbol{\delta}\|=0
\end{cases}
\tag{12-25}
$$

因此，驱动系统（12-6）和响应系统（12-7）实现同步，系统未知参数均得到有效辨识。

12.2.3　仿真

下面通过两个仿真实例验证所提控制方案的有效性和可行性。

（1）分数阶 Chen 系统和分数阶 Qi 系统的自适应同步

含有未知参数的分数阶 Chen 系统为

$$
\begin{cases}
D^{\alpha_1}x_1=a(x_2-x_1) \\
D^{\alpha_2}x_2=(c-a)x_1+cx_2-x_1x_3 \\
D^{\alpha_3}x_3=x_1x_2-bx_3
\end{cases}
\tag{12-26}
$$

式中，$\boldsymbol{x}=(x_1,x_2,x_3)^{\mathrm{T}}$ 为系统状态矢量，a、b、c 为未知参数，当 $(a,b,c)=(35,3,28)$ 、 $(\alpha_1,\alpha_2,\alpha_3)=(0.98,0.98,0.98)$ 、 初 始 条 件 $\boldsymbol{x}(0)=(1,-2,2)^{\mathrm{T}}$ 时，分数阶 Chen 系统（12-26）有混沌特性。分数阶 Chen 系统的混沌吸引子如图 12-1 所示。

含有未知参数的分数阶 Qi 系统为

$$
\begin{cases}
D^{\beta_1}y_1=m(y_2-y_1)+y_2y_3+u_1 \\
D^{\beta_2}y_2=dy_1-y_2-y_1y_3+u_2 \\
D^{\beta_3}y_3=y_1y_2-ry_3+u_3
\end{cases}
\tag{12-27}
$$

式中，$\boldsymbol{u}=(u_1,u_2,u_3)^{\mathrm{T}}$ 为控制器，$\boldsymbol{y}=(y_1,y_2,y_3)^{\mathrm{T}}$ 为系统状态矢量，m、d、r 为未知参数。当 $(m,d,r)=(10,28,3)$ ，$(\beta_1,\beta_2,\beta_3)=(0.95,0.96,0.97)$ ，$\boldsymbol{y}(0)=(-1,-3,6)^{\mathrm{T}}$ 时，分数阶 Qi 系统（12-27）有混沌特性。分数阶 Qi 系统的混沌吸引子如图 12-2 所示。

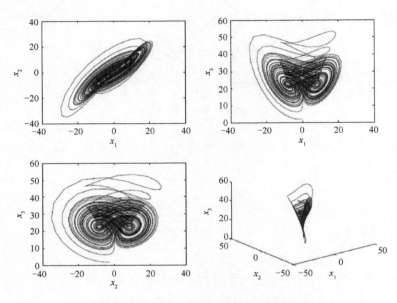

图 12-1　分数阶 Chen 系统的混沌吸引子

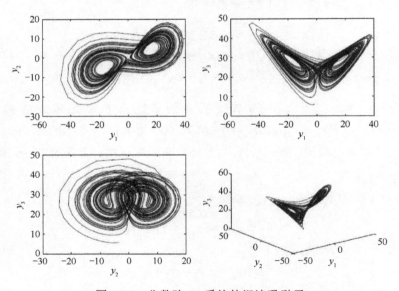

图 12-2　分数阶 Qi 系统的混沌吸引子

为了实现驱动系统（12-26）和响应系统（12-27）的全局镇定，将同步误差定义为

$$\begin{cases} e_1 = y_1 - x_1 \\ e_2 = y_2 - x_2 \\ e_3 = y_3 - x_3 \end{cases} \tag{12-28}$$

根据式（12-10），可以得到控制器为

$$\begin{cases} u_1 = m(I^{\alpha_1-\beta_1}-1)(y_2-y_1)-\hat{m}I^{\alpha_1-\beta_1}(y_2-y_1)-y_2y_3+ \\ \quad \hat{a}I^{\alpha_1-\beta_1}(x_2-x_1)+\lambda_1 I^{\alpha_1-\beta_1}(y_1-x_1) \\ u_2 = d(I^{\alpha_2-\beta_2}-1)(y_1)-\hat{d}I^{\alpha_2-\beta_2}(y_1)+y_2+y_1y_3+(\hat{c}-\hat{a})I^{\alpha_2-\beta_2}(x_1)+ \\ \quad \hat{c}I^{\alpha_2-\beta_2}(x_2)-I^{\alpha_2-\beta_2}(x_1x_3)+\lambda_2 I^{\alpha_2-\beta_2}(y_2-x_2) \\ u_3 = -r(I^{\alpha_3-\beta_3}-1)(y_3)+\hat{r}I^{\alpha_3-\beta_3}(y_3)-y_1y_2-\hat{b}I^{\alpha_3-\beta_3}(x_3)+ \\ \quad I^{\alpha_3-\beta_3}(x_1x_2)+\lambda_3 I^{\alpha_3-\beta_3}(y_3-x_3) \end{cases} \tag{12-29}$$

式中，I^γ 为 γ 阶分数阶积分算子，$\boldsymbol{\Lambda}=\text{diag}(\lambda_1, \lambda_2, \lambda_3)$ 为对角矩阵，λ_1、λ_2 和 λ_3 的值使得当 $t\to\infty$ 时，$\|e(t)\|\to 0$。对式（12-26）、式（12-27）和式（12-29）进行拉普拉斯变换，令 $\boldsymbol{X}(s)=L\{\boldsymbol{x}\}$，$\boldsymbol{Y}(s)=L\{\boldsymbol{y}\}$，$\boldsymbol{E}(s)=L\{\boldsymbol{e}\}$，$\boldsymbol{U}(s)=L\{\boldsymbol{u}\}$，由引理 4 可得

$$\begin{cases} s^{\alpha_1}X_1(s)=s^{\alpha_1-1}x_1(0)+a\big[X_2(s)-X_1(s)\big] \\ s^{\alpha_2}X_2(s)=s^{\alpha_2-1}x_2(0)+(c-a)X_1(s)+cX_2(s)-L\{x_1x_3\} \\ s^{\alpha_3}X_3(s)=s^{\alpha_3-1}x_3(0)+L\{x_1x_2\}-bX_3(s) \end{cases} \tag{12-30}$$

$$\begin{cases} s^{\beta_1}Y_1(s)=s^{\beta_1-1}y_1(0)+m\big[Y_2(s)-Y_1(s)\big]+L\{y_2y_3\}+U_1(s) \\ s^{\beta_2}Y_2(s)=s^{\beta_2-1}y_2(0)+dY_1(s)-Y_2(s)-L\{y_1y_3\}+U_2(s) \\ s^{\beta_3}Y_3(s)=s^{\beta_3-1}y_3(0)+L\{y_1y_2\}-rY_3(s)+U_3(s) \end{cases} \tag{12-31}$$

$$\begin{cases} U_1(s)=m(s^{\beta_1-\alpha_1}-1)\big[Y_2(s)-Y_1(s)\big]-\hat{m}s^{\beta_1-\alpha_1}\big[Y_2(s)-Y_1(s)\big]-L\{y_2y_3\}+ \\ \quad \hat{a}s^{\beta_1-\alpha_1}\big[X_2(s)-X_1(s)\big]+\lambda_1 s^{\beta_1-\alpha_1}\big[Y_1(s)-X_1(s)\big] \\ U_2(s)=d(s^{\beta_2-\alpha_2}-1)Y_1(s)-\hat{d}s^{\beta_2-\alpha_2}Y_1(s)+Y_2(s)+L\{y_1y_3\}+ \\ \quad (\hat{c}-\hat{a})s^{\beta_2-\alpha_2}X_1(s)+\hat{c}s^{\beta_2-\alpha_2}X_2(s)- \\ \quad s^{\beta_2-\alpha_2}L\{x_1x_3\}+\lambda_2 s^{\beta_2-\alpha_2}\big[Y_2(s)-X_2(s)\big] \\ U_3(s)=-r(s^{\beta_3-\alpha_3}-1)Y_3(s)+\hat{r}s^{\beta_3-\alpha_3}Y_3(s)-L\{y_1y_2\}-\hat{b}s^{\beta_3-\alpha_3}X_3(s)+ \\ \quad s^{\beta_3-\alpha_3}L\{x_1x_2\}+\lambda_3 s^{\beta_3-\alpha_3}\big[Y_3(s)-X_3(s)\big] \end{cases} \tag{12-32}$$

式（12-31）的第一个方程两边乘以 $s^{\alpha_1-\beta_1}$，第二个方程两边乘以 $s^{\alpha_2-\beta_2}$，第三个方程两边乘以 $s^{\alpha_3-\beta_3}$，可得

$$
\begin{cases}
s^{\alpha_1}Y_1(s) = s^{\alpha_1-1}y_1(0) + \hat{a}\left[X_2(s) - X_1(s)\right] - \\
\qquad (\hat{m}-m)\left[Y_2(s) - Y_1(s)\right] + \lambda_1\left[Y_1(s) - X_1(s)\right] \\
s^{\alpha_2}Y_2(s) = s^{\alpha_2-1}y_2(0) + (\hat{c}-\hat{a})X_1(s) + \hat{c}X_2(s) - \\
\qquad (\hat{d}-d)Y_1(s) - L\{x_1x_3\} + \lambda_2\left[Y_2(s) - X_2(s)\right] \\
s^{\alpha_3}Y_3(s) = s^{\alpha_3-1}y_3(0) - \hat{b}X_3(s) + (\hat{r}-r)Y_3(s) + \\
\qquad L\{x_1x_2\} + \lambda_3\left[Y_3(s) - X_3(s)\right]
\end{cases}
\tag{12-33}
$$

式（12-33）减式（12-30），根据同步误差定义，可得

$$
\begin{cases}
s^{\alpha_1}E_1(s) = s^{\alpha_1-1}e_1(0) + (\hat{a}-a)\left[X_2(s) - X_1(s)\right] - \\
\qquad (\hat{m}-m)\left[Y_2(s) - Y_1(s)\right] + \lambda_1 E_1(s) \\
s^{\alpha_2}E_2(s) = s^{\alpha_2-1}e_2(0) + (\hat{c}-c)\left[X_1(s) + X_2(s)\right] - \\
\qquad (\hat{a}-a)X_1(s) - (\hat{d}-d)Y_1(s) + \lambda_2 E_2(s) \\
s^{\alpha_3}E_3(s) = s^{\alpha_3-1}e_3(0) - (\hat{b}-b)X_3(s) + (\hat{r}-r)Y_3(s) + \lambda_3 E_3(s)
\end{cases}
\tag{12-34}
$$

式（12-34）两边进行拉普拉斯反变换，由引理 4 得到分数阶同步误差系统为

$$
\begin{cases}
D^{\alpha_1}e_1 = (\hat{a}-a)(x_2-x_1) - (\hat{m}-m)(y_2-y_1) + \lambda_1 e_1 \\
D^{\alpha_2}e_2 = (\hat{c}-c)(x_1+x_2) - (\hat{a}-a)x_1 - (\hat{d}-d)y_1 + \lambda_2 e_2 \\
D^{\alpha_3}e_3 = -(\hat{b}-b)x_3 + (\hat{r}-r)y_3 + \lambda_3 e_3
\end{cases}
\tag{12-35}
$$

根据式（12-9），可以得到本仿真实例中未知参数的自适应更新律为

$$
\begin{cases}
\dot{\hat{a}} = -(x_2-x_1)e_1 + x_1 e_2 \\
\dot{\hat{b}} = x_3 e_3 \\
\dot{\hat{c}} = -(x_1+x_2)e_2 \\
\dot{\hat{m}} = (y_2-y_1)e_1 \\
\dot{\hat{d}} = y_1 e_2 \\
\dot{\hat{r}} = -y_3 e_3
\end{cases}
\tag{12-36}
$$

令 $(a, b, c) = (35, 3, 28)$、$(m, d, r) = (10, 28, 3)$、$(\alpha_1, \alpha_2, \alpha_3) = (0.98, 0.98, 0.98)$、$(\beta_1, \beta_2, \beta_3) = (0.95, 0.96, 0.97)$、$(\lambda_1, \lambda_2, \lambda_3) = (-3, -3, -3)$。初始条件为 $\boldsymbol{x}(0) = (-1, -2, 2)^{\mathrm{T}}$、$\boldsymbol{y}(0) = (-1, -3, -6)^{\mathrm{T}}$、$\left[\hat{a}(0), \hat{b}(0), \hat{c}(0)\right] = (0, 0, 0)$、$\left[\hat{m}(0), \hat{d}(0), \hat{r}(0)\right] = (0, 0, 0)$。激活控制器后，分数阶同步误差系统的状态轨迹如图 12-3 所示。

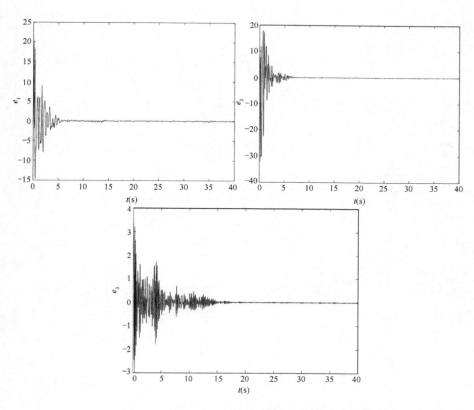

图 12-3　分数阶同步误差系统的状态轨迹

从图中可以看出，同步误差变量在控制器的作用下渐近收敛到 0，表明在所设计的控制器的作用下，两个结构不同的分数阶混沌系统实现了自适应同步，验证了所提控制方案的有效性和可行性。分数阶 Chen 系统和分数阶 Qi 系统未知参数估计值的时间响应分别如图 12-4 和图 12-5 所示。

显然，未知参数均得到有效辨识，渐近收敛到固定值，仿真结果充分验证了所提控制方案的可行性。

（2）整数阶 Chen 系统和分数阶 Chen-Lee 系统的自适应同步

含有未知参数的分数阶 Chen-Lee 系统为

$$\begin{cases} D^{\beta_1} y_1 = -y_2 y_3 + a_1 y_1 + u_1 \\ D^{\beta_2} y_2 = y_1 y_3 + b_1 y_2 + u_2 \\ D^{\beta_3} y_3 = \dfrac{1}{3} y_1 y_2 + c_1 y_3 + u_3 \end{cases} \qquad （12-37）$$

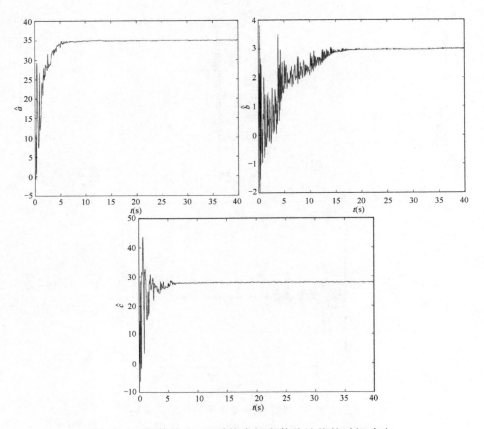

图 12-4　分数阶 Chen 系统未知参数估计值的时间响应

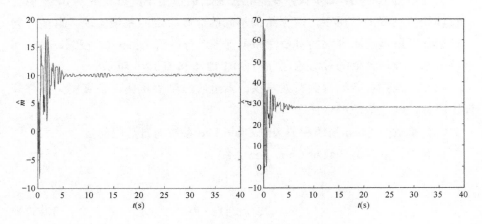

图 12-5　分数阶 Qi 系统未知参数估计值的时间响应

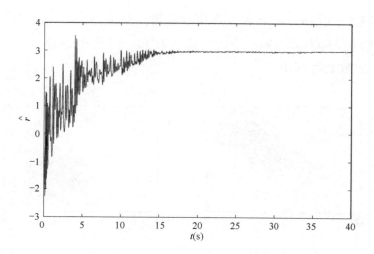

图 12-5　分数阶 Qi 系统未知参数估计值的时间响应（续）

式中，a_1、b_1、c_1 为未知参数。将整数阶 Chen 系统作为驱动系统，令式（12-26）中分数阶阶数 $(\alpha_1, \alpha_2, \alpha_3) = (1, 1, 1)$、$(a, b, c) = (35, 3, 28)$，则式（12-26）转化为整数阶 Chen 系统。当驱动系统的初始条件为 $\boldsymbol{x}(0) = (1, -1, 1)^{\mathrm{T}}$ 时，整数阶 Chen 系统的混沌吸引子如图 12-6 所示。

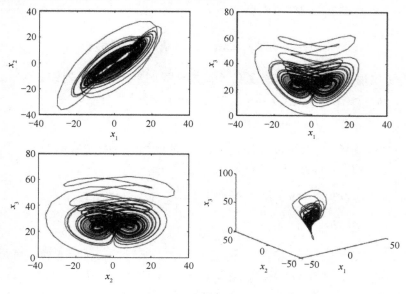

图 12-6　整数阶 Chen 系统的混沌吸引子

将分数阶 Chen-Lee 系统作为响应系统，当 $(a_1, b_1, c_1) = (5, -10, -3.8)$，$(\beta_1, \beta_2, \beta_3) = (0.90, 0.92, 0.94)$，$\boldsymbol{y}(0) = (2, 3, 2)^{\mathrm{T}}$ 时，分数阶 Chen-Lee 系统的混沌吸引子如图 12-7 所示。

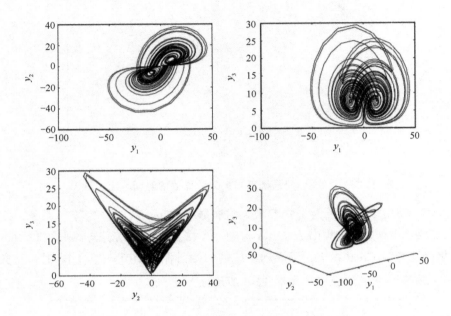

图 12-7　分数阶 Chen-Lee 系统的混沌吸引子

为了实现整数阶系统和分数阶系统的全局同步，将控制器设计为

$$
\begin{cases}
u_1 = a_1(I^{\alpha_1-\beta_1}-1)(y_1)-\hat{a}_1 I^{\alpha_1-\beta_1}(y_1)+y_2 y_3+\hat{a} I^{\alpha_1-\beta_1}(x_2-x_1)+ \\
\qquad \lambda_1 I^{\alpha_1-\beta_1}(y_1-x_1) \\
u_2 = b_1(I^{\alpha_2-\beta_2}-1)(y_2)-\hat{b}_1 I^{\alpha_2-\beta_2}(y_2)-y_1 y_3+(\hat{c}-\hat{a})I^{\alpha_2-\beta_2}(x_1)+ \\
\qquad \hat{c}I^{\alpha_2-\beta_2}(x_2)-I^{\alpha_2-\beta_2}(x_1 x_3)+\lambda_2 I^{\alpha_2-\beta_2}(y_2-x_2) \\
u_3 = c_1(I^{\alpha_3-\beta_3}-1)(y_3)-\hat{c}_1 I^{\alpha_3-\beta_3}(y_3)-\dfrac{1}{3}(y_1 y_2)-\hat{b}I^{\alpha_3-\beta_3}(x_3)+ \\
\qquad I^{\alpha_3-\beta_3}(x_1 x_2)+\lambda_3 I^{\alpha_3-\beta_3}(y_3-x_3)
\end{cases}
\tag{12-38}
$$

对式（12-26）、式（12-37）和式（12-38）进行拉普拉斯变换，可得

$$
\begin{cases}
sX_1(s)=x_1(0)+a\big[X_2(s)-X_1(s)\big] \\
sX_2(s)=x_2(0)+(c-a)X_1(s)+cX_2(s)-L\{x_1 x_3\} \\
sX_3(s)=x_3(0)+L\{x_1 x_2\}-bX_3(s)
\end{cases}
\tag{12-39}
$$

$$\begin{cases} s^{\beta_1} Y_1(s) = s^{\beta_1 - 1} y_1(0) - L\{y_2 y_3\} + a_1 Y_1(s) + U_1(s) \\ s^{\beta_2} Y_2(s) = s^{\beta_2 - 1} y_2(0) + L\{y_1 y_3\} + b_1 Y_2(s) + U_2(s) \\ s^{\beta_3} Y_3(s) = s^{\beta_3 - 1} y_3(0) + \dfrac{1}{3} L\{y_1 y_2\} + c_1 Y_3(s) + U_3(s) \end{cases} \quad （12\text{-}40）$$

$$\begin{cases} U_1(s) = a_1(s^{\beta_1 - \alpha_1} - 1)Y_1(s) - \hat{a}_1 s^{\beta_1 - \alpha_1} Y_1(s) + L\{y_2 y_3\} + \\ \qquad \hat{a} s^{\beta_1 - \alpha_1} \left[X_2(s) - X_1(s) \right] + \lambda_1 s^{\beta_1 - \alpha_1} \left[Y_1(s) - X_1(s) \right] \\ U_2(s) = b_1(s^{\beta_2 - \alpha_2} - 1)Y_2(s) - \hat{b}_1 s^{\beta_2 - \alpha_2} Y_2(s) - L\{y_1 y_3\} + (\hat{c} - \hat{a})s^{\beta_2 - \alpha_2} X_1(s) + \\ \qquad \hat{c} s^{\beta_2 - \alpha_2} X_2(s) - s^{\beta_2 - \alpha_2} L\{x_1 x_3\} + \lambda_2 s^{\beta_2 - \alpha_2} \left[Y_2(s) - X_2(s) \right] \\ U_3(s) = c_1(s^{\beta_3 - \alpha_3} - 1)Y_3(s) - \hat{c}_1 s^{\beta_3 - \alpha_3} Y_3(s) - \dfrac{1}{3} L\{y_1 y_2\} - \hat{b} s^{\beta_3 - \alpha_3} X_3(s) + \\ \qquad s^{\beta_3 - \alpha_3} L\{x_1 x_2\} + \lambda_3 s^{\beta_3 - \alpha_3} \left[Y_3(s) - X_3(s) \right] \end{cases}$$

$$（12\text{-}41）$$

与前面的推导类似，可以得到误差系统的拉普拉斯变换形式为

$$\begin{cases} sE_1(s) = e_1(0) + (\hat{a} - a)\left[X_2(s) - X_1(s) \right] - (\hat{a}_1 - a_1)Y_1(s) + \lambda_1 E_1(s) \\ sE_2(s) = e_2(0) + (\hat{c} - c)\left[X_1(s) + X_2(s) \right] - (\hat{a} - a)X_1(s) - \\ \qquad (\hat{b}_1 - b_1)Y_2(s) + \lambda_2 E_2(s) \\ sE_3(s) = e_3(0) - (\hat{b} - b)X_3(s) + (\hat{c}_1 - c_1)Y_3(s) + \lambda_3 E_3(s) \end{cases} \quad （12\text{-}42）$$

对式（12-42）进行拉普拉斯反变换，得到整数阶同步误差系统为

$$\begin{cases} \dfrac{\mathrm{d}e_1}{\mathrm{d}t} = (\hat{a} - a)(x_2 - x_1) - (\hat{a}_1 - a_1)y_1 + \lambda_1 e_1 \\ \dfrac{\mathrm{d}e_2}{\mathrm{d}t} = (\hat{c} - c)(x_1 + x_2) - (\hat{a} - a)x_1 - (\hat{b}_1 - b_1)y_2 + \lambda_2 e_2 \\ \dfrac{\mathrm{d}e_3}{\mathrm{d}t} = -(\hat{b} - b)x_3 + (\hat{c}_1 - c_1)y_3 + \lambda_3 e_3 \end{cases} \quad （12\text{-}43）$$

系统的未知参数自适应律为

$$\begin{cases} \dot{\hat{a}} = -(x_2 - x_1)e_1 + x_1 e_2 \\ \dot{\hat{b}} = x_3 e_3 \\ \dot{\hat{c}} = -(x_1 + x_2)e_2 \\ \dot{\hat{a}}_1 = y_1 e_1 \\ \dot{\hat{b}}_1 = y_2 e_2 \\ \dot{\hat{c}}_1 = y_3 e_3 \end{cases} \quad （12\text{-}44）$$

令 $(\alpha_1, \alpha_2, \alpha_3) = (1, 1, 1)$ 、 $(\beta_1, \beta_2, \beta_3) = (0.9, 0.92, 0.94)$ 、 $(\lambda_1, \lambda_2, \lambda_3) =$ $(-10, -10, -10)$ ，初始条件为 $\left[\hat{a}(0), \hat{b}(0), \hat{c}(0) \right] = (0, 0, 0)$ 、 $\left[\hat{a}_1(0), \hat{b}_1(0), \hat{c}_1(0) \right] =$ $(0, 0, 0)$ 、 $\boldsymbol{x}(0) = (1, -1, 1)^{\mathrm{T}}$ 、 $\boldsymbol{y}(0) = (2, 3, 2)^{\mathrm{T}}$ 。整数阶同步误差系统的时间响应如图 12-8 所示。

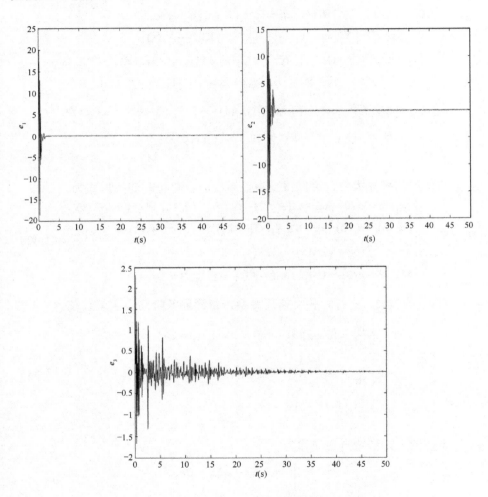

图 12-8　整数阶同步误差系统的时间响应

从图中可以看出，误差变量渐近收敛到 0，实现了整数阶驱动系统和分数阶响应系统的同步，验证了所提控制方案的有效性。整数阶驱动系统和分数阶响应系统未知参数估计值的时间响应如图 12-9 和图 12-10 所示。

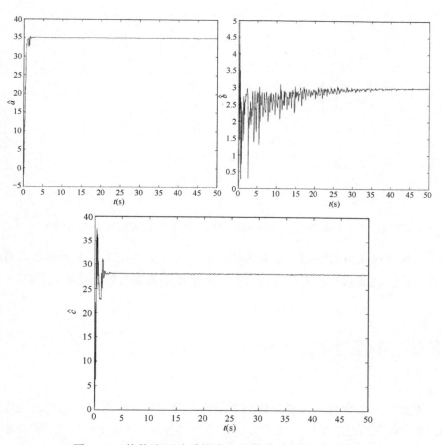

图 12-9　整数阶驱动系统未知参数估计值的时间响应

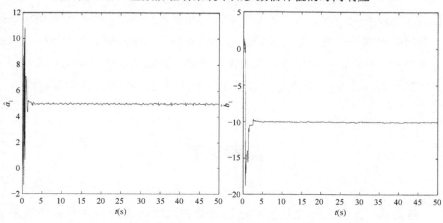

图 12-10　分数阶响应系统未知参数估计值的时间响应曲线

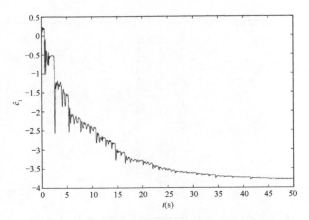

图 12-10　分数阶响应系统未知参数估计值的时间响应曲线（续）

从仿真结果可以看出，在所设计的自适应律的作用下，未知参数均得到有效辨识且收敛到实际值，充分验证了所提控制方案的有效性和可行性。

12.3　本章小结

本章研究了含有未知参数的两个结构不同的分数阶混沌系统的自适应同步控制，基于改进的自适应反馈方法得到控制方案，其鲁棒性较强。特别地，本章对一类特殊情况，即含有未知参数的整数阶混沌系统和分数阶混沌系统的自适应同步问题进行了研究，为跨域研究系统之间的动力学特性奠定了基础。本章的研究内容是研究整数阶系统和分数阶系统同步的桥梁，为后续的深入研究提供参考。本章提出了分数阶系统稳定理论，并验证了该理论的正确性。另外，本章通过两个仿真实例充分验证了所提控制方案的有效性和可行性。

参考文献

[1]　陈若愚. 分数阶混沌系统的自适应滑模控制研究[D]. 大庆：东北石油大学, 2019.

[2]　顾葆华. 混沌系统的几种同步控制方法及其应用研究[D]. 南京：南京理工大学, 2009.

[3]　G. P. Jiang, K. S. Tang. A global synchronization criterion for coupled chaotic systems via unidirectional linear error feedback approach[J]. International Journal of Bifurcation and Chaos, 2002, 12(10):2239-2253.

[4]　S. L. Bu, S. Q. Wang, H. Q. Ye. An algorithm based on variable feedback to synchronize chaotic and hyperchaotic systems[J]. Physica D, 2002, 164:4-52.

[5]　高金峰，罗先觉，马西奎. 控制与同步谦虚时间混沌系统的非线性反馈方法[J]. 物理学报, 1999, 48(9):1618-1627.

[6]　刘扬正，费树岷. Genesio-Tesi 和 Coullet 混沌系统之间的非线性反馈同步[J]. 物理学报, 2005, 54(8):3486-3490.

[7]　陶朝海，陆君安. 混沌系统的速度反馈同步[J]. 物理学报, 2005, 54(11):5058-5061.